普通高等教育"十三五"规划教材

21世纪面向计算思维丛书

大学计算机基础教程

卫春芳　张　威　主编

科学出版社

北　京

内 容 简 介

本书注重展现计算思维，从计算思维的角度来阐述知识，对计算机基础的教学内容和知识体系进行整合、调整、修改和补充，去掉了常用软件的使用，使本书理论性更强，重点更突出。全书分为 7 章，包括：计算机基础知识；计算机的组成和工作原理；操作系统基础；程序设计基础知识；多媒体基础；计算机网络基础；数据库应用入门。

本书配套有《大学计算机基础实验指导》，供读者学习和实践教学。

本书兼顾计算机基础理论的连贯性和计算机技术的实用性，深入浅出，通俗易懂，是大学计算机通识课教材，也可供有关科研和应用技术工作者及大众学习使用。

图书在版编目（CIP）数据

大学计算机基础教程/卫春芳，张威主编. —北京：科学出版社，2016.6
（21世纪面向计算思维丛书）
普通高等教育"十三五"规划教材
ISBN 978-7-03-049232-6

Ⅰ.①大…　Ⅱ.①卫…　②张…　Ⅲ.①电子计算机－高等学校－教材
Ⅳ.①TP3

中国版本图书馆 CIP 数据核字（2016）第 147285 号

责任编辑：王雨舸/责任校对：王　晶
责任印制：徐晓晨/封面设计：蓝　正

科学出版社 出版
北京东黄城根北街 16 号
邮政编码：100717
http://www.sciencep.com

北京厚诚则铭印刷科技有限公司 印刷
科学出版社发行　各地新华书店经销
*

开本：787×1092　1/16
2016 年 6 月第 一 版　印张：15 1/2
2020 年 3 月第三次印刷　字数：362 000
定价：45.00 元
（如有印装质量问题，我社负责调换）

前　　言

　　随着计算机科学与信息技术的飞速发展和计算机的教育更加普及,国内高等学校的计算机基础教育已踏上了新的台阶,步入了一个新的发展阶段。各专业对学生的计算机应用能力提出了更高的要求。为了适应这种新发展,许多学校修订了计算机基础课程的教学大纲,课程内容不断推陈出新。

　　2012年5月,教育部高等教育司组织的"大学计算机课程改革研讨会"提出:合理地定位大学计算机教学的内容,形成科学的知识体系、稳定的知识结构,使之成为重要的通识类课程之一,是大学计算机教学改革的重要方向;以计算思维(computational thinking,CT)培养为切入点是今后大学计算机课程深化改革、提高质量的核心任务。多所学校和多位专家围绕这一观点开展了大量的研究和实践工作。

　　"大学计算机基础"作为高等学校非计算机专业学生的计算机入门课程,在培养学生的计算机知识、素质和应用能力方面具有基础性和先导性的重要作用。本教材在编写时充分考虑了各专业对课程的不同需求、现今社会对人才能力的定位等,对教学内容进行了大的改进,加强了多媒体技术、计算机网络技术和数据库技术等方面的基本内容,使读者在数据处理和多媒体信息处理等方面的能力得到扩展。

　　本书具有三大特点:一是内容的编排,主要介绍计算机的基本知识、基本概念,不介绍具体的软件使用。针对学生计算机水平起点提高的现状,结合当今最新计算机技术,对计算机基础的教学内容和知识体系进行整合、调整、修改和补充,去掉了常用软件的使用,使本书理论性更强、重点更突出。二是注重展现计算思维,从计算思维的角度来阐述知识,在大学计算机基础教学中灌输计算思维,目的是培养当代大学生用计算机解决和处理问题的思维和能力,提升大学生的综合素质,强化创新实践能力。三是深入浅出,通俗易懂。学生课前、课后要花很多时间阅读教材,教材如果枯燥、无趣,就难免拒学生于"千里之外"。本书内容丰富、涉及面广,兼顾计算机基础理论的连贯性和计算机技术的实用性,力求以生活化、实例化和故事化的方式做到浅显易懂、深入浅出、循序渐进。

　　本书编者是多年从事一线教学的教师,具有丰富的教学经验。在编写过程中,编者将多年教学实践所积累的宝贵经验和体会融入知识系统中。全书分为7章,主要内容包括:第1章介绍计算机的基本知识、信息在计算机中的表示形式和编码;第2章介绍计算机的组成和工作原理;第3章介绍操作系统基础知识;第4章介绍算法与程序设计基础知识;第5章介绍多媒体的概念、图形图像、声音的数字化文件;第6章介绍计算机网络基础知识、Internet基础知识与应用等;第7章介绍数据库系统基本概念以及Access的SQL查询。

　　另外，本书配套有《大学计算机基础实验指导》，供读者学习和实践教学。

　　本书由卫春芳、张威任主编，孙军、邢宏根任副主编。第1，5章由卫春芳编写，第2，6章由张威编写，第3，4章由孙军编写，第7章由程娜娜、朱晓钢编写，最后由卫春芳、朱晓钢通稿、定稿。

　　因时间仓促，限于编者水平，尽管经过了多次反复修改，但书中仍难免有疏漏和不足之处，在此恳请专家、教师和广大读者批评指正，以方便本书今后的修订。

编　者

2016 年 5 月

目　　录

第 1 章　计算机基础知识

1.1　计算机的产生与发展

1.1.1　早期的计算工具

在漫长的文明发展过程中,人类发明了许多计算工具。早期具有历史意义的计算工具有以下几种:

(1) 算筹。计算工具的源头可以追溯至 2000 多年前,古代中国人发明的算筹是世界上最早的计算工具。

(2) 算盘。中国唐代发明的算盘是世界上第一种手动式计算工具,一直沿用至今。许多人认为算盘是最早的数字计算机,而珠算口诀则是最早的体系化的算法。

(3) 计算尺。1622 年,英国数学家奥特瑞德(W. Oughtred)根据对数表设计了计算尺,可执行加、减、乘、除、指数、三角函数等运算,一直沿用到 20 世纪 70 年代才由计算器所取代。

(4) 加法器。1642 年,法国哲学、数学家帕斯卡(B. Pascal)发明了世界上第一个加法器,它采用齿轮旋转进位方式执行运算,但只能做加法运算。

(5) 计算器。1673 年,德国数学家莱布尼茨(C. Leibniz)在帕斯卡的发明基础上设计制造了一种能演算加、减、乘、除和开方的计算器。

这些早期计算工具都是手动式的或机械式的,现在的电子计算机最早是 19 世纪由英国剑桥大学的查尔斯·巴贝奇(C. Babbage)教授设计的差分机和分析机,如图 1.1 所示。

(a) 查尔斯·巴贝奇　　　　　(b) 差分机　　　　　(c) 分析机

图 1.1　查尔斯·巴贝奇以及他的差分机和分析机

1.1.2　近代计算机

1. 差分机和分析机

英国人查尔斯·巴贝奇研制出差分机和分析机为现代计算机设计思想的发展奠定了

基础。1812 年,巴贝奇从用差分计算函数表的做法中得到启发,经过 10 年的努力,设计出一种能进行加减计算并完成数表编制的自动计算装置,他把它称为"差分机"。这台差分机可以处理 3 个不同的 5 位数,计算精度达到 6 位小数,能演算出好几种函数表,改进了对数表等数字表的精确度。

1834 年,巴贝奇又完成了一项新计算装置的构想,巴贝奇把这种装置命名为"分析机"。巴贝奇的分析机由三部分构成,第一部分是保存数据的齿轮式寄存器,巴贝奇把它称为"堆栈",它与差分机中的相类似,但运算不在寄存器内进行,而是由新的机构来实现。第二部分是对数据进行各种运算的装置,巴贝奇把它命名为"工场"。为了加快运算速度,他改进了进位装置,使得 50 位数加 50 位数的运算可完成于一次转轮之中。第三部分巴贝奇没有为它具体命名,其功能是以杰卡德穿孔卡中的"0"和"1"来控制运算操作的顺序,类似于电脑里的控制器。他甚至还考虑到如何使这台机器依据条件来进行转移处理,例如,第一步运算结果若是"1",就接着做乘法,若是"0"就进行除法运算。此外,巴贝奇也构思了送入和取出数据的机构,以及在"堆栈"和"工场"之间不断往返运输数据的部件。

分析机的结构及设计思想初步体现了现代计算机的结构及设计思想,可以说是现代通用计算机的雏形。然而,由于缺乏政府和企业的资助,巴贝奇直到逝世,亦未能最终实现他所设计的计算机。

约 100 年后,美国哈佛大学的霍华德·艾肯(H. Aiken)博士在图书馆里发现了巴贝奇的论文,并根据当时的科技水平,提出了用机电方式,而不是用纯机械方法来构造新的分析机。艾肯在 IBM 公司的资助下,于 1944 年研制成功了被称为计算机"史前史"中最后一台著名的计算机 MARK I,将巴贝奇的梦想变成了现实。后来艾肯继续主持 MARK II 和 MARK III 等计算机的研制,但它们已经属于电子计算机的范畴。

2. 图灵和图灵机

阿兰·麦席森·图灵(A. M. Turing),1912 年生于英国伦敦,是英国著名的数学家和逻辑学家,被称为计算机科学之父、人工智能之父,是计算机逻辑的奠基者,提出了"图灵机"和"图灵测试"等重要概念。

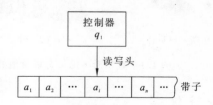

图 1.2　图灵和图灵机

图灵的基本思想是用机器来模拟人们用纸笔进行数学运算的过程,他把这样的过程看成下列两种简单的动作:(a)人在纸上写上或擦除某个符号;(b)把注意力从纸的一个位置移动到另一个位置。而在每个阶段，人要决定下一步的动作，依赖于：(a)此人当前所关注的纸上某个位置的符号；(b)此人当前思维的状态。

为了模拟人的这种运算过程，图灵构造出一台假想的机器：它有一条无限长的纸带，纸带分成了一个一个的小方格，每个方格有不同的颜色。有一个机器头在纸带上移来移去。机器头有一组内部状态，还有一些固定的程序。在每个时刻，机器头都要从当前纸带上读入一个方格信息，然后结合自己的内部状态查找程序表，根据程序输出信息到纸带方格上，并转换自己的内部状态，然后进行移动。

图灵机的概念是现代可计算理论的基础。图灵证明，只有图灵机能解决的计算问题，实际计算机才能解决；如果图灵机不能解决的计算问题，则实际计算机也无法解决。图灵机的能力概括了数字计算机的计算能力。因此，图灵机对计算机的一般结构、可实现性和局限性都产生了深远的影响。

1950 年 10 月，图灵在哲学期刊 *Mind* 上又发表了一篇著名论文 *Computing Machinery and Intelligence*（计算机器与智能）。他指出，如果一台机器对于质问的响应与人类做出的响应完全无法区别，那么这台机器就具有智能。今天人们把这个论断称为图灵测试，它奠定了人工智能的理论基础。

为纪念图灵对计算机科学的贡献，美国计算机学会（ACM）于 1966 年创立了"图灵奖"，每年颁发给在计算机科学领域做出杰出贡献的研究人员，被誉为计算机业界和学术界的诺贝尔奖。

1.1.3　电子计算机的问世

1. 第一台电子计算机

最近的研究表明，电子计算机的雏形应该是由美国爱荷华州立学院（Iowa State College）物理兼数学教授阿坦那索夫（J. V. Atanasoff）和研究助理贝利（C. Berry）发明，第一台完全采用真空管作为存储与运算元件的电脑。这台电脑从 1939 年开始到 1941 年制作成功，功能方面只能计算联立方程式。由于是由两人共同完成的发明，因此命名为阿坦那索夫贝利电子计算机（Atanasoff Berry computer），简称 ABC。所以，ABC 可能更应该被称为世界上第一台电子计算机。

目前，大家公认的第一台电子计算机是在 1946 年 2 月由宾夕法尼亚大学研制成功的 ENIAC（electronic numerical integrator and calculator，电子数字积分计算机），如图 1.3 所示，由约翰·莫齐利和埃克特构思和设计，为美国陆军的弹道研究实验室所使用，花费了将近 50 万美元。它的计算速度比机电机器提高了一千倍。这台计算机从 1946 年 2 月开始投入使用，到 1955 年 10 月最后切断电源，服役 9 年多。虽然它每秒只能进行 5000

图 1.3　ENIAC

次加、减运算,但它预示了科学家们将从奴隶般的计算中解脱出来。

除了速度之外,ENIAC 最引人注目的就是它的体积和复杂性。ENIAC 包含了17 468 个真空管、7200 个晶体二极管、1500 个继电器、10 000 个电容器,还有大约五百万个手工焊接头。它的重量达 27 吨(30 英吨),尺寸大约是 2.4 m×0.9 m×30 m(8 英尺×3 英尺×100 英尺),占地 167 平方米(1800 平方英尺),耗电 150 kW(导致有传言说,每当这台计算机启动的时候,费城的灯都变暗了)。ENIAC 输入采用 IBM 的卡片阅读器,打卡器用于输出。至今人们公认,ENIAC 的问世,表明了电子计算机时代的到来,具有划时代意义。但 ENIAC 本身存在两大缺点,一是没有存储器;二是用布线接板进行控制,这严重影响了它的计算速度。

2. 冯·诺伊曼体系结构

美籍匈牙利数学家冯·诺伊曼(J. V. Neumann,1903～1957,图 1.4)在 1945 年参与了 ENIAC 研制小组,他在小组共同讨论的基础上,以"关于 ENIAC 的报告草案"为题,起草了长达 101 页的总结报告,报告广泛而具体地介绍了制造电子计算机和程序设计的新思想。

图 1.4　冯·诺伊曼

新思想中有对 ENIAC 的两个重大的改进:①采用二进制,不但数据采用二进制,指令也采用二进制;②建立存储程序处理,指令和数据一起放在存储器里。新思想简化了计算机的结构,大大提高了计算机的速度。

冯·诺伊曼在 1946 年又提出了一个更加完善的设计报告"电子计算机装置逻辑结构初探",并设计出了第一台"存储程序"计算机 EDVAC(埃德瓦克),即离散变量自动电子计算机(the electronic discrete variable automatic computer),这种结构的计算机为现代计算机体系结构奠定了基础,称为"冯·诺伊曼体系结构"。

冯·诺伊曼理论的主要内容为:

(1) 计算机由控制器、运算器、存储器、输入设备、输出设备五大部分组成。

(2) 程序和数据以二进制代码形式不加区别地存放在存储器中,存放位置由地址确定。

(3) 控制器根据存放在存储器中的指令序列(程序)进行工作,并由一个程序计数器控制指令的执行。控制器具有判断能力,能根据计算结果选择不同的工作流程。

"冯·诺伊曼体系结构"的核心就是存储程序原理——指令和数据一起存储,计算机自动地并按顺序从存储器中取出指令一条一条地执行,这个概念被誉为"计算机发展史上的一个里程碑",它标志着电子计算机时代的真正开始,指导着以后的计算机设计,特别是确定了计算机的结构,就是采用存储程序以及二进制编码等,至今仍为电子计算机设计者所遵循,所以称"冯·诺伊曼"为计算机之父。但是,冯·诺伊曼自己也承认,他的关于计算机"存储程序"的想法都来自图灵,因此图灵也被称为现代计算机之父。

1.1.4　计算机的发展

从 1946 年第一台计算机诞生以来,电子计算机已经走过了半个多世纪的历程,计算机的体积不断变小,但性能、速度却在不断提高。根据计算机采用的物理器件,一般将计算机的发展分成 4 个阶段。

1. 第一代电子计算机(1946～1956 年)

第一代计算机是电子管计算机时代。其特征是这一时期的计算机采用电子管作为基本逻辑组件,数据表示主要是定点数,运算速度达到每秒几千次。存储器早期采用水银延迟线,后期采用磁鼓或磁芯。这一时期,计算机软件尚处于初始发展时期,编程语言使用机器语言或汇编语言。第一代计算机由于采用电子管,因而体积大、耗电多、运算速度较低、故障率较高而且价格极贵,主要用于科学研究和计算。

2. 第二代电子计算机(1957～1964 年)

第二代计算机是晶体管计算机时代。其特征是这一时期的计算机硬件采用晶体管作为逻辑组件,运算速度提高到每秒几十万次。晶体管与电子管相比,具有功耗少、体积小、质量轻、工作电压低、工作可靠性好等优点,使计算机体积大大缩小,运算速度及可靠性等各项性能大大提高。内存储器采用磁芯存储器,外存开始使用磁盘。这一时期,计算机的软件也有很大发展,操作系统及各种早期的高级语言(FORTRAN,COBOL,ALGOL 等)相继投入使用,操作系统的雏形开始形成。计算机的应用已由科学计算拓展到数据处理、过程控制等领域。

3. 第三代电子计算机(1965～1970 年)

第三代计算机是集成电路计算机时代。其特征是这一时期的计算机采用集成电路作为逻辑组件,运算速度已达每秒亿次。这一时期的中、小规模集成电路技术,可将数十个、成百个分离的电子组件集中做在一块几平方毫米的硅片上。集成电路比起晶体管体积更小、耗电更省、寿命更长、可靠性更高,这使得第三代计算机的总体性能较之第二代计算机有了大幅度的跃升。计算机的设计出现了标准化、通用化、系列化的局面。半导体存储器取代了沿用多年的磁芯存储器。软件技术也日趋完善,在程序设计技术方面形成了三个独立的系统:操作系统、编译系统和应用程序,计算机得到了更广泛的应用。

4. 第四代电子计算机(1971 年以后)

第四代计算机是大规模超大规模集成电路计算机时代。其特征是采用大规模超大规模集成电路作为逻辑组件,计算机向着微型化和巨型化两个方向发展。主存储器为半导体存储器;辅助存储器为磁盘、光盘和 U 盘等。这个时期计算机软件的配置也空前丰富,操作系统日臻成熟,数据管理系统普遍使用,出现了面向对象的高级语言,是计算机发展最快、技术成果最多、应用空前普及的时期。在运算速度、存储容量、可靠性及性能价格比等诸多方面的性能都是前三代计算机所不能企及的,计算机的发展呈现出多极化、网络化、多媒体、智能化的发展趋势。

从采用的物理器件来说,目前计算机的发展处于第四代水平,仍然被称为冯·诺伊曼计算机,在体系结构方面没有什么大的突破。但人类的追求是无止境的,一刻也没有停止过研究更好、更快、功能更强的计算机。从目前的研究情况看,未来新型计算机将可能在下列几个方面取得革命性的突破。

（1）光子计算机。是一种由光信号进行数字运算、逻辑操作、信息存贮和处理的新型计算机。以光子代替电子,光运算代替电运算。光的并行、高速,天然地决定了光子计算机的并行处理能力很强,具有超高运算速度。光子计算机还具有与人脑相似的容错性,系统中某一元件损坏或出错时,并不影响最终的计算结果。光子在光介质中传输所造成的信息畸变和失真极小,光传输、转换时能量消耗和散发热量极低,对环境条件的要求比电子计算机低得多。

（2）生物计算机。也称仿生计算机,它的主要原材料是生物工程技术产生的蛋白质分子,并以此作为生物芯片来替代半导体硅片,利用有机化合物存储数据。信息以波的形式传播,当波沿着蛋白质分子链传播时,会引起蛋白质分子链中单键、双键结构顺序的变化。运算速度要比当今最新一代计算机快 10 万倍,它具有很强的抗电磁干扰能力,并能彻底消除电路间的干扰。能量消耗仅相当于普通计算机的十亿分之一,且具有巨大的存储能力。

（3）量子计算机。它是一类遵循量子力学规律进行高速数学和逻辑运算、存储及处理量子信息的物理装置。量子计算用来存储数据的对象是量子比特,它使用量子算法来进行数据操作。量子计算对经典计算作了极大的扩充,经典计算是一类特殊的量子计算。量子计算最本质的特征为量子叠加性和量子相干性。量子计算机对每一个叠加分量实现的变换相当于一种经典计算,所有这些经典计算同时完成,量子并行计算。

1.2　数制及其运算

计算机的本质功能是计算,参与计算的对象自然是数据。例如,我们要计算"10＋5",那么"10"和"5"就是参与运算的数据。要弄清楚计算机如何求解表达式"10＋5",就得弄明白两个问题:一是数据"10"和"5"在计算机内部是如何表示的? 二是加法运算"＋"在计算机内部是怎么进行的?

要理解这些问题,还得从二进制说起。

1.2.1　计算机为什么采用二进制而不是十进制

我们知道,现实生活中,人们往往习惯使用十进制,只有在钟表、时间等方面采用别的进制,如十二进制、十六进制、二十四进制、六十进制等。可电子计算机所采用的却是二进制。为什么不采用十进制或别的进制呢? 这是很多初学者感到困惑的地方。

要弄清楚这个问题,可以从以下几个方面来讨论。

1. 组成计算机的基本元件

计算机之所以采用二进制,一个根本的原因是受制于组成计算机的基本元器件。我们知道组成电子计算机的基本元器件是晶体管(三极管),它具有非常重要的一些特点:

(1) 它具有两个完全不一样的状态(截止与导通,或者高电位与低电位),状态的区分度非常好。这两种状态分别对应二进制的 0 和 1。

(2) 状态的稳定性非常好,除非有意干预,否则状态不会改变。

(3) 从一种状态转换成另一种状态很容易(在基极给一个电信号就可以了),这种容易控制的特性显得非常重要。

(4) 状态转换的速度非常快,也就是开关速度很快,这一点非常重要,它决定了机器的计算速度。

(5) 体积很小,几万个、几十万个、几百万个甚至更多的晶体管可以集成在一块集成电路里。这样既能把计算机做得更小些,也能提高机器的可靠性。

(6) 工作时消耗的能量不大,也就是功耗很小。因此,整个计算机的功耗就很小了,这是大家都能使用的重要原因之一。

(7) 价格很低廉。价格高了就无法推广应用了。

晶体管正是由于具有这么多特点,才被人们选为计算机的基本元器件。如果我们能找到这么一种物质或者元器件,它具有 10 种不同的稳定状态(可分别表示 0,1,…,9),且状态转换很容易、状态转换速度非常快、体积与功耗都很小、价钱也不贵的话,那么完全可以设计出人们所期待的十进制的计算机。但非常遗憾的是,人们目前还找不到这样的物质或元器件。别说十进制,就连三进制都不容易。大家知道,水有三种状态(液态、固态与气态),可是状态转换就很不容易了(加热到 100 ℃ 以上才变成气态,降温到 0 ℃ 以下才变成固态),并且状态转换速度很慢。

2. 运算规则

二进制的运算规则很简单。就加法运算而言,只有 4 条规则。如:

$0+0=0$

$1+0=1$

$0+1=1$

$1+1=\boxed{1}0$——方框内 1 表示进位

乘法运算也只有 4 条运算规则,如:

$0*0=0$

$1*0=0$

$0*1=0$

$1*1=1$

特别是人们利用特殊的技术,把减法、乘法、除法等运算都转换成加法运算来做,这对简化运算器的设计非常有意义。如果采用十进制,运算器的设计就变得非常复杂,因为十进制比二进制的运算规则复杂多了。

3. 数据存储

交给计算机处理的数据以及计算机处理完的结果，一般需要永久地保存起来。采用二进制形式记录数据，物理上容易实现数据的存储。通过磁极的取向、表面的凹凸、光照有无反射等，很容易在物理上实现二进制形式数据的存储，例如磁盘就是通过磁极的取向来记录数据的。

4. 逻辑运算与判断

二进制数据在逻辑运算方面也非常方便。我们知道，基本逻辑运算有"与（and）"、"或（or）"、"非（not）"三种，对应的运算规则如下：

0 and 0 = 0	0 or 0 = 0	not 0 = 1
1 and 0 = 0	1 or 0 = 1	not 1 = 0
0 and 1 = 0	0 or 1 = 1	
1 and 1 = 1	1 or 1 = 1	

另外，二进制只有两种状态（符号），便于逻辑判断（是或非）。因为二进制的两个数码正好与逻辑命题中的"真（Ture）"、"假（False）"或称为"是（Yes）"、"否（No）"相对应。

正是由于以上原因，在计算机中采用的是二进制，而不是人们所熟知的十进制，或者其他进制。

1.2.2　常用的数制

在我们之前所学习的知识中，数值大都是用十进制表示的，而计算机内部是一个二进制的世界，它只认识 0 和 1 两个数字。所以我们对数制的学习从十进制和二进制开始。

1. 十进制

十进制计数法中，用 0，1，2，…，9 这 10 个数字表示数值，它们被称为数码。以 10 为基数，不同位置上的数码，权值不同。以 123.45 为例，它可以用十进制表示为

$$123.45 = 1 \times 10^2 + 2 \times 10^1 + 3 \times 10^0 + 4 \times 10^{-1} + 5 \times 10^{-2}$$

可以看到，每个位上的数字代表的大小不同（位权或者权值），但有规律，恰好是基数 R 的某次幂。按照位置的不同，权值分别为

$$\cdots, 10^3, 10^2, 10^1, 10^0, 10^{-1}, 10^{-2}, \cdots$$

如果将两个十进制数相加，则利用逢十进一的规则计算；若将两个十进制数相减，则借一当十。

2. 二进制

与十进制类似，具有 2 个基本数码：0，1。以 2 为基数，每个数位具有特定的权值

$$\cdots, 2^3, 2^2, 2^1, 2^0, 2^{-1}, 2^{-2}, \cdots$$

进退位：逢二进一，借一当二。

通常我们在一个数值后面加上字母 B 表示它是二进制数，如：110111B，表示一个二进制数（如果不加任何标记的话，是不是也可以将其看成十进制数？）。

例 1.1　二进制数的位权示意图(图 1.5)。

2^7	2^6	2^5	2^4	2^3	2^2	2^1	2^0		2^{-1}	2^{-2}
1	1	1	1	1	1	1	1	.	1	1
128	64	32	16	8	4	2	1		0.5	0.25

图 1.5

$$110111.01B = 32+16+0+4+2+1+0+0.25 = (55.25)_{10}$$

3. 其他进制

其他的任何进制都有类似的特点,我们列表 1.1。

表 1.1　常用数制

进制	十进制	二进制	八进制	十六进制
规则	逢十进一	逢二进一	逢八进一	逢十六进一
基数	$R=10$	$R=2$	$R=8$	$R=16$
数码	$0,1,2,\cdots,9$	$0,1$	$0,1,2\cdots,7$	$0,1,2,\cdots9,A,B,\cdots,F$
权值	10^i	2^i	8^i	16^i
符号表示	D	B	O	H

任何一个 R 进制的数 N 都能按权展开,表示成以下的形式

$$N = a_{n-1} \times R^{n-1} + a_{n-2} \times R^{n-2} + \cdots + a_1 \times R^1 + a_0 \times R^0 + a_{-1} \times R^{-1} + \cdots + a_{-m} \times R^{-m}$$

$$(1\text{-}1)$$

其中 a_i 是数码,R 是基数,R^i 是权值。

例 1.2　$110111.01B = 1 \times 2^5 + 1 \times 2^4 + 0 \times 2^3 + 1 \times 2^2 + 1 \times 2^1 + 1 \times 2^0 + 0 \times 2^{-1} + 1 \times 2^{-2}$
　　　　　　　$= 32+16+0+4+2+1+0+0.25 = (55.25)_{10}$

例 1.3　$11111.01D = 1 \times 10^4 + 1 \times 10^3 + 1 \times 10^2 + 1 \times 10^1 + 1 \times 10^0 + 0 \times 10^{-1} + 1 \times 10^{-2}$

1.2.3　数制转换

计算机内部都是二进制数码,一切都数字化了。可人类本身习惯的却是十进制数,或者其他进制的数。这就有问题了,如果计算机只会二进制,人只会十进制,相互之间就没有办法交流,这就像一个只会法语的人和一个只会汉语的人在对话,跟“鸡同鸭讲”没什么区别。要解决交流问题,必须经过“翻译”。

下面介绍数制间的转换是怎么进行的。

1. R 进制数转换为十进制数

只要将数 N 按权展开,各位数码乘以对应位权值并累加,计算出结果,即完成转换。

$$N = \sum_{i=-m}^{n-1} a_i \times R^i \qquad (1\text{-}2)$$

例 1.4　将八进制数 247 转换为十进制数。

$$(247)_8 = 2 \times 8^2 + 4 \times 8^1 + 7 \times 8^0 = (167)_{10}$$

例 1.5　将二进制数 1101.1 转换为十进制数。

$$(1101.1)_2 = 1 \times 2^3 + 1 \times 2^2 + 0 \times 2^1 + 1 \times 2^0 + 1 \times 2^{-1} = (13.5)_{10}$$

例 1.6　将十六进制数 2FA 转换为十进制数。

$$2FAH = 2 \times 16^2 + 15 \times 16^1 + 10 \times 16^0 = 762$$

注意：十六进制中 A,B,C,D,E,F 分别代表数值 10,11,12,13,14,15；2FAH 中的 H 表示这是一个十六进制的数，并不是数值的一部分。

2. 十进制转换为 R 进制

将一个十进制数分成整数和小数两部分各自转换，然后再组合起来。整数部分的转换规则为"除 R 取余"：将十进制整数反复地除以 R，记下每次的余数，直到商为 0。然后将所记录下的余数逆序排列，就是整数部分的转换结果。

小数部分的转换规则为"乘以 R 取整"：将十进制小数反复乘以 R，记下每次得到的整数部分，直到小数部分为 0，或者达到所要求的精度为止。所得到的整数顺序排列，就是小数部分的转换结果。

例 1.7　将十进制数 123.625 转换成二进制数。

整数部分转换如图 1.6 所示。

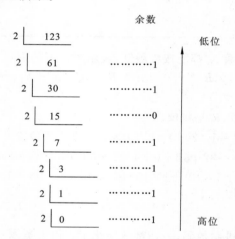

图 1.6　十进制整数转换为二进制数

整数部分转换之后的结果为 1111011，注意低位和高位的方向。

小数部分转换如图 1.7 所示。

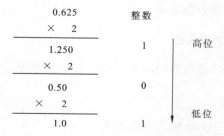

图 1.7　十进制小数转换为二进制数

　　小数部分转换的结果为 0.101。最后,将整数部分和小数部分组合起来,十进制数 123.625 转换成二进制数的结果为 1111011.101。

　　例 1.8　十进制数 123.625 转换为八进制数。

　　整数部分,除以 8 取余数,小数部分,乘以 8 取整。读者自己试着自己做一下。结果为 173.5。

　　例 1.9　1234.567 转换对应的二进制值。

　　整数部分除 2 取余,小数部分乘 2 取整,可是 0.567 乘以若干次后还不归 0,也许还是无限循环。在满足特定精度的前提下,取其前几位有效数字,只能得到一个近似的结果

$$1234.567_{10} \approx 10011010010.10010001001_2$$

　　现在,我们再把上述二进制数转换成十进制数

$$10011010010.10010001001_2 = 1234.567_{10}$$

结果为整数部分相同,而小数部分则不同。

　　至此,大家应该明白了,在计算机这一特定的环境中,不是任何一个十进制数都有与其对应的二进制数。在这种特殊情况下,只能在设定精度的前提下,取一个与其近似的二进制值。也就是说,这种转换有时候是有损的,这是我们必须了解并引起重视的一个问题。

　　3. 二进制与八进制之间的转换

　　世间本没有八进制,为什么这里要讨论八进制?原因是计数方便。当一个二进制数由一长串 0 和 1 组成时,实在不便于阅读和记忆,于是,人们采取了每 3 位一分隔的计数法,例如:二进制数 101100101010101 可写成"101,100,101,010,101"的形式。这跟美国人记录十进制数的道理是一样的,如"130,235,000"。由于 3 位二进制共有 8 种不同的组合,故分别用"0"～"7"这 8 个数字符号来表示,形成了八进制数。

　　由于 3 位二进制数对应 1 位八进制数,所以二进制数转八进制时,以小数点为界,向左右两侧按 3 位一组(不足 3 位的补 0)进行分组,然后将各组二进制数转换为相应的 1 位八进制数。八进制数转二进制数,则反之,即把每 1 位八进制数转换为相应的 3 位二进制数。

　　例 1.10　$(10111001010.1011011)_2 = (010\ 111\ 001\ 010.101\ 101\ 100)_2 = (2712.554)_8$

　　例 1.11　$(456.174)_8 = (100\ 101\ 110.\ 001\ 111\ 100)_2 = (100101110.0011111)_2$

　　4. 二进制与十六进制之间的转换。

　　类似地,如果把二进制数每 4 位一分隔,就得到了十六进制数。分别用"0"～"9"以及"A"～"F"来表示。需要特别说明的是,这里的十六进制与我们的前人所使用的"十六两秤"没有什么必然的联系,只能算是一种巧合。

　　由于 4 位二进制数有 16 种组合,每一种组合对应 1 位十六进制数,因此二进制数转十六进制时,以小数点为界,向左右两侧按 4 位一组(不足 4 位的补 0)进行分组,然后将各组二进制数转换为相应的 1 位十六进制数。十六进制数转二进制数,则反之,即把每 1 位十六进制数转换为相应的 4 位二进制数。

　　例 1.12　$(10111001010.1011011)_2 = (0101\ 1100\ 1010.1011\ 0110)_2 = (5CA.B6)_{16}$

例 1.13　　$(1A9F.1BD)_{16} = (0001\ 1010\ 1001\ 1111.0001\ 1011\ 1101)_2$
$$= (1101010011111.000110111101)_2$$

5．二进制与十进制之间的转换

二进制与十进制数的转换是最根本的,转换方法都包含在 R 进制与十进制的转换方法之中了。在这里,如果转换数的范围在 255 以内(更大范围也可以,只是更麻烦),还可以采用一种涉及位权的更便捷的方法。二进制转十进制时的方法是值为 1 的位权相加,如例 1.1 所示,十进制转二进制则是一个逆过程。

例 1.14　将 0101101 二进制转十进制。

利用二进制数的位权值,把每一位二进制为"1"的对应的十进制权值相加。
$$(0101101)_2 = 0+32+0+8+4+0+1 = 32+8+4+1 = 45$$

例 1.15　利用二进制数的位权值,将 243 转换为二进制数。

这是一个位权由大到小逐渐相加的过程,即
$$243 = 128+64+32+16+2+1 = 2^7+2^6+2^5+2^4+2^1+2^0 = (11110011)_2$$

本题的另外一种解法是一个逆向思维过程,是一个由大到小逐项减去位权的逆过程。八位二进制全部为 1,所表示的数是 255。因此,243 与各位的位权之间的关系是
$$243 = 255-12 = 255-8-4$$

也就是说除了位权为 8 的第 3 位和位权为 4 的第 2 位为 0 外,其他位全部为 1。

1.2.4　数值数据在计算机中的表示

数据分为两种,一种是数值型数据,另一种是非数值型数据。这里只讨论数值型数据,数值型数据由数字组成,表示数量,用于算术操作中。

在计算机中,1+2 与 1.0+2.0 是完全不一样的两种运算,怎么会这样呢? 要理解这个问题,必须从整数、实数在计算机中的表示方法说起。

1．与数有关的基本概念

(1) 数的长度。在计算机中,最小的信息单位就是 1 个二进制位,1 个二进制位也叫 1 比特(bit)。数的长度按 bit 来计算,但因存储容量常以"字节"为计量单位,所以数据长度也常以字节为单位计算[1 字节(Byte)=8 比特(bit)]。很显然,位数越多,能表示的数肯定越大。

(2) 数的符号。数有正负之分,正负号怎么表示呢? 一般用数的最高位(左边第一位)来表示数的正负号,并约定以"0"表示正,以"1"表示负。

(3) 小数点的表示。在计算机中表示实数时,涉及小数点的问题。计算机中没有专门设置小数点,只在特定位置默认有一个小数点,也就是说小数点及其位置总是隐含的。小数点的位置到底在哪里呢? 这要取决于具体的表示方法,如是用定点表示法还是用浮点表示法。

在计算机中,数值型的数据有两种表示方法,一种称为定点数,另一种称为浮点数。

2．定点数的表示方法

数的定点表示:尽管计算机里面没有专门设置小数点,但我们可以默认某个地方有那

么一个小数点,并将这样默认的小数点的位置看成固定不变的,由此就有了定点数的概念。根据小数点的位置不同,又分为定点整数与定点小数。

(1) 定点整数。如果小数点约定在数值的最低位之后,这时所有参加运算的数都是整数,即为定点整数。如图 1.8 所示。

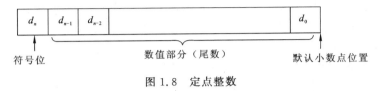

图 1.8 定点整数

(2) 定点纯小数。如果小数点约定在符号位和数值的最高位之间,这时,所有参加运算的数的绝对值小于 1,即为定点纯小数。如图 1.9 所示。

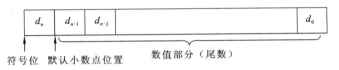

图 1.9 定点纯小数

有了定点整数和定点纯小数的概念以后,我们就可以说:任何一个二进制数 N,都可写成 $2^e \times t$ 的形式,即 $N = 2^e \times t$。这里 e 称为 N 的阶码,是一个二进制整数,t 称为 N 的尾数,是一个二进制纯小数。这跟十进制数的道理是一样的,例如,十进制数 3267,可以写成 0.3267×10^4,在这里 4 是阶码,是一个定点整数,0.3267 是尾数,是一个定点纯小数,这也称为科学计数法。

3. 浮点数的表示方法

早期的计算机只有定点数,没有浮点数。这种计算机的优点是硬件结构简单,但有三个明显的缺点:

(1) 编程困难。程序设计人员必须首先确定机器小数点的位置,并把所有参与运算的数据的小数点都对齐到这个位置上,然后机器才能正确地进行计算。也就是说,程序设计人员首先要把参与运算的数据扩大或缩小某一个倍数后送入机器,等运算结果出来后,再恢复到正确的数值。

(2) 表示数的范围小。例如,一台 16 位字长的计算机所能表示的整数的范围只有 $-32\,768 \sim +32\,767$。从另一个角度看,为了能表示两个大小相差很大的数据,需要有很长的机器字长。例如,太阳的质量大约是 0.2×10^{34} 克,一个电子的质量大约是 0.9×10^{-27} 克,两者相差 10^{61} 以上。

(3) 数据存储单元的利用率往往很低。例如,为了把小数点的位置定在数据最高位前面,必须把所有参与运算的数据至少都除以这些数据中的最大数,只有这样才能把所有数据都化成纯小数,因而会造成很多数据有大量的前置 0,从而浪费了许多数据存储单元。

为了解决上述问题,现代计算机都提供了浮点数的表示方式。浮点数,在数学中称为实数,是指小数点在逻辑上不固定的数。IEEE(美国电气和电子)工程师协会(Institute of Electrical and Electronics Engineers)在 1985 年制定了 IEEE754 标准,最常见的两类浮点数是单精度和双精度,IEEE 对它们的存储格式作了严格规定。目前,绝大多数计算机都遵守这一标准,极大地改善了各种软件的可移植性。

计算机中的浮点数要用规格化表示,即一个数是用阶码和尾数两部分来表示的。一般规定,阶码是定点整数,尾数是定点纯小数。例如,一个二进制数 100100.001001 应转换为 1.00100001001×2^5,5 称为阶码,1.00100001001 称为尾数。

IEEE754 标准规定:

(1) 若浮点数为正数,则数符为 0,否则为 1。

(2) 要求尾数值的最高位是 1,且"1"不存储,目的是为了节省存储空间。

(3) 存储的阶码等于规格化的指数加上 127,即阶码=指数+127。因为指数可以是负数(−126~127),为了处理负指数的情况,IEEE 要求指数加上 127 后存储。

对于 32 位单精度的浮点数来说,数符和阶符各占 1 位,阶码的长度为 7 位,尾数的长度为 23 位。如图 1.10 所示。

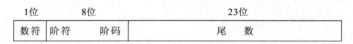

图 1.10　单精度浮点数的表示法

我们来看一个具体的例子。实数 256.5 的浮点数格式(32 位),如图 1.11 所示。

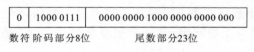

图 1.11　浮点数格式实例

256.5 的规格化表示

$$256.5 = 100000000.1B = (1.000000001)_2 \times 2^8$$

尾数部分为:1.000000001B,尾数值的最高位"1"不存储,尾数就为 000000001。

阶码部分为:指数为 8,阶码等于规格化的指数加上 127

$$8+127=135=10000111B$$

阶码就为 10000111。

浮点表示中,尾数的大小和正负决定了所表示的数的有效数字和正负,阶码的大小和正负决定了小数点的位置,因此浮点数中小数点的位置随阶码的变化而浮动,这也就是"浮点"的含义。为了使运算中不丢失有效数字,提高运算精度,计算机中的浮点表示通常采用改变阶码来达到规格化数的目的。这里,规格化数要求尾数值的最高位是 1。

例 1.16　−2.5 作为单精度浮点数在计算机的表示。

规格化表示:　−2.5=−10.1 B=−1.01×2¹ B

阶码:　　　　1+127=128=10000000 B

因此,−2.5 在计算机中的存储如图 1.12 所示

例 1.17　2.0 作为单精度浮点数在计算机的表示。

规格化表示:　2.0=10.0 B=+1.0000 0000×2¹ B

图 1.12　−2.5 作为单精度浮点数的存储

阶码：　　　　　　　$1+127=128=10000000$ B

因此，2.0 在计算机中的存储如图 1.13(a)所示。

（a）2.0作为单精度浮点数的存储

（b）1.0作为单精度浮点数的存储

（c）整数2在计算机中的存储

图 1.13

同理，1.0 在计算机中的存储如图 1.13(b)所示。

整数 2 是作为定点整数存储的，一般也用 4 个字节来存放，整数 2 在计算机中的存储如图 1.13(c)所示。

由此可见，2 和 2.0 在计算机内的表示都完全不同，所以说，在计算机中，1+2 与 1.0+2.0 是完全不一样的两种运算。

4.“九九归一”的加法运算

我们知道，计算机能做“加（+）”、“减（−）”、“乘（ * ）”、“除（/）”等算术运算，也能做“大于（>）”、“大于等于（≥）”、“小于（<）”、“小于等于（≤）”、“等于（＝）”、“不等于（≠）”等关系运算，还能做“与（and）”、“或（or）”、“非（not）”等逻辑运算。除此以外，还能做很多别的事情。特别是给初学者的感觉好像计算机无所不能。

从设计的角度来说，如果要求计算机本能地具有处理算术运算、关系运算和逻辑运算的所有功能，那计算机的核心部件 CPU 就太复杂了。因为仅就算术运算而言，就必须为 CPU 设计加法器、减法器、乘法器、除法器，更不用说其他运算了。事实上，CPU 不是这样设计的。

在 CPU 内部，用于运算的核心部件其实就是一个加法器，只能做加法运算。那么减法、乘法和除法运算怎么办呢？这些运算都是通过加法来实现的！我们不得不说计算机的设计者真是太聪明了。

那么，减法怎么通过加法来实现呢？

前面已介绍了数值数据有定点数和浮点数两种存储方式，计算机就以这两种形式来进行数的运算。我们以定点数表示的整数来说明一下数的运算过程。

1）原码

一个整数的原码是指：符号位用 0 或 1 表示，0 表示正，1 表示负，数值部分就是该整数的绝对值的二进制表示。

例 1.18　假设机器数的位数是 16，那么

　　　　　　　　[＋46]原＝00000000 00101110　　[－46]原＝10000000 00101110

　　值得注意的是,由于[＋0]＝00000000 00000000,[－0]＝10000000 00000000,所以数 0 的原码不唯一,有"正零"和"负零"之分。

　　2）反码

　　在反码的表示中,正数的表示方法与原码相同;负数的反码是把其原码除符号位以外的各位取反（即 0 变 1,1 变 0）。通常,用[X]反表示 X 的反码。例如

　　　　　　　　[＋46]反＝[＋46]原＝00000000 00101110
　　　　　　　　[－46]原＝100000000 00101110
　　　　　　　　[－46]反＝111111111 11010001

　　3）补码

　　在补码的表示中,正数的表示方法与原码相同;负数的补码在其反码的最低有效位上加 1。通常用[X]补表示 X 的补码。

　　例 1.19

　　　　　　　　[＋46]补＝[＋46]反＝[＋46]原＝00000000 00101110
　　　　　　　　[－46]原＝100000000 00101110
　　　　　　　　[－46]反＝111111111 11010001
　　　　　　　　[－46]补＝111111111 11010010

　　注意:数 0 的补码的表示是唯一的,即

　　　　　　　　[0]补＝[＋0]补＝[－0]补＝00000000 00000000

　　现在我们来看看引进原码、反码与补码这几个概念到底有什么意义。

　　例 1.20　　$X＝89,Y＝35$,求 $X＋Y$ 和 $X－Y$ 的值。

　　　　　　　　[89]补 ＝0000 0000 0101 1001
　　　　　　　　[35]补 ＝0000 0000 0010 0011
　　　　　　　　[－35]反＝1111 1111 1101 1100
　　　　　　　　[－35]补＝1111 1111 1101 1101

①89＋35＝124

```
  0000 0000 0101 1001
+ 0000 0000 0010 0011
-----------------------
  0000 0000 0111 1100
```

②89－35＝89＋（－35）＝54

```
    0000 0000 0101 1001
  + 1111 1111 1101 1101
-------------------------
[1] 0000 0000 0011 0110
          溢出
```

　　我们可以看到,两个 16 位二进制数相加,得到的结果有 17 位,最高位 1 为进位。如果我们只要 16 位,不考虑最后的进位,也就是把最高位丢掉,结果就是 0000 0000 0011 0110,这个二进制数对应的十进制数是 54,正好是 89－35 的结果。

　　通过这个例子,我们不难体会到通过补码可以把减法运算变成加法运算来做,而乘法可以用加法来做,除法可以转变成减法。

　　下面来看一下二进制的乘法运算,乘法是向左移位和加法运算结合起来。

　　例 1.21　　以 $9×2＝18,9×4＝36,9×3＝27$ 为例,了解下二进制的乘法运算。

①	9		0000 1001		②	9		0000 1001
	×	2		*	10		×	4		*	100
		18		0001 0010				36		0010 0100

③	9		0000 1001
	×	3		*	11
		27		0001 0010
			+ 0000 1001
			0001 1011

　　这样一来,加、减、乘、除 4 种运算就只需做加法了,这对简化 CPU 的设计非常有意义,CPU 里面只要有一个加法器就可以做算术运算了,计算机的所有运算都归到加法运算,所以我们叫"九九归一"的加法运算。需要特别说明的是,对于计算机来说,求一个二进制数的补码是一件非常容易的事情。

1.3　字符信息在计算机中的表示

　　计算机除了能处理数值数据外,还能处理非数值数据,如字符或字符串(英文或汉字信息)。计算机内部是不可能直接存储英文字符、汉字或者那些特殊符号的,所有的数据在存储和运算时都要使用二进制数表示,对于英文字符、汉字、特殊符号等,必须统一用二进制代码来表示。而具体用哪些二进制数字表示哪个符号,当然每个人都可以约定自己的一套(这就叫编码),而大家如果要想互相通信而不造成混乱,就必须使用相同的编码规则,于是美国有关的标准化组织就出台了所谓的 ASCII 编码,统一规定了上述常用符号用哪些二进制数来表示。

1.3.1　ASCII 码

　　由于现代电子计算机诞生于美国,美国人当初考虑字符编码的时候,并没有考虑非英语国家,美国以外的其他国家的文字和符号都没考虑。美国人按照原来的机械式英文打字机的键盘结构,统计了常用的英文字母、数字、运算符、标点符号等,大约常用字符个数一百多个,就对这些常用字符进行了统一编码,只需要用 7 位二进制,因为 7 位二进制有128 种组合。对常用的英文字母、数字、运算符、标点符号等进行编码,并且形成了事实上的标准,这就是国际上广泛采用的美国标准信息交换码(American standard code for information interchange,简称 ASCII 码)。它已被国际标准化组织(ISO,international standard organization)定为国际标准,称为 ISO 646 标准。

　　ASCII 码是一种 7 位二进制编码,能表示 128 种国际上最通用的西文字符,是目前计算机中,特别是微型计算机中使用最普遍的字符编码集。每个字符用 7 位二进制数来表示(表 1.2),可表示 128 个字符,7 位编码的取值范围为 00000000～01111111。在计算机内,每个字符的 ASCII 码用 1 个字节(8 bit)来存放,字节的最高位为校验位,通常用" 0"来填充,后 7 位为编码值,如表 1.2 所示。

表 1.2　标准 ASCII 字符集

二进制	十进制	字符	二进制	十进制	字符	二进制	十进制	字符	二进制	十进制	字符
00000000	0	NUL	00100000	32	SP	01000000	64	@	01100000	96	`
00000001	1	SOH	00100001	33	!	01000001	65	A	01100001	97	a
00000010	2	STX	00100010	34	"	01000010	66	B	01100010	98	b
00000011	3	ETX	00100011	35	#	01000011	67	C	01100011	99	c
00000100	4	EOT	00100100	36	$	01000100	68	D	01100100	100	d
00000101	5	ENQ	00100101	37	%	01000101	69	E	01100101	101	e
00000110	6	ACK	00100110	38	&	01000110	70	F	01100110	102	f
00000111	7	BEL	00100111	39	'	01000111	71	G	01100111	103	g
00001000	8	BS	00101000	40	(	01001000	72	H	01101000	104	h
00001001	9	HT	00101001	41	)	01001001	73	I	01101001	105	i
00001010	10	LF	00101010	42	*	01001010	74	J	01101010	106	j
00001011	11	VT	00101011	43	+	01001011	75	K	01101011	107	k
00001100	12	FF	00101100	44	,	01001100	76	L	01101100	108	l
00001101	13	CR	00101101	45	—	01001101	77	M	01101101	109	m
00001110	14	SO	00101110	46	.	01001110	78	N	01101110	110	n
00001111	15	SI	00101111	47	/	01001111	79	O	01101111	111	o
00010000	16	DLE	00110000	48	0	01010000	80	P	01110000	112	p
00010001	17	DC1	00110001	49	1	01010001	81	Q	01110001	113	q
00010010	18	DC2	00110010	50	2	01010010	82	R	01110010	114	r
00010011	19	DC3	00110011	51	3	01010011	83	S	01110011	115	s
00010100	20	DC4	00110100	52	4	01010100	84	T	01110100	116	t
00010101	21	NAK	00110101	53	5	01010101	85	U	01110101	117	u
00010110	22	SYN	00110110	54	6	01010110	86	V	01110110	118	v
00010111	23	ETB	00110111	55	7	01010111	87	W	01110111	119	w
00011000	24	CAN	00111000	56	8	01011000	88	X	01111000	120	x
00011001	25	EM	00111001	57	9	01011001	89	Y	01111001	121	y
00011010	26	SUB	00111010	58	:	01011010	90	Z	01111010	122	z
00011011	27	ESC	00111011	59	;	01011011	91	]	01111011	123	{
00011100	28	FS	00111100	60	<	01011100	92	\	01111100	124		
00011101	29	GS	00111101	61	=	01011101	93	[	01111101	125	}
00011110	30	RS	00111110	62	>	01011110	94	ˆ	01111110	126	~
00011111	31	US	00111111	63	?	01011111	95	_	01111111	127	DEL

ASCII 码表可分为 4 个部分：

（1）特殊控制符号，共 33 个（表中前 32 个和表中最后一个），都是不可见字符。这些字符没法打印出来，但是每个字符，都对应着一个特殊的控制功能，这 33 个字符多数都是极少使用的控制字符,剩下的几个常用控制字符的含义如表 1.3 所示。

表 1.3　特殊控制字符的含义

十进制	0	7	8	9	10	12	13	20	27	127
字符	空字符	响铃	退格键	TAB 键	换行	换页	回车键	Caps Lock	Esc 键	删除

（2）数字符号,共 10 个,其 ASCII 值为 $48_{10} \sim 57_{10}$,记住了"0"的 ASCII 码为 48,就可以推算出其他数字的 ASCII 码值。

（3）英文字母符号,共 52 个,大写英文字母的 ASCII 值为 $65_{10} \sim 90_{10}$,小写英文字母的 ASCII 值为 $97_{10} \sim 122_{10}$。字母 ASCII 码的记忆也是非常简单的,我们只要记住了字母"A"的 ASCII 码为 65,知道相应的大小写字母之间差 32,就可以推算出其余字母的 ASCII 码。

（4）其他可视(可打印)字符,ASCII 码共有 95 个可显示的字符,除去 52 个大小写英文字母,还有 33 个可见字符,例如:"!"的 ASCII 值为 33_{10},键盘空格键所产生的空白字符也算 1 个可显示字符(显示为空白)。

例 1.22　查看常用字符的 ASCII 码。

我们来验证一下,我们所输入的字母、数字,在计算机中是否是按 ASCII 码来存放?需要用到记事本和命令提示符中的 DEBUG 程序。

记事本是一个纯文本编辑工具,只存放字符,不存放格式,例如字号、字体颜色这些格式都不保存。保存时的编码为 ANSI(这是平台的默认编码),英文字符为 ASCII 码,中文系统为 GBK 编码。我们在记事本里输入如图 1.14 所示的字符。

图 1.14　记事本中输入字符

在命令提示下打开 DEBUG 程序,DEBUG 是为汇编语言设计的一种调试工具,可以直接用来检查和修改内存单元、装入、存储及启动运行程序等。用 DEBUG 程序打开上面的记事本文件,在命令窗口就可以看到如图 1.15 所示的信息:最左边是内存地址,中间是

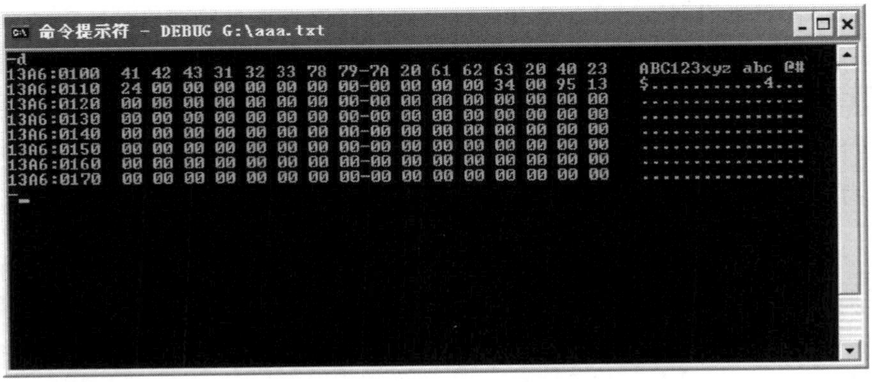

图 1.15　DEBUG 程序查看记事本文件

这些内存空间上所存放信息的 ASCII 码,是以十六进制表示,最右边是对这行信息的解释。这些十六进制的代码与记事本中输入的字符的 ASCII 码是完全一致的。

1.3.2　汉字编码

西文是用字母和符号排列文字,采用 ASCII 码基本上就能满足西文处理的需要,ASCII 码相对简单,在计算机中,西文的输入、存储和处理都可依据 ASCII 码来进行。

汉字是象形字,计算机处理汉字,必须解决以下三个问题:

第一,是汉字的输入,即如何把结构复杂的方块汉字输入到计算机中去,这是汉字处理的关键之一。

第二,汉字在计算机内如何表示和存储,又如何与西文并存。

第三,如何将汉字的处理结果根据实际的要求从计算机的外部设备中输出。

解决上述问题的关键就是汉字的编码。每一个汉字的编码都包括输入码、交换码、内部码和字形码。在汉字信息处理系统中,要进行如下代码的转换:输入码、国标码、机内码、字形码。汉字信息处理的流程图如图 1.16 所示。

图 1.16　汉字信息处理的流程图

1. 汉字输入码

计算机的主要输入设备是键盘,在输入汉字时,只能利用键盘上的现有符号、数字和字母进行输入,由于汉字太多,每个汉字无法与键盘键一一对应,使用一个或几个键来表示汉字,既为汉字的"键盘输入编码",简称为汉字输入码。汉字输入码的编码原则为:好学好记,击键次数少,无重码或重码少。按照不同的设计思想,可把汉字输入法归纳为四大类:数字编码(如区位码)、拼音编码(如搜狗拼音)、字形编码(如五笔字形)和音形编码(如自然码)等。

这些汉字输入法是利用键盘输入汉字,除此之外,输入汉字的方法还有汉字字形识别输入和语音输入。汉字字形识别输入法是让计算机直接识别汉字,一是利用扫描仪对文本进行扫描、由计算机进行识别;另一种是利用联机手写装置按照汉字的结构书写在特定的设备上,由计算机识别。语音识别输入法是人通过语音接收器直接对计算机讲话,计算机"听到"后,进行语音处理,将人讲的话翻译成汉字。

汉字输入码与汉字的存储码是不同范畴的概念,使用不同的汉字输入码向计算机输入的同一个汉字,它们的存储内码是相同的。

2. 国标码

为了规范汉字在计算机内的编码,我国于 1980 年颁布了《信息交换用汉字编码字符集(基本集)》代号为 GB 2312—1980 的国家标准,称为国标码。国标码收入了常用汉字6763 个(其中一级汉字 3755 个,二级汉字 3008 个),其他字母及图形符号 682 个,总计7445 个字符。

　　由于汉字的字符多,一个字节即 8 位二进制代码不足以表示所有的常用汉字。汉字国标码的每个汉字或符号都使用 16 位二进制代码来表示,即用两个字节作为一个汉字编码。国标码每个字节的最高位为"0",使其每个字节在 00000000～01111111 范围内取值,实际上只用了 21H～7EH 之间的 94 个数值,双字节编码容量为 94×94＝8836,满足7445 个汉字和符号编码的需要。

　　其中要说明的是一级汉字,是最常用的汉字,它是按汉语拼音字母顺序排列,共 3755个。例如,"大"的国标码为 3473H,"小"的国标码为 5021H,"大"的拼音在前,编码就小些,从编码的角度看"小"的编码要比"大"的编码大。在计算机中如果需要进行汉字排序,就是用汉字的编码来进行比较的,因此就有了"大"＜"小",即"大"要排在"小"的前面这种现象。

3. 机内码

　　2 个字节表示的国标码,不能直接在计算机内作为汉字的编码,主要是因为计算机按字节表示数据,没有标志区别某个字节是汉字编码的一部分还是 ASCII 字符的编码,为了以示区别,将国标码两个字节的最高位都置为"1",作为汉字在计算机内的编码,来对汉字进行识别、存储、处理和传输,这种编码称为汉字的机内码。

　　例 1.23　查看常用汉字的编码。

　　与例 1.22 相似,我们在记事本里输入如图 1.17 所示的汉字。

图 1.17　记事本中输入汉字

　　用 DEBUG 程序打开上面的记事本文件,在命令窗口就可以看到如图 1.18 所示的信息,这些十六进制的代码与记事本中输入的汉字的机内码是完全一致的。每个汉字在内存中占两个字节,例如汉字"大"的国标码为 00110100 01110011,机内码为:10110100 11110011,转换成十六进制为 B4F3。D0A1 是汉字"小"的机内码。

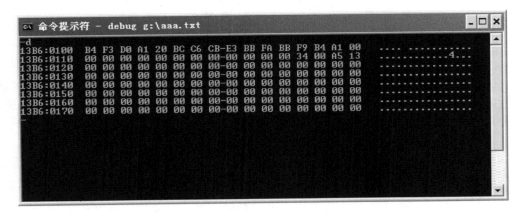

图 1.18　DEBUG 程序查看记事本文件

　　GB 2312—1980 汉字国家标准支持的汉字太少。1995 年制定的汉字扩展规范 GBK 1.0 收录了 21 886 个符号,它包含汉字区 21 003 个字符和图形符号区。2000 年制定的 GB 18030—2000 是取代 GBK 1.0 的正式国家标准,该标准收录了 27 484 个汉字,同时还收录了藏文、蒙文、维吾尔文等主要的少数民族文字。现在的 PC 平台要求是必须支持 GB 18030—2000,对嵌入式产品没作要求,所以手机、MP3 一般只支持 GB 2312—1980。BIG 5 是我国台湾地区计算机系统中使用的汉字编码字符集,包含了 420 个图形符号和 13 070 个繁体汉字。

4. 字形码

　　字形码是表示汉字字型信息的编码,主要表示汉字的结构、形状、笔画等,又称为汉字字模,用来实现计算机对汉字的输出(显示、打印)。汉字的字形码通常有两种方式:点阵方式和矢量方式。

　　由于汉字是方块字,因此字形码最常用的表示方式是点阵形式,有 16×16 点阵、24×24 点阵、32×32 点阵、64×64 点阵等。例如,16×16 点阵的含义为:用 256 (16×16＝256)个点来表示一个汉字的字形信息。每个点有“亮”或“灭”两种状态,用一个二进制位的“1”或“0”来对应表示,如图 1.19 所示为“大”的 16×16 点阵字形及编码。

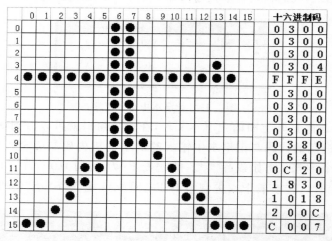

图 1.19　16×16 点阵汉字字形及编码

　　汉字字形编码是指汉字点阵中每个点的信息用一位二进制码来表示。对于 16×16 点阵的汉字字形码,需要用 32 个字节(16×16÷8＝32)表示;64×64 点阵的汉字字形码,需要用 512 个字节表示(64×64÷8＝512)。

　　例 1.24　计算存储 1 万个汉字的字形,需要多少存储空间。

　　如果是 16×16 点阵,需要 32×10000/1024＝312.5 KB。

　　如果是 64×64 点阵,需要 512×10000÷1024÷1024＝4.88 MB。

　　由此可见,汉字的字形点阵要占用大量的存储空间。在早期的微型机中,由于内存小,通常将其以字库的形式存放在机器的外存中,需要时才检索字库,输出相应汉字的字形。

可根据汉字输出的需要选择不同的点阵字库,字库的点数越多,输出的汉字就越精确、美观,如图 1.20 所示,是"大"的 64×64 点阵的汉字字形。

矢量字形码是记录汉字字形的轮廓特征,不同的字体记录在不同的字库中。当要输出汉字时,计算机通过计算,由汉字的轮廓特征生成所需的相应大小的汉字点阵,从计算机的输出设备输出。矢量字形与设备的分辨率、输出的大小无关,因此,可以产生高质量的汉字输出。

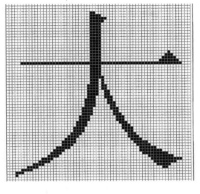

图 1.20　64×64 点阵汉字

点阵字形码存储方式简单,无须转换就直接输出,但其存储开销大,字形放大后的效果差。矢量字形码存储开销小,字形放大后的效果比较好,但输出时需要进行转换,计算量大。现今操作系统用于荧幕显示时,默认字号的字还是采用点阵字,它能够提供较快的显示效果;当使用者设定的字体尺寸没有点阵字时,字体便会以向量图像方式显示;而当打印时,印刷字体无论大小都会采用矢量字形打印。图 1.21 显示了矢量字和点阵字放大后的效果。

Brown Brown

(a) 点阵　　　　　　　　　(b) 矢量

图 1.21　矢量字和点阵字放大后效果图

1.3.3　其他字符编码

1. ASCII 编码的局限性

由于标准 ASCII 字符集字符数目有限,在实际应用中往往无法满足要求。为此,国际标准化组织又制定了 ISO2022 标准,它规定了在保持与 ISO646 兼容的前提下将 ASCII 字符集扩充为 8 位代码的统一方法。7 位编码的字符集只能支持 128 个字符,为了表示更多的欧洲常用字符对 ASCII 进行了扩展,ASCII 扩展字符集使用 8 位(bits)表示一个字符,共 256 字符。

扩展 ASCII 字符集扩充出来的符号包括表格框线、音标、希腊字母和其他欧洲非英语系的字母。这对于有些国家也许已经够用了,但却没有充分考虑其自身的扩充和其他语言的字符集。随着各种需要处理的符号的增加,ASCII 码几乎没有扩充的余地,更不用说能够处理其他语言的字符集。这就导致了各种各样的编码方案的出现,如我国的 GB 2312 码、台湾地区的 BIG 5 码、日本的 JIS 码等。但所有的这些编码系统,没有哪一个拥有足够的字符,可以适用于多种语言文本。

可见，这种编码标准设计上的局限性导致了许多问题：

（1）没有统一的编码表示多国文字，使得国际文本数据交换很不方便。

（2）不能解决多语言文本同平台共存的问题。

（3）不能真正解决现有软件的国际化问题。因为各种编码相互之间都不兼容，一个软件不可能同时使用两种不同的编码。由于编码不统一，这些编码系统之间经常相互冲突。数据在不同的编码系统或平台之间转换时，往往不能正确地表达，如出现乱码等。

（4）对于程序员来说，当软件产品贯穿多个平台、语言和国家时，需要对软件做很大的改动、重建工作。例如，ASCII 使用 7 位编码单元，EBCDIC 使用 8 位编码，而 GBK 使用 16 位编码。

基于上述，各种编码应运而生，下面介绍几种常用的编码。

2. ANSI 编码

为了扩充 ASCII 编码，以用于显示本国的语言，不同的国家和地区制定了不同的标准，由此产生了 GB 2312，BIG 5，JIS 等各自的编码标准。这些使用 2 个字节来代表一个字符的各种字符延伸编码方式，称为 ANSI 编码。在简体中文系统下，ANSI 编码代表 GB 2312 编码，在日文操作系统下，ANSI 编码代表 JIS 编码。世界上存在着多种编码方式，同一个二进制数字可以被解释成不同的符号。因此，要想打开一个文本文件，就必须知道它的编码方式，否则用错误的编码方式解读，就会出现乱码，这也导致了 Unicode 编码的诞生。

3. Unicode 编码

如果有一种编码，将世界上所有的符号都纳入其中，无论是英文、日文、还是中文等，大家都使用这个编码表，就不会出现编码不匹配现象。国际标准化组织已经意识到各国语言文字和文化差异带来的问题了，所以该组织联合世界上许多国家共同制定了有关的标准。如 ISO 10646，可表示世界上所有字符的 31 位编码方案，被称为通用字符集（universal character set，UCS），它使用 4 个字节的宽度来容纳足够多的字符，但是这个过于大的字符标准在当时乃至现在都有其不现实的一面。从 1991 年开始，Unicode 组织以 Universal，Unique 和 Uniform 为主旨开发了一个 Unicode 字符标准。

Unicode（universal multiple-octet coded character set）是通用多八位编码字符集的简称，是一种重要的交互和显示的通用字符编码标准，它覆盖了美国、欧洲、中东、非洲、印度、亚洲和太平洋的语言，以及古文和专业符号，现在的规模可以容纳 100 多万个符号。Unicode 有 UCS-2 和 UCS-4 两种格式编码规范。

UCS-2 是双字节编码，至少可以定义 65 536 个不同的字符。用两个字节来表示代码点，其取值范围为 U＋0000～U＋FFFF。例如，U＋0639 表示阿拉伯字母 Ain，U＋0041 表示英语的大写字母 A，"汉"这个字的 Unicode 编码是 U＋6C49。

为了能表示更多的文字，Unicode 又提出了 UCS-4，即用 4 个字节表示代码点，它的范围为 U＋00000000～U＋7FFFFFFF，其中 U＋00000000～U＋0000FFFF 和 UCS-2

是一样的。

Unicode 只是一个编码规范,它只规定了符号的二进制代码格式,有 UCS-2 和 UCS-4 两种,但是并没有规定代码在计算机中应该如何存储。规定存储方式的称为 UTF (unicode transformation format),其中应用较多的就是 UTF-16 和 UTF-8 了。

4. Unicode Big endian

把 Unicode 的 UCS-2 格式编码转换成 16 位存储格式就是 UTF-16,UTF-16 是对每一个 Unicode 基本多文种平面定义的字符(无论是拉丁字母、汉字或其他文字或符号),一律使用 2 字节储存。而在辅助平面定义的字符,会以代理对的形式,以两个 2 字节的值来储存。好处在于大部分字符都以固定长度的字节(2 字节)储存,但 UTF-16 却无法兼容于 ASCII 编码。

以汉字"严"为例,Unicode 码是 4E25,采用 UTF-16 格式用两个字节存储,一个字节是 4E,另一个字节是 25。存储的时候,4E 在前,25 在后,就是 Unicode Big endian 方式;25 在前,4E 在后,就是 Unicode Little endian 方式。

那么很自然的,就会出现一个问题:计算机怎么知道某一个文件到底采用哪一种方式编码?

例 1.25　某字符 Unicode 编码 4E59,按两个字节拆分为 4E 和 59,在 Mac OS 环境下读取时是从低字节开始,那么 Mac OS 会认为此 4E59 编码为 594E,找到的字符为"奎",而在 Windows 环境从高字节开始读取,则编码为 U+4E59 的字符为"乙"。就是说在 Windows 下以 UTF-16 编码保存一个字符"乙",在 Mac OS 环境下打开会显示成"奎"。

此类情况说明,UTF-16 的编码顺序若不加以人为定义就可能发生混淆,于是在 UTF-16 编码实现方式中使用了两种方式以及可附加的字节顺序记号解决方案。第一个字节在前就称为大头方式(big endian,简写为 UTF-16 BE);第二个字节在前就称为小头方式(little endian,简写为 UTF-16 LE)。目前在 PC 机上的 Windows 系统和 Linux 系统对于 UTF-16 编码默认使用 UTF-16 BE。

可用 Word 程序查看汉字的 Unicode 编码,在 Word 中输入汉字,将光标定位在你所要查看的汉字旁边,按下 Alt+X 复合键,该汉字即被它对应的 Unicode 编码所代替,如图 1.22 所示,先在相应的位置输入汉字,然后光标定位在汉字旁按下 Alt+X 复合键后,即显示的是相应汉字的 Unicode 编码。请注意:按下 Alt+X 复合键一次只能转换一个汉字。

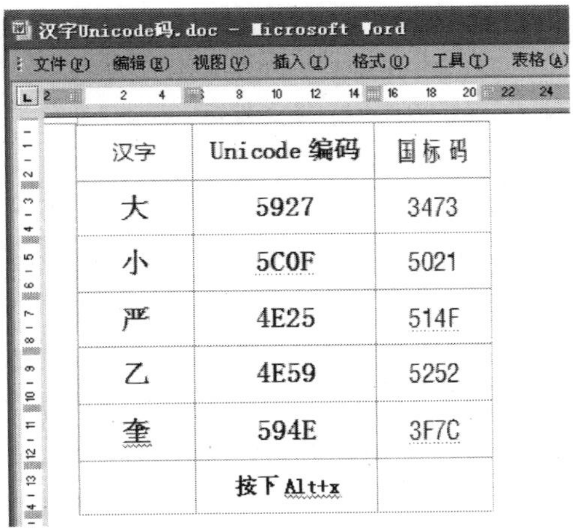

Unicode 规范中定义,每一个文件的最前面分别加入一个表示编码顺序的字符,这个字

汉字	Unicode 编码	国标码
大	5927	3473
小	5C0F	5021
严	4E25	514F
乙	4E59	5252
奎	594E	3F7C
	按下 Alt+x	

图 1.22　汉字的 Unicode 编码

符的名字称为"零宽度非换行空格"(ZERO WIDTH NO-BREAK SPACE),用 FEFF 表示。这正好是两个字节,而且 FF 比 FE 大 1。

如果一个文本文件的头两个字节是 FE FF,就表示该文件采用大头方式;如果头两个字节是 FF FE,就表示该文件采用小头方式。Unicode 的缺点是每个 ASCII 字符串都将占用两倍的储存空间。为了兼容原来的 ASCII 码,系统在处理处理 Unicode 字符串时,还必须编写一个处理 ASCII 字符串。

5. UTF-8

为了提高 Unicode 的编码效率,于是就出现了 UTF-8 编码。它是一种变长编码,可以根据不同的符号自动选择编码的长短。例如,英文字母可以只用 1 字节就够了,而遇到与其他 Unicode 字符混合的情况,将按一定算法转换,每个字符使用 1～3 字节编码,并利用首位为 0 或 1 进行识别。这样对以 7 位 ASCII 字符为主的西文文档就大大节省了编码长度。UTF-8 是现在互联网上使用最广的一种 Unicode 的实现方式。

我们再顺便说说一个很著名的奇怪现象:当你在 Windows 的记事本里新建一个文件,输入"联通"两个字之后,保存,关闭,然后再次打开,你会发现这两个字已经消失了,代之的是几个乱码。

输入"联通"两个字是按照 GB 2312 格式,而这两个字的机内码非常像 UTF-8 编码,再次打开记事本时,记事本就误认为这是一个 UTF8 编码的文件。只有"联通"两个字的文件没有办法在记事本里正常显示的原因,是因为 GB 2312 编码与 UTF8 编码产生了编码冲撞。

6. 各种编码之间的转换

当一个软件打开一个文本时,它要做的第一件事是决定这个文本究竟是使用哪种字符集的哪种编码保存的。软件一般可以采用三种方式来决定文本的字符集和编码:一是检测文件头标识;二是提示用户选择;三是根据一定的规则猜测,最标准的途径是检测文本最开头的几个字节,这几个字节与编码之间有一定关联,在此就不详细介绍了。

在 Windows 平台下,有一个最简单的转化方法,就是使用内置的记事本小程序 Notepad. exe。打开文件后,点击"文件"菜单中的"另存为"命令,会跳出一个对话框,在最底部有一个"编码"的下拉条,如图 1.23 所示。里面有 4 个选项:ANSI,Unicode,Unicode Big endian 和 UTF-8。

(1) ANSI 是默认的编码方式。对于英文文件是 ASCII 编码,对于简体中文文件是 GB 2312 编码(只针对 Windows 简体中文版,如果是繁体中文版会采用 Big 5 码)。

(2) Unicode 编码指的是 UTF-16 编码方式,即直接用两个字节存入字符的 Unicode 码。这个选项用的 Little endian 格式。

(3) Unicode Big endian 编码与上一个选项相对应。

(4) UTF-8 编码,它是一种变长编码。

选择完"编码方式"后,点击"保存"按钮,文件的编码方式就立刻转换好了。

用文本编辑软件 UltraEdit 中的"十六进制功能",可以观察所存储文件的内部编码方式。

图 1.23　Windows 记事本编码

思考题

1. 简述计算机内二进制编码的优点。
2. 常用进制的相互转换规则。
3. 完成下列数制转换。
   $(321.625)_{10}=($　　　　　　　$)_2=($　　　　　　　$)_8=($　　　　　　　$)_{16}$
   $(37FA)_{16}=($　　　　　　　$)_2=($　　　　　　　$)_8$
   $(1010101011.011)_2=($　　　　　　　$)_{10}$
4. 有一个二进制数,有没有简便方法快速判断其等值的十进制数是奇数还是偶数?
5. 浮点数在计算机内是如何表示的?
6. 假定机器字长为 16 位,试写出十进制数－15 的原码、反码和补码。
7. 8 位二进制数表示有符号数,为什么是最大值为 127,而不是 128?
8. 英文字符和中文汉字在计算机中分别如何表示?
9. 什么叫机内码? 什么叫国标码?
10. 下列计算机内码中包含几个汉字和几个字符。
    B5 E7 BB B0 BA C5 C2 EB 49 74 27 73 20 30 39 37 35 34

第 2 章　硬 件 基 础

计算机的各种硬件组成是用户对计算机最直接的视觉感受。不可否认,计算机是高科技产品,很多人对计算机硬件的各种性能参数望而生畏,遇到常见硬件问题更是无从下手。

实际上,现今的计算机产品越来越家电化,组装计算机也越来越简单,一般的故障处理也都容易解决。如今,越来越多的人开始自己动手组装电脑,碰到硬件问题自己解决的也不在少数。当然,这需要掌握基本的计算机硬件知识。通过学习计算机硬件的基本知识,可以加深对计算机工作原理的理解,让我们更好地掌握计算机这个强大的工具。

2.1　冯·诺伊曼机

2.1.1　冯·诺伊曼机的设计思想

1946 年,冯·诺伊曼设计出了第一台"存储程序"计算机 EDVAC,它由 5 个基本部分组成:运算器、控制器、存储器、输入设备和输出设备,从此奠定了现代计算机体系结构的基础,采用该结构的计算机也被称为"冯·诺伊曼机"。冯·诺伊曼机有两个重要的设计思想:二进制和程序内存。

1. 二进制

冯·诺伊曼根据电子元件双稳工作的特点,建议在电子计算机中采用二进制。在计算机中采用二进制有易于实现、运算简单、适合逻辑运算等诸多优点。

2. 程序内存

程序内存是冯·诺伊曼的另一杰作。通过观察,冯·诺伊曼发现 ENIAC 有一个很大的缺点——没有真正的存储器。ENIAC 只有 20 个暂存器,它的程序是外插型的,指令存储在计算机的其他电路中。这样,解题之前必须先想好所需的全部指令,通过手工把相应的电路连通。这种准备工作要花几小时甚至几天时间,而计算本身只需几分钟。高速的运算与程序的手工操作之间存在着很大的矛盾,严重制约了计算机性能的发挥。

针对这个问题,冯·诺伊曼提出了程序内存的思想:把要运算的程序存在机器的存储器中,程序设计员只需要在存储器中寻找运算指令,机器就会自行计算。这样,就不必每个问题都重新编程,从而大大加快了运算进程。这一思想标志着自动运算的实现,标志着电子计算机的成熟。

基于这一思想,冯·诺伊曼提出了存储程序的原则:程序和数据以二进制代码形式不加区别地存放在存储器中,存放位置由地址确定。这个"指令和数据一起存储"的概念被誉为"计算机发展史上的一个里程碑"。它标志着电子计算机时代的真正开始,指导着以后计算机的设计执行。

2.1.2　冯·诺伊曼机的组成

1. 运算器

运算器(arithmetic and logic unit,ALU)又称为算术逻辑单元,它包括寄存器、执行部件和控制电路三个部分。运算器是计算机中进行数据处理的核心部件,它的主要功能是进行各种算术运算和逻辑运算。

算术运算是指加、减、乘、除等基本算术运算;逻辑运算是指关系比较以及与、或、非等基本逻辑运算。复杂的计算都要通过这些基本运算一步步实现。运算器中用到的数据来自内存,处理后的结果数据仍旧写回内存。

2. 控制器

控制器(control unit)是计算机的指挥中枢,负责协调和指挥整个计算机系统的操作。控制器由程序计数器(PC)、指令寄存器(IR)、指令译码器(ID)、时序产生器和操作控制器组成。控制器的功能是:决定执行程序的顺序,发出指令执行时各部件所需要的操作控制命令,其操作过程一般如下:

(1) 从内存中取出一条指令,并指出下一条指令在内存中位置。

(2) 对指令进行译码或测试,并产生相应的操作控制信号,以便启动规定的动作。

(3) 指挥并控制 CPU、内存和输入/输出设备之间数据流动的方向。

3. 存储器

存储器(memory)是计算机中的记忆部件,用来存放程序和数据。存储器主要有两个操作:读和写。从存储器中取出信息称为读操作;将信息存放到存储器称为写操作。存储器的读写操作由控制器控制执行。

存储器按用途可分为主存储器(又称内存)和辅助存储器(又称外存)。计算机的运算器只能和内存交换数据,而不能直接访问外存。

内存的容量一般比较小,存取速度快。内存又分为随机存储器(random access memory,RAM)和只读存储器(read only memory,ROM)。常见的 RAM 即主板上的内存条,用来存放当前正在执行的数据和程序,其特点是断电后数据就会丢失。ROM 中的信息只能读出而不能写入,一般是厂家在制造时用特殊方法写入的,其信息可永久保存,例如,主板上用来存放 BIOS 信息的 CMOS 芯片。

辅助存储器又称外存,它不能和运算器直接交换数据,而是与内存进行数据交换,用来存放内存中难以容纳但又是程序执行所需要的数据信息。外存的容量一般较大、存储成本低、存取速度较慢。常见的外存有硬盘、U 盘、光盘等。

存储器的主要指标是容量,描述存储容量的单位主要有:

(1) 位又称比特(bit)。用来存放一位二进制信息,1 bit 可以存放一个 0 或一个 1,它是存储信息的最小单位。

（2）字节（Byte）。8 位二进制信息称为一个字节，用 B 来表示，它是存储器存储的基本单位，1 B＝8 bit。

（3）千字节（KB）。1 KB ＝1024 B＝2^{10} B

（4）兆字节（MB）。1 MB ＝1024 KB＝2^{20} B

（5）吉字节（GB）。1 GB ＝1024 MB＝2^{30} B

（6）太字节（TB）。1 TB ＝1024 GB＝2^{40} B

4. 输入设备

输入设备（input device）用来将数据和程序等用户信息变换为计算机能识别和处理的二进制形式存放到内存中。常用的输入设备有：键盘、鼠标、触摸屏、摄像头、麦克风、扫描仪、数码相机等。

5. 输出设备

输出设备（output device）的功能是进行数据的输出，将各种计算结果数据或信息以数字、字符、声音和图像等形式表示出来。常见的输出设备有显示器、打印机、音箱（耳机）、绘图仪等。

以上 5 大部件密切配合，相互协调，如图 2.1 所示。计算机的一般工作流程描述如下：

（1）控制器控制将数据和程序从输入设备输入到内存。

（2）从存储器取出指令送入控制器。

（3）控制器解析指令，发出控制信号给运算器和内存，以执行对应的指令动作。

（4）运算结果送回内存保存或送输出设备输出。

（5）回到第（2）步，继续取下一条指令执行，如此反复，直至程序结束。

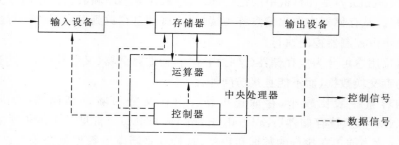

图 2.1　冯·诺伊曼体系结构

2.2　计算机系统的基本组成

计算机发展到今天已形成了一整套成熟的系统。一个完整的计算机系统由硬件系统和软件系统两部分组成。计算机硬件系统是指构成计算机的所有实体部件的集合，它是构成计算机系统的物质基础。计算机软件系统是指在硬件设备上运行的各种程序、数据和相关文件的集合。

通常,人们把不安装任何软件的计算机称为裸机。裸机只能运行机器语言,无法有效发挥计算机的强大功能。软件在计算机和用户之间架起了桥梁,通过各种功能各异的软件,计算机得以完成各种不同的任务,从而实现计算机在各应用领域的广泛应用。

硬件的重要性不言而喻,没有硬件一切都是空中楼阁,计算机应用无从谈起。相比较硬件的有形实体,软件是一种逻辑产品,它是脑力劳动的结晶,看不见、摸不着,它必须在硬件的基础上运行、生存。但并不是说软件就不重要了。现在人们已经意识到软件的重要性一点也不亚于硬件,甚至更重要。软件刚出来时,它只是销售硬件的附属品。而现在一套大型的高端产品设计软件,售价几百万美元,附送几台 PC 机或工作站也是很正常的。

计算机硬件和软件相辅相成,缺一不可,共同构成了计算机系统。计算机系统的基本组成如图 2.2 所示。

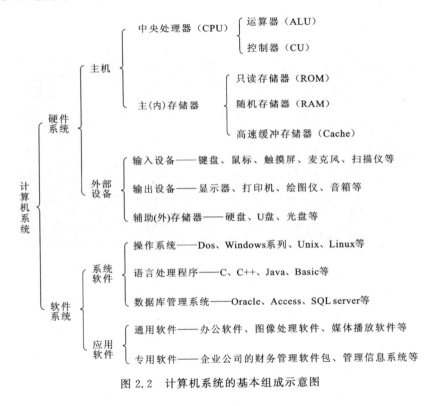

图 2.2 计算机系统的基本组成示意图

2.2.1 计算机的分类

目前主要按用途对计算机分类,计算机可分为超级计算机、工业控制计算机、网络计算机、个人计算机、嵌入式计算机五类。

1. 超级计算机

超级计算机通常是指由数百数千甚至更多的处理器组成的、能实现普通 PC 机和服务器不能完成的大型复杂课题计算的计算机。超级计算机是计算机中功能最强、运算速度最快、存储容量最大的一类计算机,其价格昂贵,功耗巨大,多用于国家高科技领域和尖端技术研究,是一个国家科技发展水平和综合国力的重要标志。

　　超级计算机的计算速度一般以每秒钟运行的浮点运算次数(FLOPS)作为量度单位,现有的超级计算机运算速度大都可以达到每秒一太(Trillion,万亿)次以上。我国的高性能计算机研制水平经过几十年不懈地努力已有显著提高,已成为继美国、日本之后的第三大高性能计算机研制生产国。

　　在国际 TOP500 组织发布的世界超级计算机 500 强排名榜上,我国的超级计算机多次入围并实现了成倍的增长。2015 年 11 月,第 46 届世界超算大会公布的全球超级计算机 500 强榜单中,中国拿到了 109 席,份额占比 21.8%,紧随美国之后排名第二。而由国防科技大学研制的天河二号超级计算机系统(如图 2.3 所示),在世界超级计算机 500 强排行榜上再次位居第一。这是天河二号自 2013 年 6 月问世以来,连续 6 次位居世界超算 500 强榜首,获得"六连冠"殊荣,创造了世界超算史上连续第一的新纪录。

图 2.3　中国天河二号超级计算机系统

2. 工业控制计算机

　　工业控制计算机是用于实现工业生产过程控制和管理的计算机,简称工控机,它是自动化技术工具中最重要的设备。

　　工业控制计算机采用总线结构,对生产过程及其机电设备、工艺装备进行检测与控制。它具有计算机系统的软硬件特征,其硬件有 CPU、内存、硬盘、外设及接口等;软件有实时操作系统、控制网络和协议等。工业控制计算机的主要种类有:IPC(PC 总线工业电脑)、PLC(可编程控制系统)、DCS(分散型控制系统)、FCS(现场总线系统)及 CNC(数控系统)等。

3. 网络计算机

随着计算机网络的出现,以及各行业信息化的要求,计算机越来越多的应用于网络环境。网络中的计算机主要分为服务器和工作站两类。

1) 服务器

服务器(server)是网络环境中的高性能计算机,通过侦听网络上的服务请求,为网络中的其他计算机(客户机)提供相应的服务。服务器必须具有承担服务并且保障服务的能力,因此对稳定性、安全性和性能等方面的要求较高。

服务器的硬件构成与个人计算机有众多的相似之处,主要构成仍然为:中央处理器、内存、芯片组、I/O 总线、I/O 设备、电源、机箱和相关软件。在一般的信息系统中,服务器主要应用于数据库和 Web 服务,而个人计算机主要应用于桌面计算和作为网络终端使用。设计的差异决定了服务器应具备比个人计算机更可靠的持续运行能力、更强大的存储能力和网络通信能力、更快捷的故障恢复功能和更广阔的扩展空间。而个人计算机则更加重视人机接口的易用性、图像和 3D 处理能力及其他多媒体性能。

服务器按其提供的服务可分为文件服务器。数据库服务器和应用程序服务器等。服务器按外形结构不同又可分为台式服务器、机架式服务器、刀片式服务器和机柜式服务器等。

2) 工作站

工作站(workstation)是一种以个人计算机和分布式网络计算为基础,主要面向专业应用领域,具有较强的信息处理功能、图形图像处理功能以及联网功能。常见的工作站有计算机辅助设计(CAD)工作站、办公自动化(OA)工作站和图像处理工作站等。

工作站的基本硬件构成与个人计算机相似,另外根据任务的不同,工作站还会有不同硬件配置和软件配置。例如,一个小型 CAD 工作站的硬件配置一般包括:小型计算机(或高档的微机)、CRT 终端、光笔、平面绘图仪、数字化仪、打印机等。而软件配置除了操作系统外,还会有编译程序、相应的数据库和数据库管理系统、二维和三维的绘图软件以及成套的计算、分析软件包。

4. 个人计算机

个人计算机(personal computer)又称 PC 机,PC 一词源自于 1981 年 IBM 的第一部桌上型计算机型号 PC。个人计算机是面向普通人群的应用需求而设计的计算机,除了基本的性能外,如今的消费者对个人计算机的便携性、移动性也提出了越来越高的要求。个人计算机种类繁多,主要有台式机、笔记本电脑、电脑一体机和平板电脑等。

1) 台式机

台式机(desktop)的主机和显示器、鼠标、键盘等外部设备都是相对独立的硬件,由于体积大、移动不方便,一般放置在电脑桌上,故又称为桌面机。典型台式机外观如图 2.4 所示。台式机具有性价比高、散热性好、扩展性强等优点。

图 2.4　某品牌台式机

台式机又分为品牌机和组装机两种。

组装机就是自主选择电脑配件（CPU、主板、内存、硬盘、显卡、光驱、机箱、电源、键盘鼠标、显示器等）并组装到一起的电脑。品牌机是有明确品牌标识的电脑，它是由工厂组装，并且经过兼容性测试，对外出售的整套电脑。

品牌机的优点是：性能稳定、兼容性好、产品质量有保证、售后服务好、时尚美观。而组装机的优势在于：配置自由、升级性好、性价比高、改造方便。

2）笔记本电脑

笔记本电脑（notebook）也称手提电脑或膝上型电脑，是一种小型、可携带的个人电脑。笔记本电脑跟台式机有着类似的结构组成，其主要优点是体积小、重量轻、携带方便。由于笔记本的这些优势，使移动办公成为可能。典型笔记本电脑外观如图2.5所示。

超轻超薄是目前笔记本电脑的主要发展趋势。但应注意，受限于体积，笔记本电脑的性能受到制约，对制造工艺的要求也较高。例如，困扰笔记本发展的一个主要问题是硬件的发热问题，为此笔记本的CPU频率大都是经过降频处理的型号，而显卡也多是集成显卡或核芯显卡，而市场上更是充斥着各种各种的笔记本辅助散热垫。

图2.5　笔记本电脑　　　　　　　　图2.6　电脑一体机

3）电脑一体机

电脑一体机（all in one，AIO）是介于台式机和笔记本电脑之间的一个市场产物，它是将主机和显示器整合到一起的新形态电脑。典型电脑一体机外观如图2.6所示。

电脑一体机平衡了台式机和笔记本电脑的优缺点。相对于笔记本而言，其屏幕大，可大大减轻视觉疲劳。而对比台式机来说，其体积小、功耗低、便携性好。在崇尚简洁的时尚潮流追捧下，越来越多的用户考虑用电脑一体机来取代杂乱、笨重的台式机。

4）平板电脑

平板电脑（Pad）是一种小型、方便携带的个人电脑，以触摸屏作为基本的输入设备。

平板电脑的概念由比尔·盖茨提出，从微软提出的平板电脑概念上看，平板电脑就是一款无须翻盖、没有键盘、小到可以放入女士手袋，但却功能完整的PC。2002年12月8日，微软在纽约正式发布了Tablet PC及其专用操作系统Windows XP Tablet PC Edition。但由于当时的硬件技术水平还未成熟，而且所使用的Windows XP操作系统并不适合平板电脑的操作方式，平板电脑并未流行。

直到2010年iPad（如图2.7所示）的出现，平板电脑才突然火爆起来。iPad由苹果公司首席执行官史蒂夫·乔布斯于2010年1月27日在美国圣弗朗西斯科欧巴布也那艺术中心发布,让各 IT 厂商将目光重新聚焦在了"平板电脑"上。iPad 重新定义了平板电脑的概念和设计思想,取得了巨大的成功,从而使平板电脑真正成了一种带动巨大市场需求的产品。这个平板电脑(Pad)的概念和微软那时(Tablet)已不一样了。

需要说明的是,苹果公司的 iPad 产品是属于消费级的产品,主要用于上网、娱乐和简单的办公应用,并不能真正的取代个人电脑。如今,市场上各种品牌的平板电脑都是跟苹果公司的 iPad 类似的产品,不同的价位、各种的性能也给了消费者更大的选择空间。

图 2.7 平板电脑

5. 嵌入式计算机

嵌入式计算机是一种以应用为中心,以微处理器为基础,软硬件可裁剪的,适应系统对功能、可靠性、成本、体积、功耗等要求的专用计算机系统。它一般由嵌入式微处理器、外围硬件设备、嵌入式操作系统以及用户的应用程序等四部分组成。

嵌入式计算机是计算机市场中增长最快的领域,几乎涵盖了生活中的所有电器设备,如电视机机顶盒、手机、数字电视、多媒体播放器、计算器、汽车、微波炉、数字相机、家庭自动化系统、电梯、空调、安全系统、自动售货机、消费电子设备、工业自动化仪表与医疗仪器等。

现在非常流行的智能手机其实也是一种嵌入式计算机系统。智能手机处理器的架构的底层都是 ARM(非常有名的提供各种嵌入式系统架构的公司)的,而其使用的操作系统目前竞争激烈,主要有谷歌

图 2.8 智能手机　　Android、苹果 iOS、微软 Windows Phone 和黑莓 BlackBerry 等。典型智能手机如图 2.8 所示。

2.2.2 个人计算机的硬件组成

计算机硬件的基本功能是接受计算机程序的控制来实现数据的输入、运算、输出等一系列的操作。计算机发展到今天已经发生了翻天覆地的变化,虽然硬件的基本结构一直沿袭着冯·诺伊曼的传统框架(即运算器、控制器、存储器、输入设备和输出设备),但也不断有新的发展和改进。

以个人计算机为例,一般我们看到的 PC 机一般由:主机箱、显示器、键盘和鼠标等部分组成。其中,显示器是输出设备,键盘和鼠标则属于输入设备,那主机箱里是否就是运算器、控制器和存储器呢?

如果打开主机箱,我们可以看到有主板、CPU、内存、硬盘、显卡、声卡、网卡、光驱、电源等许多硬件。其中,CPU 是运算器和控制器的集合体,内存则对应着存储器。剩下的设备中,硬盘和光驱是辅助存储设备,属于外存储器;显卡、声卡和网卡是与外部设备连接时用到的接口部件;主板则相当于一个工作台,用来连接所有的设备。可以看到冯·诺伊曼的传统框架相比,计算机硬件已经有了不小的变化。下面就这些部件作个简单的介绍。

1. 主板

主板(mainboard 或 motherboard)是计算机系统中最大的一块电路板,主板又叫主机板、系统板或母板。主板由各种接口、扩展槽、插座以及芯片组组成,它是计算机各部件相

互连接的纽带和桥梁,是计算机最重要的部件之一。典型主板外观如图 2.9 所示。

主板为 CPU、内存和各种功能(声、图、通信、网络、TV、SCSI 等)卡提供安装插座(槽);为各种磁、光存储设备、打印和扫描等 I/O 设备以及数码相机、摄像头、调制解调器(Modem)等多媒体和通信设备提供接口。计算机正常运行时对内存、存储设备和其他 I/O 设备的操控都必须通过主板来完成,因此计算机的整体运行速度和稳定性在相当程度上取决于主板的性能。

图 2.9　某品牌主板

2. CPU

CPU(central processing unit,中央处理器)是计算机最重要的部件之一,是计算机系统的核心,它的作用相当于人的大脑。它的内部结构分为控制单元、逻辑单元和存储单元三大部分。

个人计算机 CPU 的类型繁多,主要生产厂商有 Intel 和 AMD 两家,其 CPU 产品都有低端、中端和高端等类型。不管是哪家的 CPU 产品,衡量 CPU 性能的主要指标都是相同的,主要有:主频、缓存、内存访问带宽、核心数、线程数等。典型 CPU 外观如图 2.10 所示。

图 2.10　酷睿 i7CPU

图 2.11　内存条

3. 内存

广义上的内存泛指计算机系统中存放数据与指令的半导体存储单元,包括随机存储器(RAM)、只读存储器(ROM)以及高速缓存(cache)。狭义的内存指的是内存条这个部件,它是 RAM 类型的存储器。典型内存条外观如图 2.11 所示。

内存是相对于外存而言的。我们平常使用的程序,如 Windows 操作系统、Office 软件、Visual C++等,一般都是安装在硬盘等外存上的,必须把它们调入内存中才能运行。

又如当我们在使用 Word 编辑文档时,当你在键盘上敲入字符时,它就被存入内存中,当你选择存盘时,内存中的数据才会被存入硬盘。

4. 硬盘

硬盘(hard disk drive,HDD)是计算机最主要的辅助存储器之一,其容量相对内存来说十分巨大,适合存储海量的数据。硬盘里面有一个或者多个覆盖有铁磁性材料的盘片,硬盘的磁头用来读取或者修改盘片上磁性物质的状态。硬盘中的数据可以永久保存,不因掉电而消失,但其工作环境要求苛刻,所以通常密封。典型硬盘的外观如图 2.12 所示。

图 2.12 硬盘

5. 显卡

显卡即显示接口卡(又称显示适配器),其用途是将计算机系统所需要的显示信息进行转换驱动,并向显示器提供行扫描信号,控制显示器的正确显示,是连接显示器和个人电脑主板的重要元件。显卡性能的好坏直接影响计算机的图形图像处理能力,对于从事专业图形设计的人来说显卡非常重要。典型显卡外观如图 2.13 所示。

图 2.13 显卡

图 2.14 声卡

6. 声卡

声卡又称音频卡,是计算机进行声音处理的适配器,也是多媒体技术中最基本的组成部分。声卡是用来实现声波和数字信号相互转换的一种硬件,它可以把来自麦克风的原始声音信号转换为数字文件保存在计算计算中,也可以把计算机中的数字声音文件输出到耳机、扬声器等声响设备上。典型声卡外观如图 2.14 所示。

7. 网卡

网卡又称网络接口卡,是局域网中连接计算机和传输介质的接口,也是局域网最基本的组成部件之一。网卡的作用是向网络发送数据、控制数据、接受并转换数据。

随着无线网络技术的发展,无线上网逐渐流行起来,各种无线网卡产品也纷纷出现。除了有板卡式的无线网卡外,还有更加小巧的 USB 接口类似 U 盘的无线网卡,携带起来十分方便,如图 2.15 所示。

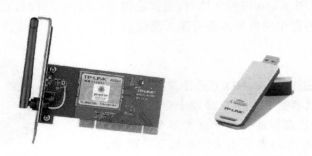

图 2.15　不同外观的无线网卡

8. 光盘驱动器

光盘驱动器简称光驱,是读取光盘信息的设备,也是多媒体技术中不可缺少的组成部件。光盘存储容量大、价格便宜、保存时间长,适宜保存大量的数据,如声音、图像、动画、视频信息、电影等多媒体信息。光驱可分为 CD-ROM 光驱、DVD 光驱、康宝(COMBO)和刻录机等几种。

9. 机箱

机箱用来容纳众多的计算机配件,它为这些配件提供安装支架,同时由于机箱多为金属材料,可以有效屏蔽电子器件的电磁辐射,同时也起到保护用户健康的作用。

一般从尺寸上,可以将机箱分为全塔式、中塔式和 Mini 机箱。尺寸大的机箱有更大的内部空间,可方便对硬件进行扩展,但占用的空间也更大。大多数的机箱支持 ATX、M-ATX的主板结构。ATX 大板尺寸一般为 305 mm×244 mm(也有窄板设计),而M-ATX小板的尺寸则为 244 mm×244 mm。另外还有更小的尺寸,如 mini-ITX 板型(简称 ITX),尺寸为 170 mm×170 mm。

10. 电源

电源是计算机的心脏,它把交流 220 V 的电源转换为计算机内部使用的直流 5 V、12 V、24 V 的电源,为计算机中的所有部件提供所需的电能。

随着计算机部件性能的提高,计算机的耗电量也变得越来越大。例如,拿主要的耗电大户 CPU 和显卡来说,目前的主流 CPU 和显卡的额定功率都达到了 100 W 的水平,峰值功率就更高了。此外,考虑以后会扩展或更换的设备,电源功率还要留有一定的余力。目前台式机的电源普遍都在 450 W 以上。

11. 显示器

显示器又称监视器,是计算机的主要输出设备,它将计算机内的数据转换为各种直观信息,如字符和图像等。显示器是计算机用户长期面对的设备,是影响用户健康的主要因素,所以挑选质量好的显示器对用户来说很重要。

计算机显示器主要可分为 CRT(阴极显示管)显示器和液晶 LCD 显示器两种。CRT

显示器的显示系统和老式电视机类似,主要部件是显像管(电子枪),其原理是:电子枪发射电子束击打在屏幕上,使被击打位置的荧光粉发光,从而产生了图像。而液晶显示器的主要工作原理是以电流刺激液晶分子产生点、线、面,配合背部灯管形成画面。

12. 键盘

键盘是最主要的输入设备之一,通过键盘可以将英文字母、数字、标点符号等输入到计算机中,实现向计算机发出命令和输入数据等。键盘按其工作原理主要分为机械键盘和塑料薄膜式键盘两种。

13. 鼠标

鼠标(Mouse)因形似老鼠而得名,它使得计算机的操作更加简便,是使用最频繁的输入设备。随着图形界面的 Windows 操作系统的流行,鼠标成为必备的输入设备,很多软件的图形界面都需要有鼠标来操作。鼠标按其工作原理主要分为机械鼠标和光学鼠标两种。

以上就是个人计算机硬件的基本组成。下面我们主要对其中的核心部件的工作原理及主要性能指标进行详细介绍。

2.3　中央处理器——CPU

2.3.1　CPU 的组成及工作原理

1. CPU 的组成

中央处理器简称 CPU,是计算机系统的核心部件,它负责处理、运算计算机内部的所有数据,其作用相当于人的大脑。CPU 主要由运算器、控制器、寄存器组和内部总线等构成。

运算器是计算机中对数据进行加工处理的中心,它主要由算术逻辑单元(ALU)、累加器、状态寄存器、通用寄存器组等组成。运算器的基本操作包括加、减、乘、除四则运算,与、或、非、异或等逻辑操作,以及移位、比较和传送等操作。

控制器是计算机的控制中心,它的功能是读取各种指令、分析指令并作出相应的控制,它决定了计算机运行过程的自动化。控制器不仅要保证程序的正确执行,还要能够处理异常事件。控制器一般包括指令控制逻辑、时序控制逻辑、总线控制逻辑、中断控制逻辑等几个部分。

CPU 中的寄存器主要有:

(1) 程序计数器(PC):用来存放将要执行的指令地址。程序是指令的集合,运行程序时,程序被读入到内存,CPU 从内存里一条一条地读出程序指令并执行,那么具体执行到哪一条了呢? 这就需要程序计数器 PC 来指示。程序指令大多是顺序存储和执行的,程序计数器 PC 具有自动加 1 的功能,即从存储器中读出一个字节的指令码后,PC 自动加 1(指向下一个存储单元)。

(2) 指令寄存器(IR):用来存放即将执行的指令代码。程序执行的指令代码被送入到指令寄存器,经译码器译码后再由定时与控制电路发出相应的控制信号实现指令的功能。

(3) 指令译码器(ID):用于对送入指令寄存器中的指令进行译码。所谓译码就是把指令转变成执行该指令所需要的各种电信号。根据译码器输出的信号,CPU 控制电路定时产生执行该指令所需的各种控制信号,从而保证正确执行程序所需要的各种操作。

(4) 地址寄存器(AR):用来存放 CPU 所访问的内存单元的地址。指令由操作码和操作数两部分组成,指作码所在存储单元的地址,由程序计数器 PC 产生;操作中要用到的数据,其所在的存储单元地址则由操作数给出。

(5) 数据寄存器(DR):用来存放由内存中读取的数据或要写入内存的数据。

(6) 程序状态字(PSW):用于记录运算过程中的状态,如是否溢出、进位等。

2. CPU 的工作原理

CPU 通过运行各种程序实现对数据的计算和处理,程序是指令的集合,CPU 每一次操作以指令为单位来执行。CPU 执行指令的操作过程一般如下:

(1) 将程序计数器 PC 中内容送往从数据寄存器 DR。

(2) 程序计数器 PC 内容加 1,为取下一条指令准备好地址。

(3) 把读出的数据寄存器 DR 中的内容送到指令寄存器 IR 中。

(4) 指令译码器 ID 对指令寄存器 IR 中的内容进行译码。

(5) 指令译码器 ID 将控制信号送入微操作控制部件,在时序信号配合下,由微操作控制部件向相关的功能部件发送执行指令所需的一切微操作控制信号。

(6) 指令执行完毕,回到步骤(1)循环往复地执行下一条指令。

一般把指令的执行过程分为两个阶段:取指令和执行指令。第(1)~(4)步完成取指令的操作过程,第(5)步是执行指令的操作过程。CPU 的工作原理示意如图 2.16 所示。

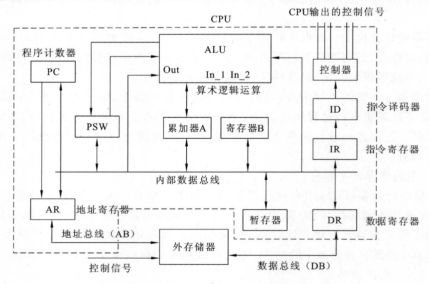

图 2.16　CPU 工作原理示意图

2.3.2　指令和指令系统

1. 指令

指令是计算机设计者赋予计算机实现某种基本操作的命令。指令能被计算机硬件理解并执行，是程序设计的最小语言单位。

一条计算机指令是用一串二进制代码表示的，通常包括两方面的信息：操作码和操作数。操作码指明指令要完成的操作的类型或性质，如取数、加法或输出数据等。操作数是指参与运算的数据或其所在的存储单元地址。

指令按其功能可以分为数据传送类指令、运算类指令、程序控制类指令、输入/输出类指令、CPU 控制和调试指令等。

2. 指令系统

一台计算机所能执行的全部指令的集合，称为计算机的指令系统。指令系统是根据计算机使用要求设计的，不同种类计算机的指令系统包含的指令种类和数目也不同。指令系统是表征一台计算机性能的重要因素，它的格式与功能不仅直接影响到机器的硬件结构，而且也直接影响到系统软件。

CISC（复杂指令集计算机）和 RISC（精简指令集计算机）是当前设计和制造微处理器的两种典型技术。

1）CISC

早期的计算机计算能力不强，为了软件编程方便和提高程序的运行速度，人们不断地将越来越多的复杂指令加入到 CPU 指令系统中，以提高计算机的处理效率，最终逐步形成了复杂指令集计算机体系，英文简称 CISC。CISC 的指令系统拥有 300～500 条指令，甚至更多。

然而物极必反，日益庞杂的指令系统不但不易实现，而且还可能降低了系统性能。研究结果表明，CISC 存在明显缺点：各种指令的使用率相差悬殊——程序所使用的 80% 的指令只占 CISC 处理器指令系统的 20%。另外，复杂的指令系统导致的结构复杂性，增加了设计的时间和成本，也容易造成设计失误。

2）RISC

针对 CISC 的弊病，人们提出了精简指令的设计思想：指令系统应当只包含那些使用频率很高、功能简单、能在一个节拍内执行完成的指令，并提供一些必要的指令以支持操作系统和高级语言。按照这个原则设计而成的计算机被称为精简指令集计算机，英文简称 RISC。

RISC 的设计原则使系统设计变得高效，它将那些能有效提升系统性能的指令功能用硬件实现，其余大部分都用软件实现。对于那些实现复杂功能的复杂指令，只保留经验证明的确能提高机器性能的指令。指令经过精简后，计算机体系结构自然趋于简单，运算速度更快，程序运行时间缩短。

事实上，CISC 和 RISC 的产品同时存在于市场上。以 Intel 公司 X86 为核心的 PC 系列是基于 CISC 的体系结构。而 Apple 公司的 Macintosh 则是基于 RISC 体系结构的产品。两者并没有明显的谁胜谁负。目前，CISC 和 RISC 正在逐步走向融合。很多 CPU 产品，其内核是基于 RISC 体系结构的，当它们接受 CISC 指令后会将其分解成 RISC 指令。

2.3.3　CPU 的主要技术指标

1. 主频

计算机中各种电子器件的工作依赖于电信号，相互间要协同工作，那么怎样协调呢？我们知道军队操练为了走出整齐的步伐，都要喊出"一二三四"的口号作为节拍来协调每个人的动作。电子器件的工作也有这样的节拍信号，这就是时钟信号，其形式是按一定电压幅度，一定时间间隔连续发出的脉冲信号。

CPU 的主频就是 CPU 内核工作的时钟信号的频率，其单位为 MHz（或 GHz）。通常说某个 CPU 是多少兆赫兹的，指的就是 CPU 的主频。主频是影响 CPU 性能的一个重要因素，提高主频对于提高 CPU 运算速度至关重要。但 CPU 的主频并不代表 CPU 的运算速度，CPU 的运算速度还要看 CPU 的核心数、线程数、总线等等各方面的性能指标。CPU 主频的计算公式为

$$CPU\ 的主频 = 外频 \times 倍频系数$$

1）外频

在计算机的主板上会连接各种硬件设备，以 CPU 为主，内存和各种外围设备为辅。这么多的设备要一起工作，它们之间的联络和数据交换，都必须正确无误，分秒不差。因此，需要要一个固定的时钟来做时间上的校正，协调或者参考。这个时钟由主板上的时钟发生器产生，就是所谓的外频。

外频是 CPU 乃至整个计算机系统的基准频率，即系统总线的工作频率。计算机系统中大多数部件的工作频率都是在外频的基础上，乘以系数来实现，这个系数可以大于 1（倍频），也可以小于 1（分频）。

2）倍频系数

倍频系数是指 CPU 主频与外频之间的相对比例关系。在相同的外频下，倍频越高，CPU 的主频也越高。一般的 CPU 产品都是锁了倍频的，而有些黑盒版或编号后面带 K 的 CPU 是不锁倍频的版本，用户可以自由调节倍频。CPU 的主频由外频乘以倍频系数得到。

例如，Intel 酷睿 i3 3220 CPU 的外频为 100 MHz，倍频为 33 倍，则主频为

$$100\ MHz \times 33 = 3.3\ GHz$$

3）超频

所谓 CPU 超频（over clock）就是将 CPU 的工作频率提高，让其在高于额定的频率状态下稳定工作，以提高计算机的工作速度。根据 CPU 的主频的计算公式

$$主频 = 外频 \times 倍频系数$$

提高外频或倍频系数都可以提高 CPU 的工作频率。

由于将 CPU 超频会让其以超过额定工作频率的状态工作，有时还需要调高电压，所以会导致硬件的发热量增加，从而加速硬件的老化，以致不能稳定工作，甚至损毁硬件。

所以,超频需要较强的动手能力,一点一点地提升,以保证能稳定工作为前提。

现在很多 CPU 产品都使用一种称为睿频的技术。睿频可以理解为自动超频,当开启睿频加速之后,CPU 会根据当前的任务量自动调整 CPU 主频,重任务时发挥最大的性能,轻任务时发挥最大节能优势。睿频加速无须用户干预,自动实现,且处理器运行在技术规范内,安全可靠。这类 CPU 在笔记本等需要节能的计算机产品中十分常见。

2. 内存访问速度

前端总线(FSB)频率:前端总线是处理器与主板北桥芯片或内存控制集线器之间的数据通道,其频率高低直接影响 CPU 访问内存的速度。CPU 访问内存的带宽计算公式为

$$数据传输最大带宽=(FSB 频率×数据位宽)/8, \quad 单位为 B/s$$

例如,某 64 位的至强 Nocona 处理器,前端总线是 800 MHz,则它的数据传输最大带宽是 $800×64/8=6.4$ GB/s(注意:1 GB/s=1000 MB/s,这里按 1000 的倍数转换)。

由于 CPU 的运算速度普遍很快,所以其访问内存的速度就显得十分重要了,否则会造成"瓶颈"效应——CPU 从系统中得到数据的速度不能够满足 CPU 运算的速度。QPI(quickpath interconnect,快速通道互联)是 Intel 用来取代 FSB(front side bus,前端总线)的新一代高速总线,QPI 的传输速率比 FSB 的传输速率快一倍,其实际的数据传输速率两倍于实际的总线时钟频率,所以使用 GT/S(每秒传输次数)这个单位来表示总线实际的数据传输速率。

QPI 在每次传输的 20 bit 数据中,有 16 bit 是真实有效的数据,其余 4 位用于循环冗余校验,且由于 QPI 是双向的:在发送的同时也可以接收另一端传输来的数据。这样,

$$QPI 总线带宽=每秒传输次数×每次传输的有效数据×双向$$

例如:QPI 频率为 6.4 GT/s,其总带宽=6.4 GT/s×2 B×2=25.6 GB/s。

3. 缓存

CPU 缓存(cache)是位于 CPU 与内存之间的临时存储器,它的容量比内存小但速度快,缓存大小也是 CPU 的重要指标之一。设计缓存的目的是为了解决 CPU 和内存的速度差异问题——内存的速度跟不上 CPU 的速度。Cache 的速度比内存快,但成本高,而且 CPU 内部不能集成太多集成电路,所以 Cache 一般比较小。后来,CPU 制造商为了进一步提高 CPU 读取数据的速度,又增加了二级 Cache,甚至三级 Cache。

缓存的工作原理是:当 CPU 要读取一个数据时,首先从缓存中查找,如果找到就立即读取并送给 CPU 处理;如果没有找到,就从相对要慢的内存中读取并送给 CPU 处理,同时把这个数据所在的数据块调入缓存中,这样以后对整块数据的读取都从缓存中进行,不必再调用内存。

CPU 读取缓存的命中率非常高(大多数 CPU 可达 90%左右),也就是说 CPU 下一次要读取的数据 90%都在缓存中,只有大约 10%需要从内存读取,这大大节省了 CPU 直接读取内存的时间。在 CPU 中加入缓存是一种高效的解决方案,这样整个内存储器(缓存+内存)就变成了既有缓存的高速度,又有内存的大容量的存储系统了。

4. CPU 的其他指标

1）核心数和线程数

核心又称为内核，是 CPU 最重要的组成部分，CPU 所有的计算和数据处理都由核心执行。多核处理器是指在一枚处理器中集成多个完整的计算核心。通过在多个执行内核之间划分任务，多核处理器可在特定的时钟周期内执行更多任务。

应用多核技术还能够使服务器并行处理任务。而在以前，服务器通常使用多个处理器。相比较而言，多核系统更易于扩充，并且能够在更纤巧的外形中融入更强大的处理性能，使得功耗更低、产生的热量更少。

线程是程序执行流的最小单元，是进程中的一个实体，是被系统独立调度和分派的基本单位。线程可与同属一个进程的其他线程共享进程所拥有的全部资源，同一进程中的多个线程之间可以并发执行。在多核架构中，不同线程可以同时在不同的核心上运行。采用并行编程的软件，在多核处理器上的运行速度会大大提高。

计算机所使用操作系统大多是支持并行处理的，运行程序时操作系统会把多个程序的指令分别发送给多个核心，从而使得同时完成多个程序的速度大大加快。例如，使用 IE 浏览器上网，看似简单的一个操作，实际上浏览器进程会调用代码解析、Flash 播放、多媒体播放、Java、脚本解析等一系列线程，这些线程可以并行地被多核处理器处理，因而运行速度大大加快。

采用多核心多线程技术是 CPU 今后发展的必然趋势。Intel 和 AMD 新的 CPU 产品，都是多核心多线程的。例如，Intel 酷睿 i7 3770K 是四核心八线程的 CPU，AMD 的 A10-5800K 是四核心四线程的。

2）核显

核芯显卡是新一代的智能图形核心，它整合在智能处理器当中，依托处理器强大的运算能力和智能能效调节设计，在更低功耗下实现同样出色的图形处理性能和流畅的应用体验。这种设计上的整合大大缩减了处理核心、图形核心、内存及内存控制器间的数据周转时间，有效提升处理效能并大幅降低芯片组整体功耗，并有助于缩小核心组件的尺寸。

拥有核显的 CPU 可以不用单独配置显卡，所以在笔记本、一体机等对体积、功耗要求很高的计算机产品中使用带核显的 CPU 十分普遍，台式机也可以通过选择带核显的 CPU 来降低成本。

3）字长

CPU 在同一时间内能一次处理的二进制数的位数叫字长。在其他条件相同的情况下，字长越长，则 CPU 处理数据的速度就越快。通常称字长为 8 位的 CPU 叫 8 位 CPU，32 位 CPU 在同一时间内处理 32 位的二进制数据。

目前市面上的 CPU 字长已达到 64 位，但由于很多旧的操作系统和应用软件还是 32 位的。在 32 位软件系统中 64 位字长的 CPU 只作 32 位使用，从而限制了其性能的发挥，所以 64 位 CPU 与 64 位软件（如 64 位的操作系统等）相辅相成才能发挥其性能。

4）制造工艺

微电子技术的发展与进步，很大程度上是靠工艺技术的不断改进。CPU 的制造工艺是指在生产 CPU 过程中要进行的加工各种电路和电子元件,制造导线连接各个元器件的制程。通常其生产的精度以纳米(以前用微米)来表示,精度越高,生产工艺越先进,同样的材料中可以制造更多的电子元件,连接线也越细,从而提高 CPU 的集成度,CPU 的功耗也越小。

制造工艺的趋势是密集度愈来愈高,纳米值(IC 内电路与电路之间的距离)也越来越小。从 1995 年到现在,纳米值经历了 $0.5\ \mu m$,$0.35\ \mu m$,$0.25\ \mu m$,$0.18\ \mu m$,$0.15\ \mu m$,$0.13\ \mu m$,90 nm,80 nm,65 nm,45 nm,32 nm 的变化。目前,Intel 基于 sky lake 架构的第 6 代酷睿的制作工艺已达 14 纳米,其 CPU 产品有着出色的功耗控制,所以普遍被笔记本电脑所采用。

2.4　存　储　器

2.4.1　存储器的分类

存储器(memory)是计算机系统中用来存放程序和数据的记忆部件。存储器使计算机有了记忆功能,保证了计算机的正常工作。计算机中的全部信息,包括输入的原始数据、计算机程序、中间运行结果和最终运行结果都保存在存储器中,根据控制器指定的位置进行存取操作。

存储器中的存储元可以存放一个二进制代码(0 或 1),即 1 Bit。存储元根据存储介质的不同可以是一个双稳态半导体电路或一个 CMOS 晶体管或一个磁性材料的存储元。许多的存储元一起构成了存储器。为了操作的方便,存储器通常以字节为单位进行存取操作。

根据存储材料的性能及使用方法的不同,存储器有着不同的分类方法。

1. 按存储介质分类

(1) 半导体存储器。半导体存储器是存储元件由半导体器件组成的存储器,优点是体积小、功耗低、存取时间短;缺点是当电源消失时,所存信息也随之丢失。半导体存储器按其材料的不同,又分为双极型(TTL)半导体存储器和 MOS 半导体存储器两种。前者具有高速的特点,后者有高集成度的特点。

(2) 磁表面存储器。磁表面存储器是在金属或塑料基体的表面上涂一层磁性材料作为记录介质,工作时随着载磁体高速运转,通过磁头在磁层上进行读写操作,故称为磁表面存储器。按照载磁体的形状可分为磁盘和磁带。磁表面存储器用具有矩形磁滞回线特性的材料作磁表面物质,按其剩磁状态的不同而区分"0"或"1",故这类存储器掉电后信息不会丢失。

(3) 光盘存储器。光盘存储器是通过激光在介质盘(磁光材料)表面烧灼非常小的凹点,利用光盘表面对激光束的不同反射程度来存储信息的存储器。光盘存储器,具有非易失性、数据记录密度高、可靠性高、耐用性好等特点。

2. 按存储方式分类

(1) 随机存储器。如果存储器中任何存储单元的内容都能被随机存取(按地址访问),且存取时间和存储单元的物理位置无关,这种存储器称为随机存储器。半导体存储器都是随机存储器。

(2) 顺序存储器。如果存储器只能按某种顺序来存取,这种存储器称为顺序存储器。例如,磁带存储器就是一种顺序存储器。

(3) 直接存储器。磁盘是典型的直接存储器,它的寻道过程可看成随机方式,而在一圈磁道上又是按顺序存取的,是介于前两者之间的一类存储器,故称直接存储器。

3. 按存储器的读写功能分类

(1) 随机读写存储器(random access memory,RAM)。随机读写存储器是既能读出又能写入的存储器。计算机中的内存部件主要采用的就是这种随机存储器。RAM 一般采用半导体存储器,信息不能永久保存,一旦掉电,保存的数据就会丢失。

(2) 只读存储器(read only memory,ROM)。只读存储器存储的内容是固定不变的,只能读出而不能写入,即使掉电,数据也不会丢失。它与随机存储器可共同作为主存的一部分。只读存储器分为掩膜型只读存储器(MROM)、可编程只读存储器(PROM)、可擦除可编程只读存储器(EPROM)、用电可擦除可编程的只读存储器(EEPROM)以及近年来出现的快闪存储器(flash memory)。

存储器技术的成熟使得 RAM 和 ROM 之间的界限变得模糊,如有一些类型的存储器(如 EEPROM 和闪存)结合了两者的特性。这些器件可以像 RAM 一样进行读写,并像 ROM 一样在断电时保持数据。

4. 按存储器用途分类

(1) 主存储器。主存储器又称内存储器,简称内存,用来存放计算机运行期间要执行的程序与数据。是 CPU 可以直接访问的存储器。主存主要由 MOS 半导体集成电路组成,按随机存取方式工作。

(2) 控制存储器。控制存储器是存放控制信息(即微程序)的存储器,它由高速只读存储器 ROM 构成,是控制器的一部分,在结构上从属于 CPU。

(3) 高速缓冲存储器。缓存是位于 CPU 与内存之间的临时存储器,用来存放主存中最活跃部分。缓存的容量比内存要小,但速度快,用于解决 CPU 与主存速度不匹配的问题。缓存和主存储器是 CPU 能直接访问的存储器,它们一起构成计算机的内存储器。

(4) 辅助存储器。辅助存储器也称外存储器,简称外存,用来存放当前不参与运行的大量信息。当需要访问这些信息时,需要先调入内存才能使用。外存比主存容量大、价格低,但速度也慢。磁盘、光盘和 U 盘是常用的外存储器。

2.4.2　存储器的分级结构

按照冯·诺伊曼计算机的工作原理,程序和数据都放在主存储器中,CPU 要不断地跟主存储器打交道,每一条指令都要从主存储器中读取,被处理的数据也要从主存储器中读取,计算后的结果还要存放到主存储器中。

　　这样的工作方式存在三个主要问题：一是 CPU 的工作频率比主存储器高得多，二者在速度上不匹配；二是主存储器通常价格昂贵，容量有限；三是主存储器中的程序和数据不能永久保存。

　　针对第一个问题，设计者通过在 CPU 和主存储器之间增设一级高速缓冲存储器较好地解决了这个问题。而对于第二个和第三个问题，解决的办法是增设辅助存储器，即外存储器。外存成本低、容量大，且能永久保存数据。这样，主存储器中只存放当前正在运行的程序和正处理的数据，暂时不用的程序和数据都放在外存储器中。这样，计算机的存储结构就呈现出了明显的层次结构。

　　通常我们可以把计算机存储器的分级结构分为高速缓冲存储器、主存储器和外存储器三级。而一套完整的存储器分级结构的层次更多，如图 2.17 所示。

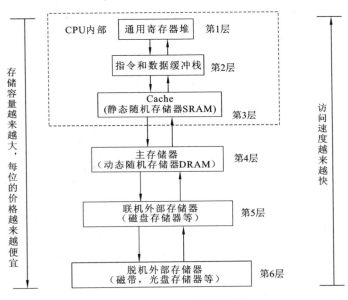

图 2.17　存储器的分级结构

1. 高速缓冲存储器

　　高速缓冲存储器简称缓存，它是计算机中的一个高速小容量存储器。为了提高计算机的处理速度，利用缓存来临时存放指令和数据之用。设计缓存的目的是为了解决 CPU 速度和内存速度的速度差异问题。与主存储器相比，缓存的存取速度快，但存储容量小。

2. 主存储器

　　主存储器是计算机系统的主要存储器，用来存放计算机运行期间的大量程序和数据。主存与缓存的工作方式是：主存储器和缓存交换数据，缓存再与中央处理器打交道，这样可以提高 CPU 的运算速度。由于 Cache 也与 CPU 交换数据，所以在有了缓存后，通常也将缓存和主存储器一起称为内存。

3. 外存储器

外存储器也称为辅助存储器,简称外存。外存目前主要使用磁盘、光盘和闪存等。外存具有存储容量大,位成本低的特点,通常用来存放系统程序和大型数据文件及数据库。外存要与 CPU 或 I/O 设备进行数据传输,必须通过内存进行。

2.4.3　内存

主存储器也称内存储器,用来存放程序和数据,是 CPU 直接与之打交道的存储器,是冯·诺伊曼体系结构中非常重要的组成部分。从硬件组成上看,主存包括了 Cache(CPU 内部)、内存条(随机存储器,RAM)以及存放 BIOS 信息的 CMOS 芯片(只读存储器,ROM,位于主板上)。通常所说的内存指的是其中的内存条,是内存最主要的组成部分。

1. 内存的主要技术指标

(1)存储容量。内存的存储容量是指存储器中可以容纳的存储单元总数,通常以字节为单位。内存容量是多多益善,但要受到主板和操作系统所支持的最大容量的限制。目前计算机的内存容量普遍达到吉字节规模。

(2)存储速度。内存的存储速度用存取一次数据的时间来表示,单位为纳秒(ns),$1\,s=10^9\,ns$。纳秒值越小,表明存取时间越短,速度就越快。存取速度有时也以频率值表示,换算关系为:$1\,ns=1\,GHz$。通常对内存的型号也以频率值标称,例如,DDR3 1600 的内存,其主频为 1600 MHz。

由于 CPU 的时钟频率远远高于其他部件,所以内存的存储速度是越快越好,以便最大限度地提升计算机运算的速度。

(3)内存位宽。内存的位宽就是指在一个读或者写时钟的作用下一次可以往内存读或者写多少位数据。内存的位宽有 32 位、64 位、128 位、256 位等,位宽越大,数据传输越快。同样是使用 DDR 内存条,128 Bit 宽度产品的表现远远胜过 64 Bit 宽度产品。

(4)内存带宽。内存带宽是用来衡量内存传输数据能力的指标,它用单位时间内传输的数据量来表示。内存带宽越大,通往 CPU 的“道路”的流量就越大,显然内存带宽对于计算机的性能有直接影响。内存带宽的计算公式为

$$内存带宽=内存频率\times内存位宽/8\quad 单位为\,B/s$$

例如,DDR3 1600 的内存,以位宽 64 bit 计算,内存带宽为

$$1600\,MHZ\times64\,bit/8=12800\,MB/s=12.8\,GB/s$$

由于内存带宽跟不上 CPU 访问内存的速度(CPU 访问内存的带宽>内存带宽),设计者们发明了内存双通道技术来提升内存带宽。内存双通道就是在北桥芯片里设计两个内存控制器,这两个内存控制器可相互独立工作,每个控制器控制一个内存通道。在这两个内存通道内,CPU 可分别寻址、读取数据,从而使内存的带宽增加一倍。

例如,某 CPU 的 QPI 总线频率为 6.4 GT/s,其

$$总带宽=6.4\,GT/s\times2\,B\times2=25.6\,GB/s$$

单独使用 DDR3 1600 的内存,内存带宽只有 CPU 访问速度的一半,采用双通道技术后,

带宽提升为

$$12.8 \text{ GB/s} \times 2 = 25.6 \text{ GB/s}$$

正好与 CPU 匹配,防止了性能瓶颈的出现。

2. 内存的种类

前面在讲到内存时出现了一个名词 DDR3,它是一种计算机内存的规格。内存在其不同的发展阶段出现了不同的种类,主要有以下几种:

(1) EDO DRAM。EDO DRAM 是 20 世纪 90 年代初盛行一时的内存条,主要应用在当时的 486 及早期的 Pentium(奔腾)电脑上。

(2) SDRAM。SDRAM 速度比 EDO 内存提高 50%,是 Pentium 及以上机型使用的内存条。

(3) DDR RAM(双倍速率 SDRAM 存储器)。随着 SDRAM 的带宽到达瓶颈,无法适应 CPU 的高速,DDR RAM 出现了。DDR RAM 是 SDRAM 的更新换代产品,它允许在时钟脉冲的上升沿和下降沿传输数据,这样不需要提高时钟的频率就能加倍提高 SDRAM 的速度。

(4) DDR2。DDR2 与 DDR 技术标准最大的不同就是,虽然同是采用了在时钟的上升/下降延同时进行数据传输的基本方式,但 DDR2 内存却拥有两倍于上一代 DDR 内存预读取能力。换句话说,DDR2 内存每个时钟能够以 4 倍外部总线的速度读/写数据,并且能够以内部控制总线 4 倍的速度运行。

DDR 内存和 DDR2 内存的频率可以用工作频率和等效频率两种方式表示,工作频率是内存颗粒实际的工作频率,但是由于 DDR 内存可以在脉冲的上升和下降沿都传输数据,因此传输数据的等效频率是工作频率的两倍;而 DDR2 内存每个时钟能够以 4 倍于工作频率的速度读/写数据,因此传输数据的等效频率是工作频率的 4 倍。例如,DDR 400 的工作频率是 200 MHz,而等效频率是 400 MHz;DDR2 800 的工作频率是 200 MHz,而等效频率是 800 MHz。

(5) DDR3。新一代的 DDR3 比 DDR2 有更低的工作电压,从 1.8 V 降到 1.5 V,性能更好更省电。DDR3 的预读从 DDR2 的 4 bit 升级为 8 bit,速度再提高一倍。DDR3 内存的工作频率只有等效频率的 1/8,例如,DDR3-800 的核心工作频率(内核频率)只有 100 MHz。DDR3 内存的等效频率从 1066 MHz 起跳,高的可达 2400 MHz 甚至更高。

目前,新一代更强性能的 DDR4 内存也已出现,其内存接口与以往不同,且价格较高,将随着计算机硬件的更新逐渐普及。

2.4.4 辅助存储器

计算机存储器按其用途可分为主存储器和辅助存储器(也叫外存储器,简称外存)。中央处理器 CPU 可以直接访问主存,外存中的数据则必须先导入到主存才可以被使用。外存存储容量大,并且不依赖于电来保存信息,信息可长期保存,但是多由机械部件带动,速度与 CPU 相比就慢的多了。外存目前主要使用硬盘、光盘和闪存等。

1. 硬盘

1956 年，IBM 的 IBM 350 RAMAC 是现代硬盘(hard disc drive，HDD)的雏形，它相当于两个冰箱的体积，不过其储存容量只有 5 MB。1973 年 IBM 3340 问世，它拥有"温彻斯特"这个绰号，来源于它的两个 30 MB 的储存单元，恰是当时出名的"温彻斯特来复枪"的口径和填弹量。至此，硬盘的基本架构被确立。

在某些文献里，硬盘并不叫 Hard disk，而是称为"fixed disk"或者"Winchester"(IBM 产品流行的代码名称)，这是硬盘的早期叫法。后来，为了把硬盘的名称与"floppy disk"(软盘)区分开来，它的名称就变成了"hard disk"。

1) 硬盘的物理结构

硬盘设备通常包括磁盘驱动器、适配器及盘片，它既可以作为输入设备(读取数据)，也可作为输出设备(写入数据)。硬盘是利用电磁效应，在磁性材料上记录数据，就像录音带可通过录放机反复地录音一样，记录在磁盘上的数据也可以反复地被改写。硬盘内部结构如图 2.18 所示。

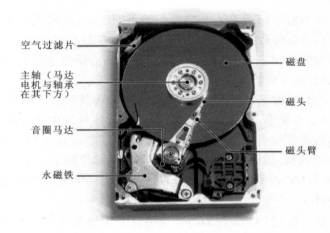

图 2.18　硬盘结构

硬盘大多使用多盘片的设计，在每个盘片的每个面都有一个磁头。磁头靠近主轴接触的表面，线速度最小的地方(即靠近圆心的位置)，是一个特殊的区域，它不存放任何数据，称为启停区或着陆区。启停区外就是数据区，离主轴最远的地方(最外圈)是"0"磁道，硬盘数据的存放就是从最外圈开始的。

硬盘不工作时，磁头停留在启停区，当需要从硬盘读写数据时，磁盘开始旋转。旋转速度达到额定的高速时，磁头就会因盘片旋转产生的气流而抬起，这时磁头才向盘片存放数据的区域移动。同时，硬盘驱动器磁头的寻道伺服电机的调节下精确地跟踪盘片的磁道。

硬盘盘片旋转产生的气流相当强，足以使磁头托起，并与盘面保持一个微小的距离(0.005~0.01 μm，相当于人类头发直径的千分之一)。此时，一旦有微小的尘埃进入硬盘密封腔内，或者磁头与盘体发生碰撞，就可能造成数据丢失，甚至造成磁头和盘体的损坏。因此,硬盘系统的密封一定要可靠,在非专业条件下不能开启硬盘密封腔,否则灰尘进入后会加速硬盘的损坏。因此,硬盘工作时不要有冲击碰撞,要小心轻放。

目前绝大多数硬盘都采用以上介绍的方式工作,这些硬盘采用温彻斯特(Winchester)技术制造,所以也被称为温盘。

2) 硬盘逻辑结构

硬盘在逻辑上可以划分为磁道、扇区和柱面。

(1) 磁道。当磁盘旋转时,磁头若保持在一个位置上,则每个磁头都会在磁盘表面划出一个圆形轨迹,这些圆形轨迹就称为磁道。磁道用肉眼是无法看到的,它们仅是盘面上以特殊方式磁化了的一些磁化区,磁盘上的信息便是沿着这样的轨道存放的。相邻磁道之间并不是紧挨着的,因为磁化单元相隔太近磁性会相互产生影响,同时也为磁头的读写带来困难。硬盘上的磁道通常一面有成千上万个。

(2) 扇区。磁盘上的每个磁道被等分为若干个弧段,这些弧段便是磁盘的扇区,每个扇区可以存放 512 字节(也可能是其他值)的信息。向磁盘读取和写入数据时,要以扇区为单位。

(3) 柱面。硬盘通常由重叠的一组盘片构成,每个盘面都被划分为数目相等的磁道,并从外缘的"0"开始编号,具有相同编号的磁道形成一个圆柱,称为磁盘的柱面。磁盘的柱面数与一个盘面上的磁道数是相等的,而磁头数等于盘面数。

所谓硬盘的 CHS,即柱面数(cylinders)、磁头数(heads)和扇区数(sectors),也叫 3D 参数。只要知道了硬盘的 CHS 的数目,即可确定硬盘的容量

$$硬盘的容量 = 每扇区字节数 \times 扇区数 \times 柱面数 \times 磁头数$$

例如,某硬盘的盘面数为 255,每盘面有 1023 个磁道,每磁道 63 扇区,每扇区 512 字节,则其存储容量为

$$512 \times 63 \times 1023 \times 255 / (1024 \times 1024 \times 1024) \approx 7.837 \text{ GB}$$

硬盘厂商在标称硬盘容量时通常取 1 GB＝1000 MB,则标称的容量为

$$512 \times 63 \times 1023 \times 255 / 10^9 \approx 8.414 \text{ GB}$$

在老式硬盘中,每个磁道的扇区数相等,导致外道的记录密度要远低于内道,因此会浪费很多磁盘空间。为了解决这一问题,提高硬盘容量,人们改用等密度结构生产硬盘。这样,外圈磁道的扇区比内圈磁道多,采用这种结构后,硬盘不再具有实际的 3D 参数,而以扇区为单位进行寻址,寻址方式变为线性寻址。为了与使用 3D 寻址的老软件兼容,在新式硬盘控制器内部安装了一个地址翻译器,由它负责将老式 3D 参数翻译成新的线性参数。

3) 硬盘的主要技术指标

(1) 容量。容量是硬盘最主要的参数。硬盘的容量以兆字节(MB)或千兆字节(GB)为单位,1 GB＝1024 MB。但硬盘厂商在标称硬盘容量时通常取 1 GB＝1000 MB,因此我们在 BIOS 中或在格式化硬盘时看到的容量会比厂家的标称值要小。

(2) 转速。转速是指硬盘内电机主轴的旋转速度,表示为硬盘盘片在一分钟内所能完成的最大转数,单位为 r/min(转每分钟)。硬盘的转速越快,硬盘寻找文件的速度也就越快,相对的硬盘的传输速度也就得到了提高。

PC 台式机硬盘的转速一般有 5400 r/min 和 7200 r/min 两种；而笔记本电脑的硬盘则是以 5400 r/min 为主，7200 r/min 的笔记本硬盘在市场中还较为少见。服务器对硬盘性能要求最高，服务器中使用的 SCSI 硬盘转速基本都采用 10 000 r/min，甚至达到 15 000 r/min，性能要超出 PC 产品很多。

（3）平均访问时间。平均访问时间是指磁头从起始位置到达目标磁道位置，并从目标磁道上找到要读写的数据扇区所需的时间。平均访问时间体现了硬盘的读写速度，它包括了硬盘的寻道时间和等待时间。

$$平均访问时间＝平均寻道时间＋平均等待时间$$

硬盘的平均寻道时间是指硬盘的磁头移动到盘面指定磁道所需的时间。

硬盘的等待时间是指磁头已处于要访问的磁道，等待所要访问的扇区旋转至磁头下方的时间。平均等待时间为盘片旋转一周所需的时间的一半。

（4）数据传输率。目前硬盘多使用 SATA 接口，又叫串口硬盘。老式硬盘采用并行接口 ATA，最快的 ATA/133 的外部传输率为 133 MB/s。而 SATA 1.0 定义的数据传输率就可达 150 MB/s，SATA 2.0 的数据传输率为 300 MB/s，而最新的 SATA 3.0 的传输速率则达到了 600 MB/s。

（5）缓存。与 CPU 的高速缓存（Cache）一样，硬盘缓存的目的是为了解决系统前后级读写速度不匹配的问题，以提高硬盘的读写速度。硬盘缓存容量也是越大越好。目前，硬盘的缓存已达 16 M 以上，甚至 64 M。

4）硬盘的发展趋势

硬盘的数据传输率远远落后于内存，而目前的硬盘技术也逐渐达到极限。所以，采用新技术提升硬盘的性能就显得十分迫切了。目前，除了机械硬盘外（HDD），还出现了固态硬盘（SSD）和混合硬盘（HHD）两种新式硬盘产品。典型 SSD 硬盘外观如图 2.19 所示。

固态硬盘（solid state disk，SSD）采用 Flash 芯片作为存储介质，其优点是读写速度快。固态硬盘不用磁头，采用随机读写模式，寻道时间几乎为 0，采用闪存作为存储介质，存取时间极低。此外，SSD 硬盘还具有低功耗、无噪音、抗震动、低热量、体积小、工作温度范围大等优点。SSD 硬盘的主要缺点是价格较高、具有擦写次数的限制。

图 2.19　SSD 硬盘

混合硬盘（hybrid hard disk，HDD）是把磁性硬盘和闪存集成到一起的一种硬盘。通过增加高速闪存来进行资料预读取（prefetch），以减少从硬盘读取资料的次数，从而提高性能。在目前 SSD 硬盘价格较高的情况下，混合硬盘是处于磁性硬盘和固态硬盘中间的一种解决方案。

2. 光盘

1）光盘的工作原理

光盘（CD、DVD）即高密度光盘（compact disc，CD）是在光学存储介质上，用聚焦的氢离子激光束存储和读取信息的一种存储器件。计算机中的数据都是用二进制的"0"和"1"表示的。光盘的读取过程是基于物理上的"光的反射"原理。

在光盘的生产过程中,压盘机通过激光在空盘上以环绕方式刻出无数条轨道,轨道上有高低不同的凹进和凸起。凸起面将激光按原路程反射回去,同时不会减弱光的强度;凹进面则将光线向四面发射出去,光驱就是靠光的"反射和发散"来识别数据。

2)光盘的结构

常见的 CD 光盘非常薄,它只有 1.2 mm 厚,但却可以存放非常多的信息。CD 光盘的结构分为 5 层:基板、记录层、反射层、保护层和印刷层,如图 2.20 所示。

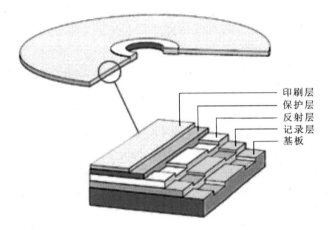

印刷层
保护层
反射层
记录层
基板

图 2.20　光盘结构图

(1)基板一般是无色透明的聚碳酸酯板,具有冲击韧性极好、使用温度范围大、尺寸稳定性好、耐候性、无毒性等特点。CD 光盘的基板厚度为 1.2 mm、直径为 120 mm,中间有孔,呈圆形。把光盘读取数据的一面朝上,最表面的一面就是基板。

(2)记录层(染料层)是光盘最关键的部分,它是刻录和保存数据的层面,光盘的性能就取决于该层的质量。其主要的工作原理是在基板上涂抹上专用的有机染料,以供激光记录信息。目前主要使用的有机染料有三种:花菁、酞菁及偶氮。

对于可重复擦写的 CD-RW 而言,所涂抹的不是有机染料,而是某种碳性物质,当激光在烧录时,不是烧成一个个的坑,而是改变碳性物质的极性,通过改变碳性物质的极性,来形成特定的 0、1 代码序列。这种碳性物质的极性是可以重复改变的。

(3)反射层用来反射激光头的激光束,低档的盘片可能用铁或者铝,而高档的刻录盘则采用银作为反射介质。如同我们经常用到的镜子一样,光线到达此层,就会反射回去。光盘可以当作镜子用,就是因为有这一层的缘故。

(4)保护层是用来保护光盘中的反射层及染料层防止信号被破坏。材料为光固化丙烯酸类物质。另外现在市场使用的 DVD+/-R 系列还需在以上的工艺上加入胶合部分。

(5)印刷层是用来印刷盘片的客户标识、容量等相关信息的地方,光盘的商标和图案就在这一层,它同时还有一定的保护光盘的作用。

3）光盘的分类

按读/写类型来分，光盘一般可分为只读型、一次写入型和可重写型三种。

（1）只读型光盘（例如，CD-ROM、DVD-ROM）是生产厂家预先制作出母盘后大批压制出来的光盘。这种模压式记录使光盘发生了永久性的物理变化，因此其记录的信息只能读出，不能被改写。

（2）一次写入型光盘（例如，CD-R、DVD-R），可以通过 CD-R 刻录机向空白的 CD-R 盘写入数据，写入过程使光介质的物理特性发生了永久性变化，因此只能写一次。

（3）重写型光盘（例如，CD-RW、DVD-RW）可以随机写入、擦除或重写信息。其特点是介质材料发生的物理特性改变都是可逆变化，因此是可重写的。重写型光盘，成本较高，随着移动硬盘的出现，市场普及率并不高。

4）光盘的容量

现在电脑使用的光盘大致可以分为 CD 和 DVD 两种。随着 DVD 技术的成熟与普及，DVD 已取代 CD 成为主流。CD 光盘的最大容量大约是 650～700 MB。DVD 按单/双面与单/双层结构的各种组合，可以分为：单面单层（DVD-5，容量 4.7 GB）、单面双层（DVD-9，容量 8.5 GB）、双面单层（DVD-10，容量 9.4 GB）、双面双层（DVD-18，容量 17 GB）。

随着人们对于多媒体品质的要求越来越高，需要光盘储存高画质的影音以及高容量的资料，新一代的光盘格式随之产生，主要有蓝光 DVD 和 HD DVD 两种。蓝光 DVD（Blue-ray Disc，BD）因其采用的激光波长为 405 ns，刚好是光谱之中的蓝光，因而得名。其竞争对手是 HD DVD（High Definition DVD），两者各有不同的公司支持，欲争相成为标准规格。HD DVD 容量可达单面单层 15 GB、双层 30 GB；而 BD 则达到了单面单层 25 GB、双面 50 GB、三层 75 GB、四层 100 GB。

5）光盘驱动器

光盘驱动器简称光驱，是读取光盘信息的设备。随着多媒体应用的越来越广泛，光驱已经成为个人计算机中的标准配置。目前，光驱可分为 CD-ROM 驱动器、DVD 光驱（DVD-ROM）、康宝（COMBO）和刻录机等几种。光驱外观如图 2.21 所示。

图 2.21　光驱外观图

CD-ROM 光驱：是用来读取 CD 光盘的光驱。

DVD 光驱：是用来读取 DVD 光盘的光驱，除了支持 DVD-ROM，DVD-VIDEO，DVD-R 外，还向下兼容 VIDEO-CD，CD-ROM 等格式。

COMBO 光驱：按音译叫"康宝"，COMBO 光驱是一种集合了 CD 刻录、CD-ROM 和 DVD-ROM 的多功能光存储产品。

刻录光驱：包括了 CD-R、CD-RW 和 DVD 刻录机等，其中 DVD 刻录机又分 DVD＋R，DVD-R，DVD＋RW，DVD-RW（W 代表可反复擦写）和 DVD-RAM。刻录机的外观和普通光驱差不多，只是其前置面板上通常都清楚地标识着写入、复写和读取三种速度。

如何判别光驱的速度呢？通常所说的 32 速、24 速等就是指光驱的读取速度。在制定 CD-ROM 标准时，人们就把在 1 小时内读完一张 CD 盘的速度定义为 1 倍速，即 150 KB/s。

32 倍速驱动器理论上的传输率应该是：150×32＝ 4800 KB/s。

当 DVD 出现后,人们沿用了同样的规定,也规定 DVD 的 1 倍速为 1 小时读完 1 张 DVD 盘。以 DVD 容量 4.7 GB 来计算,DVD 的 1 倍速为 1350 KB/s。

3. 闪存

闪存(Flash memory)是一种长寿命的非易失性的存储器,闪存的数据不是以单个的字节为单位而是以固定的区块为单位,区块大小一般为 256 KB 到 20 MB。闪存是电子可擦除只读存储器(EEPROM)的变种,与 EEPROM 不同,它能在字节水平上进行删除和重写而不是整个芯片擦写,更新速度更快。

闪存断电时仍能保存数据,一般用来保存设置信息,如电脑的 BIOS(基本输入输出系统)。此外,手机、数码相机、MP3 等电子产品中的存储器也多采用闪存技术。闪存卡是利用闪存技术做成的存储电子信息的存储器。常见的闪存卡种类有：U 盘、CF 卡、SM 卡、SD/MMC 卡、记忆棒等。这些闪存卡虽然外观、规格不

图 2.22　某品牌 U 盘外观

同,但是技术原理都是相同的。其中 U 盘已成为最常用的个人计算机移动存储器件。某品牌 U 盘如图 2.22 所示。

U 盘使用 USB 接口形式。USB(通用串行总线)是一个外部总线标准,用于规范电脑与外部设备的连接和通信。USB 接口不仅传输速度快(USB 1.1 是 12 Mbps,USB 2.0 是 480 Mbps,USB 3.0 是 5 Gbps),并且使用方便(即插即用、热插拔)。所以,现在越来越多的外设都采用 USB 接口形式。

2.5　总　　线

2.5.1　总线的基本概念

总线是计算机各种功能部件之间传送信息的公共通信线路。总线相连的设备与总线的连接电路称为总线接口。广义上讲,总线不仅是指一组传输线,还包括相应的总线接口和总线控制器。借助于总线连接,计算机可实现各功能部件之间的地址、数据和控制信息的交换。

1. 总线的分类

1) 根据总线所连接的部件的不同可分为：片总线、内总线和外总线

(1) 片总线(chip bus,C-Bus)又称元件级总线,是连接芯片内各部件的总线。例如,CPU 芯片内部,在各个寄存器、ALU、指令部件等之间的总线连接。芯片内总线的结构较简单,距离短,速度极高。

(2) 内总线(internal bus,I-Bus)又称系统总线或板级总线,是连接 CPU、主存、I/O 接口等部件的总线。系统总线的连接距离较短,传输速度较快。典型的有 ISA 总线、PCI

总线等。

（3）外总线（external bus,E-Bus）又称通信总线，是指多台计算机之间，或计算机与一些智能设备之间的连接总线。外总线一般只有数据线及简单的控制信号线，传输距离较远，速度较低。

2）总线按照所传输的信息种类又可分为：数据总线、地址总线和控制总线

（1）数据总线（DB）用于传送数据信息。数据总线的位数是计算机系统的一个重要指标，通常与中央处理器的字长相一致。例如，Intel 8086 微处理器字长 16 位，其数据总线宽度也是 16 位。

（2）地址总线（AB）是专门用来传送地址的。地址总线的位数决定了 CPU 可直接寻址的内存空间大小。例如，8 位计算机的地址总线为 16 位，则其最大可寻址空间为 2^{16} B＝ 64 KB，16 位计算机的地址总线为 20 位，其可寻址空间为 2^{20} B＝1 MB。一般来说，若地址总线为 n 位，则可寻址空间为 2^n 字节。

（3）控制总线（CB）用来传送控制信号和时序信号。控制信号，可以是 CPU 送往存储器和 I/O 接口电路的，如读/写信号、片选信号、中断响应信号等；也可以是其他部件反馈给 CPU 的，例如，中断申请信号、复位信号、总线请求信号、设备就绪信号等。控制总线的位数要根据系统的实际控制需要而定，主要取决于 CPU。

3）总线按照传输数据的方式划分，可以分为串行总线和并行总线

（1）串行总线采用串行传送方式，数据从低位开始逐位依次传送的方式。发送部件和接收部件之间只有一条传输线，传送"1"时，发送部件发出一个正脉冲，传送"0"时，则无脉冲。在串行传送方式中，每秒钟最快传送的二进制位数称为波特率（Band），其单位是 bit/s。例如，某串行总线每秒钟传送 9600 个进制位，即其波特率是 9600 bit/s。

串行总线的主要优点是只需一条传输线，线路成本低，适合远距离的数据传输。

（2）并行总线采用并行传送方式是指数据的各位通过各自的传输线同时传送的方式。以 8 位数据宽度为例，发送部件把要传送的 8 位二进制数，每位二进制数通过固定的一条传输线送到接收部件的相应位。并行总线节省了并/串和串/并变换电路，但需更多的传输线。

并行总线适合于外部设备与计算机之间近距离信息交换，在相同频率下，并行传输的效率是串行传输的几倍。但随着传输频率的提高，并行传输线中信号线与信号线之间的串扰越加明显，并行传输的频率达到 100 MHz 已经很难了。而串行传输由于没有串扰，频率可以进一步提高，并达到超越并行传输的地步，并且成本低，传输距离更长。所以，计算机中很多设备的接口一开始是并行接口，后来又改为串行接口，例如硬盘。

2.5.2　总线的技术指标

1. 总线的位宽

总线的位宽指的是总线能同时传送的二进制数据的位数，也即数据总线的位数。例如，32 位、64 位等总线。总线的位宽越宽，每秒钟数据传输率越大，总线的带宽越宽。

2. 总线的工作频率

总线的工作时钟频率以兆赫（MHz）为单位。工作频率越高，总线工作速度越快，带宽越宽。

3. 总线的带宽

总线的带宽（即数据传输率）指的是单位时间内总线上传送的数据量，即每秒钟传送字节数。总线带宽的计算公式为

$$总线的带宽＝总线的位宽/8×总线的工作频率$$

例如，工作频率 66 MHz 的 32 位总线的带宽＝32/8×6＝264 MB/s。

2.5.3　总线的标准

早期的计算机系统中，其总线标准只供自己和配套厂家使用，与其他生产厂家往往不相同，这样就造成了彼此间缺乏互换性，阻碍了计算机的推广应用。随着微型机技术的发展和普及，对总线标准化的需求日益增强。国际 IEEE 先后制定的总线标准，得到了社会较大程度的认同。

总线标准化的最大好处是生产厂家只要遵照相同系统总线的要求，生产出来的功能部件，就能用在有这种总线的任何计算机上。采用标准总线设计生产的计算机，开发周期短，风险减少，更易为用户接受。

计算机中常见的总线及接口有：

CPU　前端总线 FSB，是将 CPU 连接到北桥芯片的总线，进而通过北桥芯片和内存、显卡交换数据。FSB 总线现已被 QPI 总线和 DMI 总线所取代。

硬盘　硬盘的总线接口负责在硬盘缓存和主机内存之间传输数据，常见的有 SCSI、ATA、SATA 等几种。SATA 是目前串行 ATA 的英文缩写，是目前的主要接口形式，SCSI 则主要用于服务器的硬盘。

显卡　目前常见的显卡接口标准为 PCI-E。

网卡、声卡　目前主要使用 PCI 接口标准。

外设　鼠标和键盘主要使用 PS2 或 USB 接口，网络媒体使用 RJ-45 接口，显示器使用的 VGA 或 DVI 接口。常见的主板外设接口如图 2.23 所示。

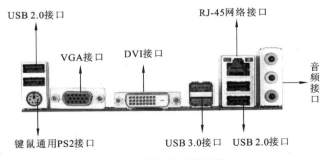

图 2.23　常见的主板外设接口

2.6 I/O 设 备

I/O(input/output)设备即输入/输出设备,指可以与计算机进行数据传输的硬件,它们是计算机系统中不可缺少的组成部分,是最重要、也是最基本的外围设备。由于它位于计算机主机之外,通常简称为外设。随着计算机的高速发展,外围设备所涉及的技术领域越来越广。

输入设备是指向计算机输入数据或信息的设备。常见的输入设备如键盘、鼠标、扫描仪等。输出设备是将计算机中的数据进行输出的设备,它把各种计算结果数据或信息以数字、字符、图像、声音等形式表示出来。常见输出设备如有显示器、打印机、绘图仪等。

外部储存器(硬盘、光盘、U 盘等)也是计算机的外部设备,通常既可以执行输入操作也可以执行输出操作。例如,硬盘可以将数据输入到内存供 CPU 访问使用,同时也可以将 CPU 计算出的结果从内存输出保存到磁盘上。

下面介绍一些常用输入/输出设备的工作原理及常见分类。

2.6.1 输入设备

1. 键盘

键盘(keyboard)是最常用的输入设备,它是由一组开关矩阵组成,包括数字键、字母键、符号键、功能键及控制键等。每一个按键在计算机中都有它的唯一代码。当按下某个键时,键盘接口将该键的二进制代码送入计算机主机中,并将按键字符显示在显示器上。

目前主要使用的键盘是 104 键的键盘,而一些多媒体键盘,在此基础上又增加了不少常用快捷键或音量调节装置,使 PC 操作进一步简化,同时在外形上也做了重大改善,着重体现了键盘的个性化。标准 104 键盘如图 2.24 所示。

图 2.24　标准 104 键盘示意图

不管键盘形式如何变化基本的按键排列还是保持基本不变,可以分为主键盘区、数字辅助键盘区、F 键功能键盘区、控制键区,对于多功能键盘还增添了快捷键区。

按照键盘的工作原理和按键方式的不同,主要有以下两类。

1) 塑料薄膜式键盘

薄膜式键盘由面板、上电路、隔离层、下电路四部分组成,如图 2.25 所示。上下电路的双层胶膜中间夹有一条条的银粉线,胶膜与按键对应的位置会有碳心接点,当按下按键,碳心接触特定的几条银粉线,即会产生不同的讯号。

黑轴

　　图 2.25　薄膜式键盘内部　　　　　　　　图 2.26　机械式键盘轴

　　薄膜键盘外形美观、新颖,体积小、重量轻,密封性强。其优点是无机械磨损、低价格、低噪音和低成本,是目前使用最广泛的键盘种类。

　　2)机械式键盘

　　机械键盘的每一颗按键都有一个单独的开关来控制闭合,这个开关也被称为"轴"(如图 2.26 所示),具有工艺简单、噪音大、易维护的特点。

　　机械键盘的产生早于薄膜式键盘,但随后很快被物美价廉的薄膜键盘所替代,但是机械键盘并没有消失,一直作为高端产品的代表发展到今天。随着越来越多电脑的使用者和游戏玩家,对使用电脑键盘的舒适度、手感、品质提出了更高的要求,机械键盘最近又开始流行了。

　　键盘的接口主要有 PS/2 接口和 USB 接口两种,绝大部分主板都提供 PS/2 接口,而 USB 接口则已经成为新的标准配置。目前,应用无线技术的无线键盘也很常见,使用的是 USB 接口。无线技术的应用摆脱了键盘线的限制和束缚,可毫无拘束,自由地操作,主要有蓝牙、红外线等形式。蓝牙在传输距离和安全保密性方面要优于红外线的。红外线的传输有效距离约为 1～2 m 左右,而蓝牙的有效距离约为 10 m 左右。

2. 鼠标

　　鼠标因形似老鼠而得名,它是一种手持式屏幕坐标定位设备,是为适应菜单操作的软件和图形处理环境而出现的一种输入设备,在现今图形界面操作系统广泛流行的趋势下,鼠标已成为了计算机系统的标准配置。

　　鼠标在其发展过程中出现了很多种类,但目前主要使用的是以下两种。

　　1)机械鼠标

　　机械鼠标内部结构如图 2.27 所示。机械鼠标底部是一个可四向滚动的胶质小球。这个小球在滚动时会带动一对转轴转动(分别为 X 转轴、Y 转轴),在转轴的末端都有一个圆形的有孔圆盘。圆盘的两侧有一个红外发光二极管和一个红外感应器。圆盘转动时没孔的间隔会阻碍发光二极管发出的光线,另一边的感应器就会接收到变化。处理芯片读取红外感应器的脉冲,将其转换为二进制。这些二进制信号被送交鼠标内部的专

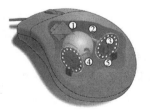

1.滚球
2.转轴
3.有孔圆盘
4.发光二极管
5.红外感应器

图 2.27　机械鼠标内部示意图

用芯片作解析处理并产生对应的坐标变化信号。

2）光学鼠标

光学鼠标的底部没有滚轮，也不需要借助反射板来实现定位，其核心部件是发光二极管、微型摄像头、光学引擎和控制芯片。工作时发光二极管发射光线照亮鼠标底部的表面，同时微型摄像头以一定的时间间隔不断进行图像拍摄。鼠标在移动过程中产生的不同图像传送给光学引擎进行数字化处理，最后再由光学引擎中的定位 DSP 芯片对所产生的图像数字矩阵进行分析。由于相邻的两幅图像总会存在相同的特征，通过对比这些特征点的位置变化信息，便可以判断出鼠标的移动方向与距离，这个分析结果最终被转换为坐标偏移量实现光标的定位。

光学鼠标既保留了光电鼠标的高精度、无机械结构等优点，又具有高可靠性和耐用性，并且使用过程中无须清洁亦可保持良好的工作状态。使用光学鼠标可能会有这样的情况出现，在玻璃、金属等光滑表面或者某些特殊颜色的表面上鼠标无法正常工作，表现为光标顿滞、颤抖、漂移或无反应，甚至光标遗失。这时，为鼠标配个鼠标垫就可以很好地解决了。

衡量鼠标性能的主要指标有分辨率、响应速度和按键点按次数。

（1）分辨率：用 DPI 描述，即每英寸点数。DPI 值越高则鼠标越灵敏，定位也越精确。一般鼠标的分辨率为 400～800DPI。

（2）响应速度：鼠标响应速度越快，意味着你在快速移动鼠标时，屏幕上的光标能作出及时的反应。

（3）按键点按次数：优质的鼠标内每个微动开关的正常寿命都不少于 10 万次的点击，而且手感适中。它主要影响鼠标的使用寿命。

鼠标常用的接口类型也有 PS/2 和 USB 两种。与无线键盘配套，近来也出现了无线鼠标。无线鼠标也可以分为红外线和蓝牙两种。

3. 其他输入设备

1）触摸屏

触摸屏是一套透明的绝对定位系统，通过感应物理触碰，将其转换为输入信号。触摸屏作为一种最新的电脑输入设备，它是目前最简单、方便、自然的一种人机交互方式，即使是对计算机一无所知的人，也照样能够信手拈来。智能手机和平板电脑是触摸屏应用最典型的例子，其他如 ATM 机，公共信息的查询设备上也都可以见到触摸屏的身影。

2）扫描仪

扫描仪是利用光电扫描将图形（图像）转换成计算机可以显示、编辑、存储和输出的数字化信息的输入设备。扫描仪可以对照片、文本页面、图纸、美术图画、照相底片、标牌面板等对象进行扫描，提取原始的线条、图形、文字、照片、在计算机中编辑处理及保存。目前扫描仪广泛应用于需要对图形（图像）进行处理的系统中，如考试证件的照片输入，公安系统案件资料管理，数字化图书馆的建设等，都使用了各种类型的图形（图像）扫描仪。

2.6.2　输出设备

1. 显示器

　　显示器又称监视器,是计算机必备的输出设备,它将计算机内的数据转换为各种直观信息,如字符和图像等。常用的显示器有 CRT(阴极射线管)显示器和液晶显示器。

　　1) CRT 显示器

　　(1) 工作原理。CRT 显示器主要由电子枪、偏转线圈、荫罩、荧光粉层和玻璃外壳五部分组成,如图 2.28 所示。

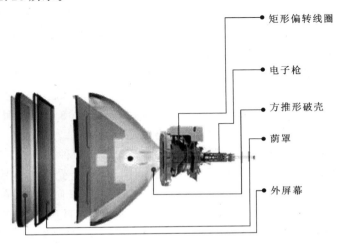

矩形偏转线圈

电子枪

方推形破壳

荫罩

外屏幕

图 2.28　CRT 显示器内部结构示意图

　　首先,在荧光屏上涂满了按一定方式紧密排列的红、绿、蓝三种颜色的荧光粉点或荧光粉条,称为荧光粉单元。相邻的红、绿、蓝荧光粉单元各一个为一组,称为像素。每个像素中都拥有红、绿、蓝(RGB)三原色,三原色是其他各种颜色的基础。

　　其次,电子枪发射高能电子束去轰击荧光粉层,轰击的目标就是荧光屏上的三原色。电子枪发射的电子束不是一束,而是三束,它们分别受电脑显卡 R、G、B 三个基色视频信号电压的控制,去轰击各自的荧光粉单元。受到高能电子束的激发,这些荧光粉单元分别发出强弱不同的红、绿、蓝三种光,根据空间混色法产生丰富的色彩,而大量的不同色彩的像素就可以组成一张漂亮的画面。

　　在扫描的过程中,怎样保证三支电子束准确击中每一个像素呢? 这就要靠荫罩了,它的位置大概在荧光屏后面约 10 mm 处,为一个厚度约为 0.15 mm 的薄金属障板。荫罩上面有很多小孔或细槽,这些小孔或细槽与每一个像素相对应。电子束只能穿过小孔或细槽,然后就击中了同一像素中对应的荧光粉单元。

　　最后,利用人眼的视觉残留效应和荧光粉的余辉特性,只要三支电子束足够快地向所有排列整齐的像素进行激发,我们就看到一幅完整的图像的。至于画面的连续感,则是由场扫描的速度来决定的,场扫描越快,一秒内形成的图像次数越多,画面就越流畅。24 Hz

的场频可以保证图像活动内容的连续感觉,48 Hz 场频保证图像显示没有闪烁的感觉,通常会使用 60 Hz 以上场频。

(2) 性能指标。影响显示器的主要性能指标有显示器尺寸、点距、分辨率和场频等。

显示器尺寸与电视机的尺寸标注方法是一样的,都是指显像管的对角线长度,这个尺寸以英寸(in)为单位(1 in=2.54 cm),常见的有 17 in、19 in、20 in、23 in 等。

显示器除了看尺寸外,点距也很重要。点距是指荧光屏上两个同样颜色荧光点之间的距离,通常以毫米(mm)表示。点距越小,影像看起来也就越精细。目前,15/17 英寸显示器的点距普遍低于 0.28 mm,超过这个值图像显示就会模糊。

分辨率是指显示器所能显示的点数的多少,它反映了屏幕图像的精密度。由于屏幕上的点、线和面都是由点组成的,显示器可显示的点数越多,画面就越精细,同样的屏幕区域内能显示的信息也越多,所以分辨率是个非常重要的性能指标。以分辨率为 1024×768 的屏幕来说,即每一条水平线上包含有 1024 个像素点,共有 768 条线。

场频又称为"垂直扫描频率"或"刷新率",指单位时间内电子枪对整个屏幕进行扫描的次数,通常以赫兹(Hz)表示。以 85 Hz 刷新率为例,它表示显示器的内容每秒钟刷新 85 次。理论上来讲,只要刷新率达到 85 Hz,也就是每秒刷新 85 次,人眼就感觉不到屏幕的闪烁了,但从保护眼睛的角度出发,刷新率仍然是越高越好。

(3) 显示器的接口。显示器一般有 VGA 接口和 DVI 两种接口。

VGA 接口:CRT 显示器因为设计制造上的原因,只能接受模拟信号输入,最基本的包含 R\G\B\H\V(分别为红、绿、蓝、行、场)5 个分量,不管以何种类型的接口接入,其信号中至少包含以上这 5 个分量。VGA 接口为 D-15 形式,即 D 形三排 15 针插口。

DVI 数字输入接口:DVI(digital visual interface,数字视频接口)是随着数字化显示设备的发展而发展起来的一种显示接口。DVI 接口直接以数字信号的方式将显示信息传送到显示设备中,避免了 2 次转换过程。因此从理论上讲,采用 DVI 接口的显示设备的图像质量要更好。另外 DVI 接口实现了真正的即插即用和热插拔,免除了在连接过程中需关闭计算机和显示设备的麻烦。现在大多数液晶显示器都采用该接口。

2) 液晶显示器(LCD)

(1) 工作原理。目前,液晶显示器(LCD)已逐渐取代了 CRT 显示器,成为主流的显示器。与 CRT 显示器相比,它具有体积小、重量轻、省电、辐射低、易于携带等优点。

液晶显示器的原理与 CRT 显示器大不相同。液晶显示器的工作原理是利用液晶的物理特性:当通电时导通,排列变的有秩序,使光线容易通过;不通电时排列混乱,阻止光线通过。即让液晶如闸门般地阻隔或让光线穿透。目前,液晶显示器最常见的是 TFT (thin film transistor,薄膜晶体管)型驱动,它通过有源开关的方式实现对各个像素的独立精确控制。

首先,多个冷阴极灯管被使用来当作显示器的背光源。为了要让光通过每一个像素,面板被分割且制造成一个个的小门或开关(液晶元件)来让光通过。每一个像素都由红、绿、蓝三个子像素组成,就如同 CRT 显像管一样。

液晶显示器里有偏光片、彩色滤光片及取向膜。偏光片用来形成偏振光,控制光线的通过与否;彩色滤光片则提供三原色的来源。液晶层位于两片玻璃片之间,当施以一个电压给取向层,则产生一个电场,使取向层界面的液晶朝某一个方向排列。TFT 液晶工作原理如图 2.29 所示。

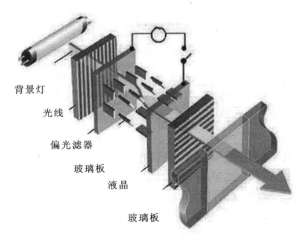

背景灯
光线
偏光滤器
玻璃板
液晶
玻璃板
偏光滤器　　滤色器

图 2.29　液晶显示屏内部结构示意图

（2）性能指标。液晶显示器同样也有分辨率和点距的指标,此外还要看对比度、亮度、信号响应时间和可视角度等指标。

对比度越高,图像的锐利程度就越高,图像也就越清晰。对一般用户而言,对比度能够达到 350∶1就足够了,但在专业领域这样的对比度平还不能满足用户的需求。相对的,CRT 显示器轻易达到 500∶1甚至更高的对比度。目前,主流的液晶显示器品牌的对比度普遍都在 800∶1以上。

液晶是一种介于固态与液态之间的物质,本身是不能发光的,需借助额外的光源才行。液晶显示器的最大亮度,通常由冷阴极射线管（背光源）来决定,亮度值一般为 $200\sim250$ cd/m²。

信号响应时间：指的是液晶显示器对于输入信号的反应速度,也就是液晶由暗转亮或由亮转暗的反应时间,通常是以毫秒（ms）为单位。要是想让图像画面达到不闪的程度,则就最好要达到每秒 60 帧的速度。响应时间越短,每秒显示的画面帧就越多,所以响应时间是越短越好。16 ms 的响应时间,每秒可以显示 63 帧,已能应付一般电影和游戏的要求。现在,液晶显示器的响应速度已达到 4 ms,甚至 1 ms。

可视角度：当背光源通过偏极片、液晶和取向层之后,输出的光线便具有了方向性。也就是说大多数光都是从屏幕中垂直射出来的,所以从某一个较大的角度观看液晶显示器时,便不能看到原本的颜色,甚至只能看到全白或全黑。为了解决这个问题,制造厂商们也着手开发广角技术。目前有三种比较流行的技术,分别是：TN＋FILM,IPS和 MVA。

（3）液晶显示器的发展趋势。

IPS 硬屏：IPS 硬屏技术是目前液晶显示领域最先进的技术之一。它把液晶的可视角度提高到 178°,几乎达到了液晶显示技术的极限,基本消除了视觉上"死角"。而它之所以被称为硬屏是因为它拥有比软屏稳固的液晶分子排列结构的关系。该技术创造性的优化了液晶分子的排列方式,采取水平排列方式,当遇到外界压力时,分子结构向下稍微下陷。在遇到外力时,硬屏液晶分子结构坚固性和稳定性远远优于软屏,所以不会产生画面失真和影响画面色彩,可以最大限度地保护画面效果不被损害。

LED 背光:LED 背光是指用 LED(发光二极管)来作为液晶显示屏的背光源。与传统的 CCFL(冷阴极管)背光源相比,LED 背光的具有以下特点:亮度高,长时间使用亮度也不会下降;色彩比较柔和;省电环保辐射低。今后,LED 有望彻底取代传统背光系统。

高清液晶:随着数字显示技术的发展,HDTV(high definition television,高清晰度电视)技术逐渐流行起来。HDTV 具有极高的清晰度,分辨率最高可达 1920×1080,帧率高达 60 fps,宽高比也由原先的 4:3 变成了 16:9。家用电脑也承担着影视娱乐的功能,所以符合高清要求,也逐渐成为液晶显示器的标准之一。

液晶 3D 显示技术:3D 显示器一直被公认为显示技术发展的终极梦想。目前已有需佩戴立体眼镜和不需佩戴立体眼镜的两大立体显示技术体系。最新的 3D 液晶采用第二种 3D 技术,即用户无须佩戴特殊的眼镜即可看到 3D 图像。其强烈的视觉冲击力和良好优美的环境感染力必将成为人们日后关注的焦点。

2. 打印机

打印机用于将计算机处理结果打印在相关介质上,按照其工作的原理可以分为以下三种。

1) 针式打印机

针式打印机是使用最为广泛的一种打印机。其印刷机构由打印头和色带组成。打印头中藏有打印针。人们常说的 24 针打印机是指打印头中有 24 根针的打印机。针式打印机在进行打印时,打印针撞击色带,将色带上的墨印到纸上,形成文字或图形。针式打印机的噪音很大,而且打印质量不好,但由于其极低的打印成本和很好的易用性,在银行、超市等用于票单打印的地方还是可以看见它的踪迹。

2) 喷墨打印机

喷墨打印机是利用特殊技术的换能器将带电的墨水喷出,由偏转系统控制很细的喷嘴喷出微粒射线在纸上扫描,并绘出文字与图像。喷墨打印机体积小、重量轻、噪音低、打印精度较高。目前,彩色喷墨打印机因其有着良好的打印效果与较低价位的优点而占领了广大的中低端市场。

3) 激光打印机

激光打印机利用激光扫描主机送来的信息,将要输出的信息在磁鼓上形成静电潜像,并转换成磁信号,使碳粉吸附在纸上,经显影后输出。这种打印机打印速度高、印刷质量好、无噪声。近年来,彩色喷墨打印机和彩色激光打印机已日趋成熟,成为主流打印机,其图像输出已达到照片级的质量水平。某品牌激光打印机如图 2.30 所示。

图 2.30　激光打印机

图 2.31　绘图仪

3. 绘图仪

绘图仪可以将计算机的输出信息以图形的形式输出,是一种输出图形的硬拷贝设备。绘图仪在绘图软件的支持下可绘制出复杂、精确的图形,是各种计算机辅助设计不可缺少的工具。某品牌绘图仪如图 2.31 所示。

思考题

1. 名词解释

裸机	中央处理器	控制器	运算器	内存储器	指令	主频
外频	倍频系数	字长	带宽	Cache	RAM	ROM
SATA	USB	DVD	倍速	分辨率	刷新率	

2. 冯·诺伊曼计算机的硬件组成包括哪几个部分? 各部分的功能是什么?

3. 以当前计算机硬件市场的行情,为自己配置一台台式机,写明你的主要用途和预算,并列出你的计算机配置清单。

4. 谈谈你如何选择 CPU 产品。

5. 目前,平板电脑与笔记本电脑有融合的趋势,谈谈你对其发展趋势的理解。

6. 试描述存储器的分级结构。

7. 试列举计算机中的所有存储器部件,并按其速度由快到慢排个序。

8. 试描述硬盘的逻辑结构。

9. 试描述光盘的结构及工作原理。

10. 计算工作频率为 133 MHZ 的 64 位总线的带宽。

11. Windows 操作系统中有一个屏幕保护程序的设置,试结合 CRT 显示器的工作原理说明其作用。

12. Windows 操作系统中关于显示器的刷新率设置对液晶显示器适用吗,为什么?

13. 目前,虚拟现实(VR)技术已被越来越多的人所关注,以此为基础。谈谈你对今后计算机演变的看法。

第 3 章 操作系统基础

3.1 操作系统的定义

学完前一章,大家是不是很有购机欲望呢? 那,假设现在你拥有了一套完备的硬件,是不是能立刻畅快地使用了呢? 还不是哦。举个例子:一个婴儿,饿了,尽管有奶粉,可他不会冲。哈,听起来很纠结是吗? 事实就是这样。对于用户来说,有了 CPU、内存、主板、键盘、鼠标、硬盘、显示器,似乎等于拥有了计算机,可这样的计算机只是一个硬邦邦的冷酷的家伙,他不听你的话,本质上来说,是他听不懂你的话。怎么办?

重回婴儿的例子,当他需要喝奶换尿布的时候,自己又没法做到,那他会怎样? 对! 他会哭,这个"哭",被保姆接收到,接下来,冲奶换尿布就很简单自然了。整件事看起来,婴儿天生就有解决问题的思维,自己不会,那么发信号让别人帮忙。

以此为启发,用户不会直接操作计算机硬件,是不是也可以发信号找人帮忙呢? 答案是可以的。

实际上,大多数用户使用计算机时常常就是点点鼠标、敲敲键盘。点击鼠标、敲击键盘就是用户发出的信号,那么,用户的保姆是谁?

是操作系统。

操作系统是什么? 它为用户做了什么? 下面一一解答。

首先,试想用户直接面对硬件的尴尬(束手无策的感觉)。例如,对某台外设,若让用户直接启动其工作,这个用户必须事先了解这台设备的启动地址,了解它的命令寄存器、数据寄存器的使用方法,以及如何发启动命令、如何进行中断处理,而这些细节以及设备驱动程序和中断处理程序的编制等均十分麻烦。又如,若系统不提供文件管理功能,用户想把程序存放到磁盘上,他必须事先了解磁盘信息的存放格式,具体考虑应把自己的程序放在磁盘的哪一道、哪一个扇区内……诸如此类的问题将使用户望而生畏。

配置了操作系统之后用户通过操作系统使用计算机,尽管系统内部非常复杂,但这些复杂性是不呈现在用户面前的,也可以更充分更高效的利用系统资源。

总结上述:操作系统是控制和管理计算机系统内各种硬件和软件资源、有效的组织多道程序运行的系统软件或程序集合,同时提供用户接口,使用户获得良好的工作环境。可以这么理解操作系统,它面向两个用户提供两种不同的服务。面向硬件系统,操作系统需要处理诸如:管理与配置内存、决定系统资源供需的优先次序、控制输入与输出设备、操作网络与管理文件系统等基本事务;面向用户,操作系统则提供了用户接口,能接受并处理用户的指令,类似于洗衣机上的面板,按下按钮就有相应的反应。

只有配置了操作系统这一系统软件之后,计算机系统才变成了一个有灵魂的"人",不再冷酷,随你所愿,听你指挥。因此,操作系统是整个计算机系统的核心。

资料阅读

　　◆ 计算机系统的构成。

　　计算机系统由硬件和软件共同组成。软件是由程序、数据和在软件开发过程中形成的各种文档资料组成的。软件可分为：

　　系统软件：包括操作系统、编译程序、程序设计语言以及与计算机密切相关的程序。

　　应用软件：如文字处理、表格制作、图形绘制等各种应用程序、软件包。

　　工具软件：包括各种诊断程序、检查程序、引导程序。

　　用户直接使用应用软件，而应用软件必须运行在由操作系统及其他系统软件做支撑的平台上，整个计算机系统的构成如图3.1所示。

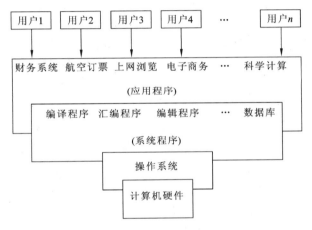

图 3.1　计算机系统的结构

3.2　操作系统的发展历史

　　早期的计算机运行速度低、外围设备少，程序员直接使用机器语言来编制一个程序，用记录有程序和数据的卡片（punch card）或打孔纸带去操作机器。程序读入机器后，机器就开始工作直到程序停止，如果程序出错，机器通常都会中途崩溃。在这个过程中，程序员通过控制板的开关和状态灯来操作以及调试。程序员独占计算机。编制和运行程序还算是比较简单的。

　　随着计算机的发展，汇编系统产生了，它帮助用户使用计算机，以助记符代替机器指令来编写程序。除了源程序（汇编语言编写），程序员还要编写一个汇编解释程序，将汇编语言书写的源程序翻译成机器语言，这相当于一个翻译工作，把汇编语言的意思解释给计算机听。而无论是用机器语言还是汇编语言，都还是手工操作方式，计算问题是一个一个"串行"地进行的，调试和控制程序执行都是通过控制开关以及状态灯。这样的工作方式对第一代计算机还是适应的，但是，随着第二代计算机的出现，手工方式就不适合了。例如,在一台第一代计算机上花一个小时计算的一个问题,在计算过程中,人工操作可能花了 3 分钟,仅仅占总时间的 5%,而对于第二代计算机来说,它拥有 10 倍于第一代计算机的速度,那么这个比例就大大提高了,为 50%,可见,手工操作已不能满足计算机发展的需求。20 世纪 50 年代末 60 年代初,伴随着计算机速度的提高和存储容量的增加,出现了对计算机硬件和软件进行管理与调度的软件——管理程序。它向用户提供多个共享资源来运行他们的程序。这时用户由操作员代为操作计算机,而管理程序帮助操作员控制用户程序的执行和管理计算机的部分资源。在它的控制下,允许几道程序同时被接受进入计算机并同时执行,计算问题不再是"串行"地进行,而是可以同时为多个用户共享。当计算机发展到第三代,在硬件条件的支撑下,管理程序迅速的发展成为操作系统。

总结上述,操作系统的发展大致经历了四个阶段。

1. 手工操作阶段

从 20 世纪 40 年代末到 50 年代中期——无操作系统,此阶段机器速度慢、规模小、外设少,操作系统尚未出现。计算机的操作由程序员采用手工操作直接控制和使用计算机硬件。在手工操作阶段的特点是软件只用机器语言,无操作系统,手工操作、系统资源利用率低。

2. 批处理系统

当主机的速度提高后,由于人工操作的慢速度严重影响了计算机效率的发挥,为解决人−机矛盾出现了批处理系统。把"零散的单一程序处理"变为"集中的成批程序处理"的处理方式。"批处理"操作系统由此而产生。当主机速度不断提高,又出现了能支持 CPU 与外部设备并行操作的批处理系统。许多成功的批处理操作系统在 20 世纪 50 年代末到 20 世纪 60 年代初期出现,其中 IBM OS 是最有影响的(配置在 IBM1090/1094 上)。

3. 操作系统正式形成

并行操作的批处理系统出现不久就发现,这种并行是有限度的,并不能完全消除中央处理机对外部传输的等待。为了充分挖掘计算机的效率,必须在计算机系统主存中存放多道程序,使其同时运行,这就是多道程序设计技术。随后通道技术、缓冲技术、中断技术等技术的出现使得计算机各部件具有了较强的并行工作的能力,随着磁盘的出现,相继出现了多道批处理操作系统和分时操作系统、实时操作系统,标志着操作系统正式形成。

4. 现代操作系统

计算机元器件快速更新以及体系结构的不断发展,成为操作系统发展的主要动力。计算机由单处理机改进为多处理机系统时,有了多处理机操作系统和并行操作系统;随着计算机网络的出现和发展,出现了分布式操作系统和网络操作系统。随着信息家电的发展,又出现了嵌入式操作系统。现代操作系统提供多用户、多任务的运行环境,它的核心是具备支持多个程序同时运行的机制,操作系统向着具备多任务并发和资源共享特征的方向发展。

3.3　操作系统的分类

在操作系统的发展过程中,出现了各种不同的类型,操作系统的分类没有一个单一的标准,可以根据工作方式分为批处理操作系统、分时操作系统、实时操作系统、网络操作系统和分布式操作系统等;根据架构可以分为单内核操作系统微内核操作系统等;根据运行的环境,可以分为桌面操作系统、嵌入式操作系统等;根据指令的长度分为 8 位、16 位、32 位、64 位的操作系统。

下面,我们就根据应用环境和对计算任务的处理方式的不同,主要介绍以下 6 种操作系统。

1. 批处理操作系统

用户将作业交给系统操作员,系统操作员将许多用户的作业组成一批作业,之后输入到计算机中,在系统中形成一个自动转接的连续的作业流,然后启动操作系统,系统自动、依次执行每个作业。最后由操作员将作业结果交给用户。这种成批处理的方式能缩短作业之间的交接时间,减少处理机的空闲等待时间,从而提高系统的资源利用率。

批处理操作系统(batch processing system)分为批处理单道系统和批处理多道系统。其中批处理单道系统是一种早期的、基本的批处理系统。单道是指一次只有一个作业进入主存运行。**注意**,多个作业同时输入计算机与多个作业同时进入主存运行是不同的。这种系统能使整个作业自动顺序地运行,节省人工操作的时间。典型代表是 IBM709 上的 FORTRAN 监督系统(FMS)和 IBM7094 上的 IBSYS—IBJOB。批处理多道系统采用了多道程序设计技术,为了解决处理器运行速度与外设不匹配的问题,允许多个程序同时进入一个计算机系统的主存并运行。典型代表是 IBM DOS。

2. 实时操作系统

实时操作系统(real time operating system)是实时控制系统和实时处理系统的统称。所谓实时就是要求系统及时响应外部条件的要求,在规定的时间内完成处理,并控制所有实时设备和实时任务协调一致地运行。

实时系统是较少有人为干预的监督和控制系统。仅当系统内的计算机识别到了违反系统规定的行为或者计算机本身发生故障时,系统才需要人为干预。

用于实时控制的计算机系统要确保在任何时候,甚至在满载时都能及时响应,因此,设计实时操作系统的时候,首先要考虑响应及时,其次才考虑资源的利用率。一般要求秒级、毫秒级甚至微秒级的响应时间。

实时控制系统实质上是过程控制系统,通过传感器或特殊的外围设备获取被控对象产生的信号(如温度、压力、流量等的变化),然后对获得的数字或模拟信号进行处理、分析,作出决策,激发一个改变可控过程活动的信号,以达到控制的目的。例如,通过计算机对飞行器、导弹发射过程的自动控制,计算机应及时将测量系统测得的数据进行加工,并输出结果,对目标进行跟踪或者向操作人员显示运行情况。

实时信息处理系统主要是指对信息进行及时的处理,例如,利用计算机预订飞机票、查阅文献资料等。用户可以通过终端设备向计算机提出某种要求,而计算机系统处理后将通过终端设备回答用户。

实时系统的应用十分广泛,监督产品线、控制流水线生产的连续过程、监督病人的各项生理指标是否到达临界点、监督和控制交通灯系统等等都是实时系统。

3. 分时操作系统

分时操作系统(time sharing system)使计算机为多个终端用户服务,每个用户好像有一台专用的计算机为自己服务一样。它采用时间片轮转方式处理每个用户提出的服务请求,并以交互方式在终端上向用户显示结果。它的主要特点是:同时性,若干终端用户同时使用计算机;独立性,用户彼此独立,互不干扰;及时性,用户请求能在较短时间内得到相应;交互性,用户能进行人机对话,以交互方式工作(不像批处理系统,作业一旦提交,需运行完毕才能根据情况做出修改)。它的主要目标是对用户请求的快速响应。因此,在对系统资源的充分利用以及机器效率方面没有批处理系统好,对响应时间的要求没有实时系统高。现代通用操作系统中都采用了分时处理技术。例如,Unix 是一个典型的分时操作系统。

4. 网络操作系统

网络操作系统(network operating system)是基于计算机网络的操作系统。所谓的计算机网络是通过通信机构把地理上分散且独立的计算机连接起来的一种网络。网络操作系统提供网络通信和网络资源共享功能,包括网络管理、通信、安全、资源共享和各种网络应用。网络操作系统的目标是用户可以突破地理条件的限制,方便地使用远程计算机资源,实现网络环境下计算机之间的通信和资源共享。例如,Novell NetWare 和 Windows NT 就是网络操作系统。

网络操作系统既要为本机用户提供简便、有效地使用网络资源的手段,又要为网络用户使用本机资源提供服务。为此,网络操作系统除了具备一般操作系统应具有的功能模块之外,还要增加一个网络通信模块。

5. 分布式操作系统

分布式操作系统(distributed operating system)是为分布式计算机系统配置的操作系统。所谓的分布式计算机系统指的是由多台计算机组成,且其中任意两台计算机可以通信交换信息,各计算机无主次之分,系统资源为所有用户共享,系统中若干计算机可以互相协作来完成一个共同任务的系统。分布式操作系统就是用于管理分布式计算机系统的资源的操作系统。它通过网络将大量计算机连接在一起,获取极高的运算能力、广泛的数据共享以及实现分散资源管理。

分布式操作系统在资源管理,通信控制和操作系统的结构等方面都与其他操作系统有较大的区别。由于分布计算机系统的资源分布于系统的不同计算机上,操作系统对用户的资源需求不能像一般的操作系统那样等待有资源时直接分配的简单做法而是要在系统的各台计算机上搜索，找到所需资源后才可进行分配。对于有些资源，如具有多个副本的文件，还必须考虑一致性。所谓一致性是指若干个用户对同一个文件所同时读出的数据是一致的。为了保证一致性，操作系统须控制文件的读、写、操作，使得多个用户可同时读一个文件，而任一时刻最多只能有一个用户在修改文件。由于分布式计算机系统不像网络分布得很广，同时分布式操作系统还要支持并行处理，因此它提供的通信机制和网络操作系统提供的有所不同，它要求通信速度高。分布式操作系统的结构也不同于其他操作系统，它分布于系统的各台计算机上，能并行地处理用户的各种需求，有较强的容错能力。

6. 个人计算机操作系统

随着微电子技术的发展，使个人计算机的功能越来越强、价格越来越便宜，应用范围日益广泛，渗透到各行各业、个人和家庭。在个人计算机上配置的操作系统称为个人计算机操作系统(personal operating system)。通常，在大学、政府部门或商业机构可使用功能更强的个人计算机称为工作站。在个人计算机和工作站领域有两种主流的操作系统：一个是微软 Windows 系列；另一个是 Unix 系统和 Linux 系统。

3.4　从资源管理角度，操作系统的功能

无论处于社会发展的哪个时期，资源永远是人竞争的目标。因为人类会把资源与价值联系在一起，认为资源是获取财富必不可少的一个环节。在用户使用计算机的时候，也有"竞争资源"这种事情发生。

计算机发展初期硬件设备有较高的价格，人们更乐于多个用户共用一个计算机系统，而不是一个用户独占一个计算机系统。此外多道程序设计技术的出现，程序并行非常常见，同时运行的多个程序需要共享计算机系统资源(比如都需要用 CPU 计算，都需要输入数据，输出结果)，而共享必将导致对资源的竞争：多个计算机任务对计算机系统资源的竞争(竞争 CPU、竞争输入输出设备)。

人类社会对资源的分配和管理有自己的一套规则，计算机系统内部也如此。操作系统负责管理计算机系统的各种软、硬件资源，通过对资源的管理达到以下目的：①充分发挥各种资源的作用，保证资源的高利用率；②尽量让所有顾客在"合理"的时间内有机会获得所需资源；③对不可共享的资源互斥使用；④防止死锁的产生。

当用户在运行各自程序的过程中，如果需要用到某类系统资源，就会发出请求，操作系统对于这些请求进行排队，形成不同资源的等待队列。就如大家在食堂里，有些人排队买小笼包，有些人排队买面条。尽管各种资源的性质不同，但也有一些资源管理的普遍原则和方法。其中合理分配资源这个关键问题就有以下的几种一般性策略：

(1) 先请求先服务。又称先进先出策略。这种策略非常简单，每一个新产生的请求都排在队尾，每当系统有可用资源时，总是选取队首的请求来满足。

(2) 优先调度。这是一种灵活的调度策略，可以优先照顾需要尽快处理的任务。使用优先调度策略时，需要给每一个进程指定一个优先级。请求进程中优先级最高的排在队首，优先级最低的排在队尾。

（3）针对设备特性的调度。这种调度策略着重在选择的合理性,即从如何才能让设备的使用效率更佳的角度决定先满足哪个请求,后满足哪个请求。以磁盘为例:设对磁盘同时有多个访问请求,分别希望访问磁盘的 5 号、5 号、5 号、40 号、2 号柱面(柱面号相同,盘面号及块号不同)。当前磁盘的移动臂在 1 号柱面,如果按照请求次序去访问,移臂就会从 1 号柱面到 5 号柱面再到 40 号柱面最后又回到 2 号柱面。显然这样不是最合理的次序(移臂距离不是最短的)。如果将访问次序改变为 2 号、5 号、5 号、5 号、40 号,就能较省时间。

> **资料阅读**
>
> ◆ 进程
>
> 简单地说,进程就是执行中的程序。在计算机系统中,为了提高系统效率,多个程序可以并发执行,但由于它们共享系统资源,因而程序之间存在着互相制约的关系:有时某程序需要等待某种资源,有时又可能要等待某些信息而暂时运行不下去,只能处于暂停状态,而当使之暂停的因素消失后,程序又可以恢复执行,过程如图 3.2 所示。其中,为了能反映出运行中程序的这种状态变化,引入了一个新概念:进程。这样进行研究时就能很好地区分静态的程序和动态的进程。就比如我们形容一个人:静若处子,动若脱兔。那么在这里,静的是程序,动的是进程,实则是同一个对象。

图 3.2　进程状态变迁图

下面我们就来具体了解计算机系统是如何管理它的各种软硬件资源的。

1. 处理机分配

处理机(CPU)相当于人类的大脑,我们做任何事都要经过大脑,所以,处理机很忙哦。如何分配处理机时间,是大家最关心的问题,因为拥有了处理机时间,就可以占用CPU。最简单的分配策略是让排在队首的用户独占 CPU,直到他的计算任务完成。这种策略简单易行,可是有硬伤。因为每个计算任务在实现的过程中,除了要占用 CPU 之外,还需要等待 I/O 设备进行数据的输入输出。大家在前一章已经了解到了,I/O 设备的速度相对 CPU 慢得多,因此 CPU 在很多的时间里都在等待(等待必要数据的输入或输出),使得 CPU 时间几乎浪费一半。所以一般不会让一个程序独占 CPU,而会采用一种"微观上串行"的策略,让多个用户同时分用 CPU。表面上是多个程序的并行,事实上是多个程序依次占用 CPU。这样,操作系统就需要决定先把 CPU 时间分配给谁,分配多久,下一个分配给谁,又占用多久等等。当确定要分配的用户进程后,必须进行处理机的分派,使用户实际的得到处理机控制权。简略概括处理机的分配功能是:

(1) 提出进程调度策略。

(2) 给出进程调度算法。

(3) 进行处理机的分派。

这里,大家不妨试着自己设计处理机分配策略。处理机是一块人人都想吃的"大饼",到底分给谁吃呢?

方法一　大家平等分。将处理机时间划分为时间片(很短,如几百毫秒),每个进程被调度时分得一个时间片,当这个时间片用完时,两种情况:进程完成以及进程未完成。若达到时间片,进程完成,则让出处理机使用权;如果时间片用完时,进程还未完成,仍需要将处理机使用权让出,转为就绪状态并进入就绪队列末端排队等待下一次时间片轮转到。这种方法是分时操作系统所采用的进程调度算法。因为分时操作系统希望计算机对于每个请求的用户都能及时的响应,给用户一个"独占计算机"的印象。

方法二　按照进程的优先级来排队,依次占用 CPU。这种方法大家常常见到哦,如在银行里,取号机就会分普通客户和 VIP 客户。不多说了,大家懂的。

> ┌─ **想一想,分析一下** ─┐
>
> 想一想,还有什么样的方法可以用于处理机分配呢? 不同的分配策略,我们选取的原则是什么呢?
>
> 比如,如果不考虑其他因素,我们可以按照请求的时间顺序来分配处理机,即先到先服务。
>
> 生活中,超市里一般也采用这种方法。可是,有时候,我们只是买一管牙膏,却需要排队很久,是不是不太划算呢? 那么,少量商品快速通道就可以降低少量购物顾客的等待时间。类似的,进程在排队时,可以将短进程排在前面,这样看起来,系统运行的效率就很高,单位时间里完成的进程数量(吞吐量)较高,可能为每秒十个进程。但是,如果总是这样,那些紧急的长进程是不是就无法及时获得 CPU 了呢? 怎么办? 我们可以将优先级调度策略融合其中。
>
> 不管怎样,目标是一致的:花最少的时间做最多的事。使 CPU 使用率和吞吐量最大化,而使周转时间、响应时间和等待时间最小化。

2. 存储管理

帕金森定律:"你给程序再多内存,程序也会想尽办法耗光",这表明程序希望获取无限多的主存资源,可实际的主存容量是有限的,因此需要合理配置加以管理。存储管理功能主要是映射逻辑地址到物理主存地址、进行主存分配、对各用户区的信息提供保护以及扩充扩充逻辑主存区。

(1) 主存映射。程序执行时需要从主存中存取指令和数据。从前面的学习我们了解到,为了提高系统效率,提升处理机的使用率,多道程序是并行的,即有多个用户程序同时在执行。系统为每个用户程序都提供了从 $0 \sim n-1$ 的一组逻辑地址,这是一个虚拟的地址空间。用户以为它所使用的是主存从 0 单元开始的一组连续地址,程序中的指令地址和操作数地址也以此为基础。但事实上,是不可能每个用户程序都从 0 单元开始连续占用主存空间的。程序执行所需要的指令和数据实际是存储在主存的物理单元中的。因此在方便用户使用的逻辑地址和实际的物理单元之间就需要进行转换。在程序执行时,必须将逻辑地址正确地转换为物理地址,这就是地址映射(即从虚存空间 n 到主存空间 m 的映射。$f: n->m$)。例如,逻辑地址是从 $0 \sim 100$,物理地址可能是从 $50 \sim 150$。

(2) 主存分配。主存分配功能包括制定分配策略、构造分配用的数据结构、响应主存分配请求,决定用户程序的主存位置并将程序装入主存。

首先,将主存划分为主存区域分配给不同的用户。通常主存区域可以有两种不同的划分方式:一种是将主存划分成大小不等的区域;第二种是将主存划分为一系列大小相等的块。第一种方式可以在一个主存区域存放一个程序的连续的地址空间,即较为整体的存放。第二种方式是将程序的地址空间分页后,分别放入到不同的主存块里。也就是说,第一种方式可以一个区域存放一个程序,第二种方式需要用若干块一起,来存放一个程序。

其次,主存分配还需要决定信息装入主存的时机。是在需要信息时调入,还是预先调入,即决定采用请调策略(前者)还是预调策略(后者)。

最后,当主存中没有可用的空闲区时(主存不够用时),需要将主存中暂时用不到的程序和数据调出到外存,而将急需使用的程序和数据调入到内存中。这就要决定哪些信息可以从主存中移走。即确定淘汰信息的原则,淘汰策略。

想一想,分析一下

当主存里没有可用空闲区时,选择淘汰掉哪块信息呢?

举个例子,你是位爱美的姑娘或者小伙子,当你新买了衣服,可衣柜已满。你会在衣柜里挑出哪件旧衣服来为新衣服腾位子呢?

① 你可能会挑出最旧的那件衣服,淘汰掉。

② 你可能会挑出最近都没怎么穿过的衣服,淘汰掉。

③ 你可能会根据自己对时尚的理解,把未来绝对不会再流行的款式,淘汰掉。

④ ……

让我们回到主存信息的淘汰策略,与以上类似,常用的有以下几种:

① 先进先出算法:总是选择最早进入内存的信息淘汰掉。

② 最不经常使用淘汰算法:将最近应用次数最少的信息淘汰。

③ 最佳算法:淘汰掉的信息是以后再也不会使用的信息。当然这个是理论上的理想算法。

④ ……

(3) 存储保护。有时在运行程序时会遇到系统如图 3.3 所示的警告提示。

图 3.3　程序运行出现内存不可写错误

为什么会出现这种情况？来分析一下：假定分配给该用户程序的主存是 50～150 号单元的地址空间，但它运行时访问到了 160 号单元。越界了！如果对越界行为不加以控制，就会导致不同用户程序互相干扰。比如某程序 A 越界，改写了程序 B 的某些内容，使 B 无法正常运行。

因此，在多个程序并行时，需要采取一些措施来保护程序的主存区域。

大家在宿舍都会每个人分配到一个衣柜，一张书桌。如果书桌里放了些重要的物品，我们想保护起来的时候，大家会怎么做呢？不错，大多数同学会考虑上锁。

锁就是大家保护物品的措施。那么对于不同用户程序的主存区域来说，又有怎样的措施来保护呢？通常的保护手段有上、下界防护、存储键防护与环状防护等。

上下界防护：硬件为用户所分配到的每一个连续的主存空间设置一对上、下界寄存器，分别指向该存储空间的上界与下界。程序运行时如果要访问某主存地址 d，首先硬件会将 d 与上界下界比较，如果

$$下界 <= d <= 上界$$

则允许其访问，若超出这个范围，则产生保护性中断，这个错误访问的程序会被操作系统停止掉。是不是类似红灯停绿灯行呢？

键式保护是由操作系统为每个主存页面规定存储键，存取主存操作带有访问键，当两键符合时才允许执行存取操作，从而保护别的程序区域不被侵犯。环状保护是把系统程序和用户程序按重要性分层，称为环，对每个环都规定访问它的级别，违反规定的存取操作是非法的，以此实现对正在执行的程序的保护。

┌┈┈┈┈┈┈┈┈┐
┊ **资料阅读** ┊
└┈┈┈┈┈┈┈┈┘

◆ **虚拟存储器**

计算机处理的问题有的是"小"问题，但也有涉及科学计算的"大"问题，它需要相当大的内存容量。"你给程序再多内存，程序也会想尽办法耗光"，这使得系统主存容量很紧张。

当系统提供大容量辅存（磁盘）时，操作系统把主存和辅存统一管理，实现信息的自动移动和覆盖。当一个用户程序的地址空间（程序实际所需空间）比主存可用空间大时，操作系统将这个程序的地址空间的一部分放入主存内，其余部分放在辅存上。当所访问的信息不在主存时，再由操作系统负责调入所需部分。这样看起来，计算机系统好像为用户提供了一个其存储容量比实际主存大得多的存储器（实际并不存在），这个存储器称为虚拟存储器。

3. 设备管理

设备管理又叫输入输出管理(I/O 管理)，它是操作系统中最庞杂、琐碎的部分，很难规格化。原因是系统可配置使用各种各样、范围非常广泛的外部设备。每一台设备的特性和操作方法完全不同，另外在速度、传送单位、顺序访问还是随机访问、出错条件等这些性能方面也都有很大不同。所以，设备管理的宗旨就是要为 I/O 系统建立一种结构，要求该结构中与具体设备有关的特性尽可能的分离出来，为用户提供一个逻辑的，使用方便的设备。

设备管理主要负责解决和实现以下问题：

(1) 设备无关性问题。

用户向系统申请和使用的设备与实际操作的设备无关，即使用设备的逻辑名来进行资源申请。

(2) 设备分配。

通常采用三种基本技术来进行设备分配：独享、共享和虚拟分配技术。分配算法则一般采用先请求先服务与优先级最高者优先两种。

(3) 设备的传输控制。

实现物理的输入输出操作。如启动设备、中断处理等。

> **资料阅读**
>
> ◆ 设备分配中的独享分配、共享分配与虚拟分配
>
> 在各种 I/O 设备中，有些是独占设备，比如打印机。这种设备一旦分配给某进程，就不能同时分配给别的进程，不然就会造成混乱，打印出"你中有我"的结果。而有些设备是共享设备，比如磁盘。它可以供进程 A 读写，也允许进程 B 同时读写，可以同时有多个进程共同使用。这两种不同性质的设备在分配时采取不同的分配方式。
>
> 对于独占设备，一般在作业调度时就分配给所需要的作业，而且，一旦分配，该独占设备一直为这个作业占用，采取这种独占分配方式是不会产生死锁的。这是独享分配。
>
> 对于共享设备采用共享分配方式，即动态分配，当进程提出资源申请时，由设备管理模块进行分配，进程使用完毕后，立即归还。
>
> 假脱机系统(Spool)是进行虚拟分配的系统。为了克服独享分配不利于提高系统效率的缺点，可以利用通道和中断技术、软件技术，将独占设备虚拟成共享设备进行分配。以打印机为例，用 Spooling 技术虚拟成多台打印机，用户请求打印后：①将打印数据输出到输出井(辅存上的一个特定的存储区域)申请的空闲盘块中。②将打印请求登记后排到打印队列。③打印机空闲时，首先取第一张请求表，将数据从输出井传送到内存缓冲区，进行打印，直到打印队列为空。这样，作业执行需要数据时不必再启动独占设备来读入，而只需要从辅存输入数

据,同样的,输出也不需要启动独占设备,而只要将输出数据写入辅存中存放。这样,独占设备的利用率提高了,作业的执行时间缩短了,系统效率提高了。

4 . 文件管理

支持对文件的存储、检索和修改等操作以及文件保护功能。在现代计算机中,通常把程序和数据以文件形式存储在外存储器上,供用户使用,这样,外存储器上保存了大量文件,对这些文件如不能采取良好的管理方式,就会导致混乱或破坏,造成严重后果。为此,在操作系统中配置了文件管理,为用户提供一种简便统一的存取和管理信息的方法,并解决信息的共享、数据的存取控制和保密等问题。

具体来说,文件管理要完成以下任务:

(1) 提供文件逻辑组织方法。

(2) 提供文件物理组织方法。

(3) 提供文件的存取方法。

(4) 提供文件的使用方法。

(5) 实现文件的目录管理。

(6) 实现文件的存取控制。

(7) 实现文件的存储空间管理。

操作系统的文件管理功能是通过文件系统实现的,在后面的内容里有详细介绍。

资料阅读

◆ 操作系统的不同架构(内核结构)

内核是操作系统最基础的构件,其结构往往对操作系统的外部特性以及应用领域有着一定程度的影响(尽管随着理论和实践的不断演进,操作系统高层特性与内核结构之间的耦合有日趋缩小之势)。单内核结构是操作系统中各内核部件杂然混居的形态,该结构产生于 20 世纪 60 年代(亦有 50 年代初之说,尚存争议),历史最长,是操作系统内核与外围分离时的最初形态。

微内核结构是 20 世纪 80 年代产生出来的较新的内核结构,强调结构性部件与功能性部件的分离。20 世纪末,基于微内核结构,理论界中又发展出了超微内核与外内核等多种结构。尽管自 80 年代起,大部分理论研究都集中在以微内核为首的“新兴”结构之上,然而,在应用领域之中,以单内核结构为基础的操作系统却一直占据着主导地位。

在众多常用操作系统之中,除了 QNX[①] 和基于 Mach[②] 的 Unix 等个别系统

---

① QNX 是一种商用的类 Unix 实时操作系统,目标市场主要是嵌入式系统。最早开发 QNX 的 QNX 软件系统公司已被黑莓公司并购。

② Mach 是一个由卡内基梅隆大学发展的微内核的操作系统,为了用于操作系统的研究,特别是在分散于平行运算上。是最早实现微核心操作系统的例子之一。

外，几乎全部采用单内核结构，如大部分的 Unix，Linux 以及 Windows（微软声称 Windows NT 是基于改良的微内核架构的，尽管理论界对此存有异议）。微内核和超微内核结构主要用于研究性操作系统。

3.5　从用户角度，操作系统的功能

上述操作系统对资源的管理功能，普通用户并没有太多实际体会。对于用户来说，与操作系统最直接的接触在两个方面：一是操作系统所提供的用户界面（接口）（如图 3.4 所示）；二是文件系统。

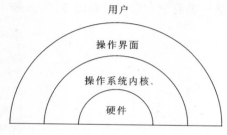

图 3.4　操作系统提供的用户界面

3.5.1　用户界面

通常有如下三种用户界面（接口）。

1. 键盘命令

命令是操作者输入的告诉计算机执行任务的指令，通常是英文词。如 begin 表示开始，print 表示输出。采用联机方式，交互式使用计算机。

2. 作业控制语言

操作系统为批处理作业的用户专门提供的界面，在作业提交给系统之前，用户用作业控制语言编写一些语句，告诉系统他的要求，这些语句写在作业说明书上，然后与作业一起提交给系统。一般采用脱机处理方式。

3. 图形化用户界面

这是我们目前接触最多的一种，比前两种界面更加友好，易学，方便的一种人机对话界面。通常分为三种方式：菜单驱动方式、图标驱动方式以及图形用户界面（GUI）。

菜单的出现，是为了解决命令难以记忆的问题。在菜单驱动方式下，用户不需要记住命令的拼写形式，只需要在一组选项中挑出所需的命令即可。菜单上的每一行称为一个菜单项。这么多的命令以及命令参数，如果全部列举在一个菜单里，肯定会超长，所以，系统还提供子菜单和对话框，以给出更多的操作选择。常见的菜单形式有下拉式、弹出式和上推式菜单。

图标是一个小小的图形符号，它代表操作系统中的命令、系统服务、操作功能及各种资源等。当需要启动某个命令或操作时，可以通过鼠标或键盘选择对应的图标，来激发命令。

GUI（图形用户界面）将菜单驱动、图标驱动、面向对象技术集成在一起，形成一个图文并茂的视窗操作系统。Windows 就是图形化用户界面的典型代表。

3.5.2　文件系统

　　计算机因为其极快的运算速度和对海量信息的存储与处理能力而被人类广泛使用。在计算和处理信息(数据)的过程中,对数据的存取是必不可少的一环。如果由用户自己管理数据,他就需要了解存储介质的物理特性,掌握输入输出指令,知道哪些数据该存放在哪里(数据在存储介质中的物理地址),数据如何分布,去哪里取所需的数据等,这些都是很琐碎且麻烦的问题,用户很难自己协调好。在现代操作系统中,信息的管理是由文件系统来负责的。

　　文件系统为用户提供一种简单、统一的存取和管理信息的方法,使用户可以根据文件名字,使用文件命令,按照信息的逻辑关系去存取他所需的信息。从这个意义上讲,文件系统提供了用户和辅存(外部存储介质)的接口。

1. 文件

　　文件是在逻辑上具有完整意义的信息集合,有一个名字以供标识。无论用户是在进行文档编辑还是表格处理或者程序设计,都是在对以文件为单位的信息进行操作。

　　文件按照其性质和用途大致分为以下三类:

　　(1) 系统文件,有关操作系统及其他系统程序的信息所组成的文件。这类文件只能通过系统调用为用户服务,不对用户直接开放。

　　(2) 程序库文件,由标准子程序及常用的应用程序所组成的文件。这类文件用户可以调用但不能修改。

　　(3) 用户文件,是用户委托文件系统保存的文件,用户对其有所有操作权限。如源程序、目标程序、原始数据、计算结果等组成的文件。

　　文件按照保护级别(操作权限)分为:

　　(1) 只读文件,只允许用户读出或执行文件,不允许写入(修改)。

　　(2) 读写文件,指既能读又能写的文件(通常有操作者的限制,文件所有者或授权者可以,未授权的用户则不可)。

　　(3) 执行文件,指用户可以将文件当成程序执行,但不允许阅读,也不能修改。

　　按文件中数据形式分为:

　　(1) 文本文件,文本文件指通常由 ASCII 字符或汉字组成的文件。

　　(2) 目标文件,目标文件指源程序经编译后产生的二进制代码文件。

　　(3) 可执行文件,可执行文件是计算机系统可以直接识别并执行的文件。

　　按信息流向分为:

　　(1) 输入文件,指通过输入设备向主存中输入数据的文件,只能输入。如读卡机或纸带输入机上的文件。

　　(2) 输出文件,指通过输出设备从主存向外输出的文件。如打印机或穿孔机上的文件。

　　(3) 输入输出文件,指既可以输入又可以输出的文件,如磁盘文件,允许输入也允许输出。

2. 文件名

文件名应该能反映文件的内容和文件类型信息。在 Windows 7 系统中文件名格式如下：

主文件名.扩展名

如 operating system.doc，其中 operating system 反映文件内容是关于操作系统的，doc 表示文件类型，是文档文件。主文件名由一串字符构成，一般是字母和数字，也可以是一些特殊字符，但不能出现以下字符：\ / ： * ？" ＜ ＞ |

扩展名也称为后缀，利用它可以区分文件的属性。表 3.1 给出了常见文件扩展名及其含义。

表 3.1　常见文件扩展名及其含义

扩展名	文件类型	含义
txt、doc	文本文件	文本数据，文档
mpeg、mov、rm	多媒体文件	包含声音或 A/V 信息的二进制文件
exe、com、bin	可执行文件	可以运行的机器语言程序
zip、rar、arc	压缩文件	压缩文件
bmp、jpg、gif	图像文件	不同格式的图像文件
c、cpp、java、pas、asm、a	源文件	用各种语言编写的源代码
obj、o	目标文件	编译过的、尚未连接的机器语言程序
bat、sh	批文件	由命令解释程序处理的命令
lib、dll、a、so	库文件	供程序员使用的例程库

3. 目录

当存储在磁盘中的文件越来越多，如何组织文件才能让用户存取方便，是文件系统必须解决的问题。通常来说，文件系统会用目录结构来管理文件。目录的基本组织方式包括单级目录、二级目录、树形目录和非循环图目录。现以 Windows 7 中使用的树形目录为例来介绍。

1) 树形目录

如果所有的用户文件都处于同一个目录下，会不方便查找，以及难以解决"重名"问题，因此，为了检索方便，以及更好地反映实际应用中多层次的复杂文件结构，可以在二级目录的基础上推广成为多级目录。在这种结构中，每一级目录中可以包含文件，也可以包含下一级目录。从根目录开始，一层一层的扩展下去，形成一个树形层次结构，如图 3.5 所示。每个目录的直接上一级目录称为该目录的父目录，而它的直接下一级目录称为该目录的子目录。除根目录之外，每个目录都有父目录。这样，用户创建自己的子目录和文件就很方便。

在 Windows 7 中，如图 3.6 所示，大家会看到整个计算系统组织成 5 个资源夹：收藏

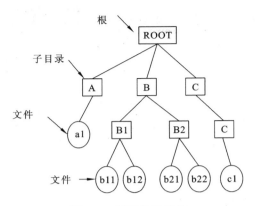

图 3.5　树形目录结构

图 3.6　Windows 7 系统的资源组织结构

夹、库、家庭组、计算机、网络,其中"计算机"是所有文件资源汇总的"根"。其他一些则是为了方便用户进行快速文件查找或者网络操作等而设置的便利夹。展开"计算机",会看到一个呈现树形的结构如图 3.7 所示。

2) 路径名

在树形结构文件系统中只有一个根目录,系统中的每一个文件(包括目录文件本身)

图 3.7　Windows 7 的树形目录结构

都有唯一的路径名,它是从根目录出发、经过所需子目录、最终到达指定文件的路径名序列。

　　从根目录到末端的数据文件之间只有一条唯一的路径,这样利用路径名就可以唯一的表示一个文件(很好地解决了重名问题)。路径名有绝对路径名和相对路径名两种表示形式。

　　(1) 绝对路径名:是指从根目录开始,到指定文件,所经历的目录名序列。如图 3.7 中,文件 chain(chain. wmv)的绝对路径为

　　　　E:\papers\multiscale texture synthesis\chain. wmv

　　(2) 相对路径名:在树形文件结构中,检索可以不必每次都从根目录开始,为了节省时间,可以为每个用户设置一个当前目录,想要访问文件时,从当前目录开始往下检索。这样形成的路径会缩短,时间也会减少,处理速度就提高了。相对路径是从当前目录出发到指定文件位置的目录名序列。如图 3.7 中,当前目录是 multiscale texture synthesis,检索文件 chain 的路径就是 multiscale texture synthesis\chain. wmv。

◇ 目录与文件夹

目录与文件夹通常是一个意思,指的是一个装有数字文件系统的虚拟"容器",在它里面保存着一组文件和一些其他目录(文件夹)。在实际使用的时候,如果要加以区分的话,目录和文件夹这两个词又各有不同的侧重点。目录,是一种档案系统的分类方式,当用"目录"这个词来表达的时候,我们能体会到"层次结构"的含义,它表示文件系统是分层次、有结构的组织。而"文件夹"这个名称将目录比作办公室里用的文件夹,非常形象。在实际的操作系统桌面,也是用一个看起来很像真实文件夹的电脑图标来表示的。

4. 文件的操作

用户可以创建一个新文件、删除一个旧文件、对指定的文件进行打开、关闭、保存、读、写、执行等操作,也可以查看文件属性(关于文件大小,位置,建立或修改时间等的信息)。请大家参考相关实验教材。

5. 文件共享与保护

文件共享是指允许多个用户或程序同时使用一个文件。利用文件共享功能可以节省大量外存与内存空间,因为系统只需要保存共享文件的一个副本。随着计算机技术的发展,文件共享已经不限于单机系统,扩展到了计算机网络系统。

文件保护实际上有两层含义:文件保护和文件保密;文件保护是指避免因有意或无意的误操作使文件受到破坏;文件保密是指未经授权不能访问文件。这两个问题都涉及用户对文件的访问权限控制。

◇ 文件打开方式是怎么一回事?

通常我们选择一个文件打开,会直接双击文件图标。这种打开文件的方式,是默认的。不同类型的文件与它对应的应用程序关联了起来,双击时,会自动运行对应的应用程序并打开该文件。但有时,我们会遇到一些疑惑。比如说,一部电影,双击时会在 windows media player 里打开它(这是默认的关联程序),可是又提示说需要下载解码器……那么怎样用其他的播放器(比如暴风影音)打开文件? 这时,就需要选择文件打开方式了。

鼠标右键单击该文件,在弹出的快捷菜单里,大家可以找到一个命令项:打开方式,在打开方式里,我们可以选择其他的应用程序来打开该文件。

现在知道了吧,生活的颜色不止一种,文件的打开方式也多种多样。

3.6　常用的操作系统

在对操作系统有了一定的理性认识之后,我们来进一步感性认识一下各类典型的操作系统产品。由于大家平时接触最多的是个人电脑,所以我们主要介绍在个人电脑上所使用的主流操作系统。如果想了解大型机上应用的操作系统产品,请参阅相关资料。

个人电脑市场从硬件架构上来说目前主要分为两大阵营:PC 机与 Apple 电脑。它们支持的操作系统有:Windows 系列操作系统,由微软公司生产;Unix 类操作系统,如 SOLARIS,BSD 系列(FREEBSD,openbsd,netbsd,pcbsd);Linux 类操作系统,如 UBUNTU,suse linux,fedora 等;Mac 操作系统,由苹果公司生产,一般安装于 MAC 电脑。

3.6.1　DOS 操作系统

DOS 的全称是磁盘操作系统(disk operating system),是一种单用户、普及型的微机操作系统,主要用于以 Intel 公司的 86 系列芯片为 CPU 的微机及其兼容机,曾经风靡了 20 世纪 80 年代。

DOS 由 IBM 公司和微软公司开发,包括 PC-DOS 和 MS-DOS 两个系列。20 世纪 80 年代初,IBM 公司决定涉足 PC 机市场,并推出 IBM-PC 个人计算机。1980 年 11 月,IBM 公司和微软公司正式签约委托微软为其即将推出的 IBM-PC 开发一个操作系统,这就是 PC-DOS,又称 IBM-DOS。1981 年,微软也推出了 MS-DOS 1.0 版,两者的功能基本一致,统称 DOS。IBM-PC 的开放式结构在计算机技术和市场两个方面都带来了革命性的变革,随着 IBM-PC 在 PC 机上份额的不断减少,MS-DOS 逐渐成为 DOS 的同义词,而 PC-DOS 则逐渐成为 DOS 的一个支流。

DOS 的主要功能有:命令处理、文件管理和设备管理。DOS 4.0 版以后,引入了多任务概念,强化了对 CPU 的调度和对内存的管理,但 DOS 的资源管理功能比其他操作系统却简单得多。

DOS 采用汇编语言书写,系统开销小,运行效率高。另外,DOS 针对 PC 机环境来设计,实用性也较好,较好地满足了低档微机工作的需要。但是,随着 PC 机性能的突飞猛进,DOS 的缺点不断显露出来,已经无法发挥硬件的能力,又缺乏对数据库、网络通信等的支持,没有通用的应用程序接口,加上用户界面不友善,操作使用不方便,从而逐步让位于 Windows 等其他操作系统。但是由于用户在 DOS 下开发了大量的应用程序,因而直到今天 DOS 操作系统依然还在使用,并且新型操作系统都保证对 DOS 的兼容性。

3.6.2　Windows 操作系统

1. Windows 系统的发展

从 1983 年微软公司宣布 Windows 系统诞生到现在的 Windows 8,Windows 已走过了几十年的历程,并且成为风靡全球的微机操作系统。在 2004 年,国际数据信息公司中一次有关未来发展趋势的会议上,副董事长 Avneesh Saxena 宣布 Windows 拥有终端操作系统大约 90％的市场份额。

当前,最新的个人电脑版本 Windows 是 Windows 8,于 2012 年 10 月 26 日正式上市,最新的服务器版本 Windows 是 Windows Server 2012,于 2012 年 9 月 4 日正式上市。

Windows 系统是从图形用户接口起步的。20 世纪 80 年代初出现了商用 GUI 系统(Graphical User Interface,图形用户接口,第一个 GUI 系统是由 Apple Computer 公司推出的 Apple Macintosh)后,微软公司看到了图形用户接口的重要性及其广阔的市场前景,公司内部就制定了发展"界面管理者"的计划,到 1983 年 5 月,微软公司将这一计划命名为 Microsoft Windows。

1983 年 11 月,Windows 系统宣布诞生,1985 年 11 月发布 Windows 1.0 版。1990 年 5 月推出 Windows 3.0,该版本的 Windows 系统对内存管理、图形界面做了较大的改进,使图形界面更加美观,并支持虚拟内存。在推出后不到 6 个星期里,微软已经卖出 50 万份 Windows 3.0,打破了任何软件产品的六周内销售记录,从而开始了微软在操作系统上的垄断地位(也引起了著名的苹果诉讼微软侵权的案子"Look and Feel")。接着,在 Windows 3.0 版基础上,引入了新的文件管理程序,改进了系统的可靠性,更重要的是,增加了对象链接和嵌入技术(OLE)以及对多媒体技术的支持,但 Windows 3.X 不是独立的操作系统,还必须借助 MS-DOS 的支持。

随着计算机硬件技术的发展,微软于 1995 年 8 月推出了 Windows 95。它是一个独立的操作系统,无须 DOS 的支持,采用 32 位处理技术,兼容在此之前开发的 16 位应用程序,在 Windows 发展历史上起到了承前启后的作用。但该系统存在着稳定性较差、对网络支持功能欠缺等问题,微软公司在该系统基础上,扩展了高级的因特网浏览功能、提供 FAT 32 新的文件系统更新版本等,并于 1998 年 8 月发布了 Windows 98 系统。

随着 Windows 系统的成功,微软公司确定其发展策略是创造一个基于 Windows 的操作系统家族。这一家族能适用于从最小的笔记本到最大的多处理器工作站的多种计算机。与上述 Windows 系统研制平行的,还有一个新的、便于移植、具有 Microsoft 的新技术(NT)操作系统在研制。Microsoft NT 配置为服务器,可配置在大、中、小型企业网络中,用于管理整个网络中的资源和实现用户通信。它作为一个多用户操作系统运转,为网络上众多用户的需求服务。

2. Windows 的安全漏洞

由于 Windows 系统被众多企业及政府使用,其稳定性(如蓝屏死机现象)及安全性成为人们关注的议题,微软时常地为系统安装补丁。很多人认为这一问题是由于 Windows 系统的九成以上的市场占有率造成地"树大招风"现象(因为任何软件都会或多或少地带有系统漏洞问题,包括苹果公司的 Mac、Linux 等系统也没有例外),以及微软的市场策略让黑客们感到反感("比尔·盖茨的致爱好者的公开信"即完全否定了黑客文化)。而后一点则让所有的微软产品受到波及。早在 2010 年,就出现了 Windows Mobile 被黑客暗算自动拨打国际长途的事件。当时,英国互联网安全公司 Sophos 高级技术顾问格拉汉姆·克鲁利(G. Cluley)提醒 Windows Mobile 手机用户说:"有俄罗斯黑客在《3D 反恐行动》

游戏中植入了特洛伊木马，并上传到 Windows Mobile 下载网站。"使大量用户在玩 3D 反恐行动时，手机自动拨打费用昂贵的国际长途。

微软的反对者认为，造成这一问题的实际原因是由于 Windows 操作系统没有开放源代码，更新补丁不及时等原因。他们以 Windows Mobile 为例，试图证明 Windows 的系统漏洞问题源自于微软的无能："Linux 在手机市场占有与 Windows Mobile 相仿的市场，却不会受到攻击。"

3. Windows 的盗版

由于微软没有考虑第三世界国家地区的实际人均收入，只着重货品的价格（因为其市场占有率及垄断性没有必要考虑销量不足），导致产品在当地的价格似乎变得极之昂贵（以中国的价格相当于中国大陆人均月收入），促使很多用户都没有能力购买正版的 Windows 而使用盗版。虽然微软采用了很多技术来预防盗版，包括要求用户连接至互联网启动产品，但因为盗版组织（专门破解正版产品的组织）有足够技术破解微软的反盗版技术，令盗版在这些地区仍然很流行。而且由于盗版极低的价格（每张大约 2 美元左右，在中国大陆低于 1 美元，约合 5 元。甚至使用 Peer to Peer 或其他分享技术只需支付光盘的成本），所以令微软在这些国家推广正版 Windows 困难重重。微软为此推出了 Windows 正版增值计划，要能够通过这设置才可以得到微软的支持、更新、下载服务，不久破解组织亦已成功破解此技术。

微软对于 Windows、Office 产品线在中国被严重盗用的事实，在相当长的时期内采取放任政策。比尔·盖茨说过："虽然中国每年售出 300 万电脑，但是他们不会为软件花钱。不过有一天他们会的，只要他们偷软件，我们要他们偷我们的。他们会有点上瘾，然后我们可能会想出怎么在未来的 10 年收账。"正是因此，加之微软操作系统的易于使用、硬件支持广泛，Windows 已成为中国大陆事实上的标准。对中国大陆整个相关行业有相当深远的影响。

在 2007 年 4 月起在第三世界国家推出 3 美元学生套装，又打破了全球统一价格在中国减价。

2008 年 7 月，微软在中国大陆第一次以侵犯著作权为由，将改版 Windows 制作人告上法庭，并被上海浦东新区人民法院判为有罪。2008 年 8 月，番茄花园这一改版 Windows 制作人被逮捕，同时番茄花园这一网络集散地封闭。

2012 年 7 月，微软宣布发现惠普等知名硬件生产商在中国大陆预装盗版 Windows 操作系统并掌握证据，目前已提起诉讼。

3.6.3　Unix 操作系统

Unix 系统是由美国电报电话公司（AT&T）下属的 Bell 实验室的两名程序员 Ken Thompson 和 Dennis Ritchie 于 1969～1970 年研制出来的。他们首先在 PDP-7 计算机上实现了 Unix 系统，然后里奇又专为 Unix 系统研制了 C 语言，并用 C 语言改写了该系统。1979 年产生了 Unix 第七版，一年后开始应用于微型机。为此，它的设计者，Ken Thompson 和 Dennis Ritchie 也获得了 1983 年度美国计算机协会 ACM 图灵奖。如今，它已成为当前世界上著名的操作系统之一。

　　在 Unix 系统产生之后的 10 年,它在学术机构和大型企业中得到了广泛的应用,当时的 Unix 拥有者 AT&T 公司以低廉甚至免费的许可将 Unix 源码授权给学术机构做研究或教学之用,许多机构在此源码基础上加以扩充和改进,形成了所谓的 Unix"变种 (Variations)",这些变种反过来也促进了 Unix 的发展,其中最著名的变种之一是由加州大学 Berkeley 分校开发的 BSD 产品。后来 AT&T 意识到了 Unix 的商业价值,不再将 Unix 源码授权给学术机构,并对之前的 Unix 及其变种声明了版权权利。这引发了一场旷日持久的版权官司,直到 Novell 公司接手 AT&T 的 Unix 实验室,提出允许自由发布自己的 BSD,前提是必须将来自于 AT&T 的代码完全删除,这场使用者与所有者的争斗才停止。继而诞生了 4.4BSDLite,成为现代 BSD 系统的基础版本。

　　Unix 是一个多道程序分时操作系统,也就是我们通常说的多用户、多任务操作系统。主要特点是短小精悍、简单有效、并具有易理解、易移植性。Unix 系统在结构上分为内核层和实用层,核心层小巧,而实用层丰富。如图 3.8 所示,其核心程序由约 10 000 行的 C 语言代码和 1000 行汇编语言代码组成,非常精干简洁,占用的存储空间很小,因此能常驻内存,保证系统以较高的效率工作。实用层是那些从核心分离出来的部分,它们以核外程序形式出现并在

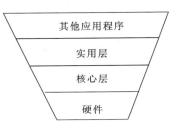

图 3.8　Unix 系统层次结构

用户环境下运行。这些核外程序包括语言处理程序、编辑程序、调试程序、有关系统状态监控和文件管理的实用程序等。我们接下来要介绍的用户与 Unix 系统的接口 Shell 也属于核外程序。核心层提供底层服务,核外程序以内核为基础,向用户提供各种良好的服务。

　　Unix 提供的用户接口是一种被称为 Shell 的命令语言。这种命令语言的解释程序也称为 Shell。在系统初始启动的时候为每个用户建立一个 Shell 进程,每个 Shell 进程等待用户输入命令。命令的最简单形式是一个命令行,由命令名和若干参数组成,中间用空格隔开。其一般形式是:

　　　　命令名　参数 1　参数 2　…参数 n

然后根据命令名找出对应的文件,把文件读入主存储器,并按给出的参数解释执行。命令的执行是通过 fork 系统调用来完成的,Shell 进程调用 fork 后,fork 创建一个 Shell 进程的子进程且让 Shell 进程等待。子进程解释执行命令,命令执行结束时子进程调用 exit 完成终止子进程和释放父进程的工作。然后给出提示,允许用户输入下一个命令行。

　　系统调用是用户程序请求操作系统为其服务的唯一形式,在 Unix 中把系统调用称为程序员接口。用户程序用捕俘(trap)指令请求系统服务,核心层中的中断捕俘程序根据 trap 的类型转向相应的处理程序。

　　Unix 因为其安全可靠,高效强大的特点在服务器领域得到了广泛的应用。直到 GNU/Linux 流行开始前,Unix 也是科学计算、大型机、超级计算机等所用操作系统的主流。

3.6.4　Linux 操作系统

　　Linux 的出现,最早开始于一个计算机爱好者 Linus Torvalds,1991 年 4 月,当他还是芬兰赫尔辛基大学学生的时候,想设计一个代替 Minix(Prof. Andrew S. Tanenbaum 设计的一个类 Unix 作业系统)的操作系统,能用于 x86(386,486)或者奔腾处理器的个人计算机上,并且具有 Unix 操作系统的全部功能,这就是 Linux 的产生。Linus 完成设计之后,通过 USENET(新闻组)宣布这是一个免费的系统,并将源代码放到了芬兰的 FTP 站点上免费下载,希望大家一起来将它完善。

　　在继续介绍 Linux 系统之前,不得不先介绍一个重要的概念:GNU 计划。

　　GNU 计划,又称革奴计划,是由 Richard Stallman 在 1983 年 9 月 27 日公开发起的。它的目标是创建一套完全自由的操作系统。Richard Stallman 最早是在 net. unix-wizards 新闻组上公布该消息,并附带一份《GNU 宣言》解释为何发起该计划的文章,其中一个理由就是要"重现当年软件界合作互助的团结精神"。

　　为保证 GNU 软件可以自由地"使用、复制、修改和发布",所有 GNU 软件都包括一份禁止其他人添加任何限制的情况下授权所有权利给任何人的协议条款,GNU 通用公共许可证(GNU General Public License,GPL)。这个就是被称为"反版权"(或称 Copyleft)的概念。到 1991 年 Linux 内核发布的时候,GNU 已经几乎完成了除了系统内核之外的各种必备软件的开发。在 Linus 和其他开发人员的努力下,GNU 组件可以运行于 Linux 内核之上。因此,Linux 也有另外一个名字 GNU/Linux。

　　因为 Linux 是一个源代码开放、可以免费使用和传播的操作系统,任何用户因此都能通过网络获取 Linux 及其工具的源代码,然后修改,建立一个自己的 Linux 开发平台,开放 Linux 软件,Linux 才这样不断地发展壮大起来。而由于其低廉的价格,Linux 也常常被应用于嵌入式系统,如机顶盒、移动电话及行动装置等。在移动电话上,Linux 已经成为与 Symbian OS,Windows Mobile 系统并列的三大智能手机操作系统之一;而在移动装置上,则成为 Windows CE 与 Palm OS 外之另一个选择。采用 Linux 的超级电脑也越来越多。2006 年开始发售的 SONY PlayStation 3 也使用 Linux 的操作系统(这个大家应该不陌生吧,PSP 游戏机)。之前,Sony 也曾为他们的 PlayStation 2 推出过一套名为 PS2 Linux 的 DIY 组件。

　　Linux 作为一个充满生机,有着巨大用户群和广泛应用领域的操作系统,已在软件业中有着重要地位,从技术上讲它有如下特点:

　　(1) 符合 POSIX 标准。Linux 符合 POSIX 1003.1 标准。该标准定义了一个最小的 Unix 操作系统接口。Linux 具有和 Unix 一样的用户接口,可以运行 Unix 的程序。为了使 Unix 具有影响的两个版本 BSD Unix 和 System V Unix 的程序能直接在 Linux 上运行(源代码兼容,部分程序在二进制级兼容),Linux 还增加了部分 System V Unix 和 BSDUnix 的用户接口,成为一个较完善的 Unix 开发平台。

　　(2) 支持多用户多任务。Linux 是一个真正的多用户、多任务操作系统。它支持多个用户同时使用同一台计算机,同时访问系统中的应用程序,同时从相同或不相同的终端上运行一个或多个应用程序。

Linux 支持多任务并发活动,一个用户或应用程序可以建立多个进程。大量进程可以同时在系统中活动。系统提供进程管理、控制、调度的功能,使进程在进程调度程序的控制下分时地占用 CPU 时间,使各自的活动不断地向前推进,这就是 Linux 的多任务性。

(3) 多平台。Linux 是支持硬件平台最多的一种操作系统,它主要在基于 X86,ISA,EISA,PCI 及 VIB 总线的 PC 机上运行,也可以在 Intel 以外的 CPU 上运行。目前,Linux 可以支持的硬件平台有:Alpha,Sparc,Arm,M68K,Mips,Ppe 和 S390。2.4 内核还可以支持 Super-H 和 Mips64 等硬件平台。

(4) 使用灵活的命令程序设计语言 shell。shell 首先是一种命令语言,Linux 提供的所有命令都有对应的实用程序。shell 也是一种程序设计语言,它具有许多高级语言所拥有的控制流能力,如 if、for、while、until、case 语句,以及对字符串变量的赋值、替换、传递参数、命令替换等能力。用户可以利用这些能力,使用 shell 语言写出"shell"程序存入文件。以后用户只要输入相应的文件名就能执行它。这种方法易于系统的扩充。

(5) 通信和网络。Linux 是一个多用户、多任务操作系统,而且 Linux 的联网能力与其内核紧密地结合在一起。Linux 支持 TCP/IP 网络协议,提供 TELNET、FTP、NFS 等服务功能。用户可以通过 Linux 命令完成内部网络信息或文件传输,也可以向网络环境中的其他节点传输文件和程序,系统管理员或其他用户还可以访问其他操作系统。

(6) 支持多种文件系统。Linux 支持多种文件系统。目前支持的文件系统有 EXT2,EXT,HPFS,MS-DOS,NFS, MINIX,UFS,VFAT 等十几种。Linux 缺省的文件系统是 EXT2。EXT2 具有许多特有的功能,比常规的 Unix 文件系统更加安全。

3.6.5　Mac OS

Mac OS 是一套运行于苹果 Macintosh 系列电脑上的操作系统。它是首个在商用领域成功的图形用户界面。现行最新的系统版本是 Mac OS X 10.5.7 版(X 为 10 的罗马数字写法)。Mac OS 可以分成两个系列:

一个是 "Classic"Mac OS(系统搭载在 1984 年销售的首部 Mac 及其后代上,终极版本是 Mac OS 9)。采用 Mach 作为内核,在 OS 8 以前用"System x.xx"来称呼。另一个是新的 Mac OS X,结合 BSD Unix,OpenStep 和 Mac OS 9 的元素。它的最底层建基于 Unix 基础,其代码被称为 Darwin,实行的是部分开放源代码。

"classic"Mac OS 的特点是完全没有命令行模式,它是一个 100% 的图形操作系统。预示它容易使用,它也被指责为几乎没有内存管理、协同式多任务 (cooperative multitasking)和对扩展冲突敏感。"功能扩展"(extensions)是扩充操作系统的程序模块,譬如:附加功能性(如网络)或为特殊设备提供支持。某些功能扩展倾向于不能在一起工作,或只能按某个特定次序载入。解决 Mac OS 的功能扩展冲突可能是一个耗时的过程。

Mac OS 引入了一种新型的文件系统,一个文件包括了两个不同的"分支"(forks)。它分别把参数存在"资源分支"(resource fork),而把原始数据存在"数据分支"(data fork)里,这在当时是非常创新的。但是,因为其他操作系统不能识别此文件系统,Mac OS 与其他操作系统的沟通则成为问题。

Mac OS X 使用基于 BSD Unix 的内核,并带来 Unix 风格的内存管理和先占式多工(pre-emptive multitasking)。大大改进内存管理,允许同时运行更多软件,而且实质上消除了一个程序崩溃导致其他程序崩溃的可能性。这也是首个包括"命令行"模式的 Mac OS。

但是,这些新特征需要更多的系统资源,按官方的说法早期的 Mac OS X 只能支持 G3 以上的新处理器(它在较旧的 G3 处理器上执行起来比较慢)。Mac OS X Tiger 以前的 OS X 有一个兼容层负责执行老旧的 Mac 应用程序,名为 Classic 环境(也就是程序员所熟知的"蓝盒子"the blue box)。它把老的 Mac OS 9. x 系统的完整拷贝作为 Mac OS X 里一个程序执行,但执行应用程序的兼容性只能保证程序在写得很好的情况里在当前的硬件下不会产生意外。2005～2007 年苹果开始策划将全线产品更新到 intel 处理器,抛弃 PowerPC 处理器,当时的新版 Mac OS X Tiger 和 Mac OS X Leopard 同时支持 intel 与 PowerPC 处理器。但其后的 Mac OS X Snow Leopard 仅能在 intel Core 2 或更新的 intel 处理器上运行,不再支持 PowerPC G3,G4,G5 处理器,只可用 Rosetta 来模拟早期 Mac OS X 的程序。最新的 OS X Lion 及 OS X Mountain Lion 只支持 2008 年后配备 intel Core i3 以上处理器的 Apple 计算机,不支持任何 PowerPC 程序,开放 Mac App Store。

3.6.6　Google Chrome OS

Google Chrome OS 是由 Google 所进行的一项轻型电脑操作系统发展计划,发展出专用于互联网的云操作系统。该操作系统设计计划于 2009 年 7 月 7 日发布,系统植基于谷歌浏览器及 Linux 内核。

Google 声称"Chrome OS"的设计理念是朝极简方向走,很像谷歌浏览器。依此方向,Google 希望将大部分的用户界面从桌面型环境转移到万维网上。云计算将会是这种设计里的最大的一部分。对于软硬件设计发展人员,Google 发出"网络即平台"的观点。Google 亦说明"Chrome OS"是会和手机的 Android 操作系统分离开来,Android 主要是设计给智能手机使用。而"Chrome OS"是设置给那些将大部分时间都花在互联网的用户使用,可以运行在上网本和台式机上。并且,据泄漏消息称,Google Chrome OS 将只与硬件捆绑销售,不单独销售。Google 亦为此改变很多硬件设计(甚至包括键盘)。

3.6.7　手机操作系统

手机操作系统主要有以下几种:

1. Android

Android,中文名"安卓",是由谷歌、开放手持设备联盟联合研发,谷歌独家推出的智能操作系统。因为谷歌推出安卓时采用了开放源代码(开源)的形式,一经推出便成为全球最受欢迎的智能操作系统。

2. iOS

iOS 是苹果公司研发推出的智能操作系统,采用封闭源代码(闭源)的形式推出,因此仅能苹果公司独家采用。虽然 iOS 是闭源的,但因为其具有极为人性化、极为强大的界面和性能而深受用户的喜爱。

3. Windows Phone

Windows Phone 是微软公司研发推出的智能操作系统,是诺基亚与微软达成全球战略同盟并深度合作共同研发的产品。可预计,再过不久,Windows Phone 将是谷歌 Android 和苹果 iOS 的强大竞争对手。

4. Black Berry

BlackBerry,又称黑莓,是由 RIM 公司独立开发出的与黑莓手机配套的系统,在全世界都颇受欢迎。

5. Symbian

Symbian 是塞班公司研发推出的塞班操作系统。当初塞班公司被诺基亚收购,便多次被诺基亚采用,曾经是全球第一大手机操作系统。但随着苹果 iOS 和谷歌安卓两款智能操作系统的问世,塞班智能系统从全球第一大智能操作系统堕落。现如今世界上已经没有任何的手机生产商采用塞班,诺基亚 808 PureView 是诺基亚最后一款塞班操作系统手机,因此也可宣告塞班已经死亡。

资料阅读

◆ 各种智能手机操作系统的市场占有率

根据尼尔森[①](Nielsen)2012 年的调查报告显示,智能手机操作系统的主流分别是 Android(安卓)、Apple iOS(苹果)和 RIM Blackberry(黑莓)。2013 年,Windows phone 仍旧不放弃,试与黑莓争夺第三把交椅。同时手机制造厂商也在相互竞争。以美国市场为例,由于使用 iOS 的只有苹果手机,这就让 Apple 成为美国最大的智能机制造厂商,占据 34% 的份额(相比前一年的 28% 上升不少)。三星(Samsung)和 HTC,他们制造搭载 Android 操作系统以及 Windows phone 的智能手机,占据第二大市场份额,黑莓居三。

---

① 尼尔森是全球首屈一指的资讯和洞察公司,提供市场营销和消费者资讯以及电视、互联网、移动等媒体监测和研究。尼尔森业务遍布全球 100 个国家和地区,总部位于美国纽约和荷兰。

6．MIUI？Smartisan OS？（问号并没写错，表示疑问，谁能担此重任呢）

与国外手机操作系统红火的发展势头相比，国内手机厂商却怀着惴惴不安的心。从苹果和三星的专利案到谷歌对阿里云 OS 和宏基的手机合作棒打鸳鸯，均让很多国内手机厂商意识到了研发自主操作系统的必要性（不再只单纯生产硬件）。一夜之间，自主研发智能手机操作系统仿佛成为国产手机厂商的潮流。

2013 年 2 月份，工业和信息化部电信研究院完成了《移动互联网白皮书》(2013)并于 3 月份正式对外公布。一经公布后，这份年度《白皮书》在国内外着实产生了巨大的影响（不过，《白皮书》持有的立场和观点还并未在中国政府政策层面产生实质性的影响）。

《中国高新技术产业导报》在《白皮书》公开后发表了一篇题为《国产手机操作系统突围"抱团"发展是硬道理》的报道，认为"研发我国自己的手机操作系统已经被提到国家层面"。2012 年下半年，工信部曾召集包括电信运营商、互联网公司、电信设备和终端制造商在内的国内 8 家企业研讨组成的"八国联军"，讨论共同研发国产手机操作系统的可行性——在移动互联网产业的至高点上，是否应该有一支国家级的队伍由国家财政支持。

早在 2011 年 9 月，中国工程院院士刘韵洁就呼吁"只有集举国之力，由政府和运营商来主导一套自主智能终端操作系统，才有可能取得成功"。其实，中国移动和中国联通早在 2008 年底就启动与承担了核高基国家科技重大专项中的相关项目课题。很多软件业人士曾一度认为，有中国移动这样的世界级大公司承担并且由入选"国家千人计划"的 Bill 黄（中国移动研究院院长黄晓庆）负责，采用与 Apple 和 Google 相同的基于开源操作系统内核的技术路线，中国"自主"移动终端操作系统应该前景不错。但时至今日，就连中国移动这样的电信行业巨人都没能为自己的 Ophone 操作系统建立起"生态系统"。

针对国内一直存在的为摆脱对 Android 路径依赖应独立研发手机操作系统的声音，张明伟，一位曾就职于微软亚洲研究院的技术人士评价道："其实很多大企业都在独立研发操作系统，比如三星和华为。但那些实验室里的样品可能永远都无法成为工业级的可用产品。操作系统的技术难度尚且如此，更何况为操作系统建立的应用生态系统。20 年前的 IBM OS2 计划就是这样一个例子。"

尽管如此，还是有一些国内企业已经开始尝试研发设计制造自己的手机，从操作系统到硬件均国产。从 2011 年开始，互联网界兴起了一股做手机的风潮，以阿里巴巴为首，盛大、百度、360 杀毒等纷纷推出了自己的手机。小米也在此时诞生。

小米的操作系统 MIUI 和其他入门级智能机一样，均基于安卓系统二次开发，以致小米手机曾被讥讽为"山寨机"。然而，小米的发布会却甚是疯狂，每有新品发布都会招来众人抢购，这些忠实而疯狂的拥趸，人们称之为"米粉"。从 2012 年 10 月 30 日小米 M2 手机正式开放网络发售，到 2013 年 4 月 9 日，MIUI 的新版本 MIUI V5、小米 2 的升级版小米 2S 以及青春版 2A 发布，MIUI 正在不断进步与发展中。

"雷军太土，黄章太笨，乔布斯也就那么回事。"如果你觉得上述话太狂妄，别奇怪，这是罗永浩说的。2013 年 3 月 27 日晚上 7 点半，北京国家会议中心，罗永浩召开了锤子手机 Rom（Smartisan OS）的发布会。这是一次还没准备好的发布会，Smartisan OS 要到 6 月 15 日才正式发布，锤子手机则要 2014 年才能见到庐山真面目。尽管只是个半成品，

Smartisan OS 仍然给听众们不少惊喜,像智能解锁、优化的通讯录、主屏幕与应用切换、镜中的自己等功能,都充分体现了老罗的想象力。世上本没有后悔药,但老罗可以给你。为了防止用户发了短信后后悔,系统自动设置了 3 秒延迟并显示进度条,你可以赶紧取消发送。

　　小米和锤子让我们看到了希望,国产手机正在奋起直追,期待有一天大多数国人热切讨论和使用的是搭载国产手机操作系统的国产机。

思考题

　　1. 画出计算机系统的层次结构图,并标出操作系统在计算机系统中的位置。

　　2. 什么是操作系统?

　　3. 简述计算机操作系统的发展。

　　4. 从资源管理的角度去分析操作系统,它的主要功能是什么?

　　5. 从用户角度去分析操作系统,它的主要功能?

　　6. 最常见的操作系统类型有哪几种?

　　7. 什么是操作系统的用户界面? 它分为哪两个类型?

　　8. 什么是文件? 什么是文件系统? 文件系统的功能是什么?

　　9. 什么是树型目录结构? 什么是文件路径名? 什么是当前目录?

　　10. Windows 系统属于哪一类操作系统? 它的主要特点是什么? 它提供的用户界面是什么?

第 4 章 算法与程序设计基础

前一章里,我们学习的操作系统用户界面,使用户可以交互地使用计算机。通过系统提供的友好的图形化用户界面,用户可以使用鼠标(或键盘)选择需要的图标(图符),采用点击方式,运行某一个程序或执行某一个操作。这种人机交互模式简单易学,大多数普通用户就是这样使用计算机的。但是,有时,这似乎还不够。举个例子:妈妈做了一桌菜,通常我们就在其中选择某些来食用。但假设,我们突然想吃"佛跳墙",餐桌上没有,怎么办?"自己做"不失为一个解决办法。

事实上,操作系统除了提供图形化用户界面,也提供另外一个接口,是针对程序设计者而提供的系统功能服务。这样,某些有特别需求的用户,就可以自己设计程序。与交互式方式不同,这是用户在程序式地使用计算机。交互式中,用户只能使用操作系统已提供的系统命令或操作功能,而程序式中,用户可以更具有"创造性",创造出新的符合具体要求,解决实际问题的功能来。从这个意义上来讲,程序方式使用计算机更高级,当然,对用户的要求也更高。接下来,就让我们学习如何自己做些想吃的菜吧(即程序设计)。

首先,大家想想做菜需要准备什么:一口锅,一个菜谱,若干食材。最基本的配备是这样的了。烹饪方法和工艺的不同会需要不同的锅,比如爆、炒、熘、煎、炸需要铁锅,蒸、炖、焖、煨则用蒸锅或者砂锅,烘焙就要用到烤箱了。这类似于程序设计语言的选择,根据目标的特点,选择具有某方面优势的程序设计语言。例如,选择 PHP 用来显示网页,Perl用来文本处理,C 语言用来开发操作系统和编译器,Objective-C 用来进行苹果 OSX 和iOS 操作系统及相关 API 和 Cocoa 和 Cocoa Touch 的开发编程。是不是有点眼花缭乱?也感觉有点难?是的哦,选锅也这样啊,但是没关系,你只需要选择其中一种,学会使用它,就够了。

其次,要有一个所谓的菜谱,对于新手来说,这个尤其重要。菜谱就类似于程序设计中的算法设计。按照菜谱,可以一步步,最终炖出一樽"佛跳墙",而设计出算法则可以解决实际问题。

以下的内容,我们从算法基础开始,学习程序设计的第一步。

4.1 算 法 基 础

凡是使用过计算机解决数值计算或者非数值计算问题的人,都对算法一词不陌生,因为他们都学习过或者编制过一些算法。而如果要给算法一个定义或者精确描述,就不是一件简单的事情了。它和数字,计算机等基本概念一样,很难下一个严格的定义,只能笼统地把算法定义成解一确定类问题的任意一种特殊的方法。在计算机科学中,算法已逐渐成了用计算机解决一类问题的精确、有效方法的代名词。用详细点的非形式化描述定义算法就是:一组有穷的规则,它规定了解决某一特定类型问题的一系列运算。简言之就是解决问题的方法和步骤。

那么当我们要解决某一类问题时,设计算法就成为解决问题的关键了,算法写好后,再根据它编写出相应语言的程序。也就是说,算法是程序设计的核心。

4.1.1　算法的特性

算法具有以下 5 个重要的特性:

确定性　算法的每个运算步骤必须有确切的定义,必须是清楚的,无二义性的(没有歧义的)。例如,算法中不能出现这样的步骤:将 x 乘以 3 或 4。这样的步骤,实际执行时不知道该做 $x \times 3$ 还是 $x \times 4$。

可行性　指的是算法中将要执行的运算都是基本运算,每种运算至少在原理上能由人用纸和笔在有限的时间内完成。

输入　一个算法有 0 个或者多个输入,这些输入是在算法开始之前给出的。

输出　一个算法产生一个或多个输出,这些输出是同输入有某种特定关系的量。

有穷性　一个算法总是在执行了有穷步的运算之后终止,在有限的时间内完成。

4.1.2　算法的设计

我们来看一个问题例子:大家小时候都玩过一个游戏,猜数字(或称猜密码)。一个三位数字密码,猜出它来。用什么方法猜出密码? 似乎没什么好的办法,只能一个一个的试(检测是否为正确的密码)。假定百位和十位都是 0,个位从 0 到 9 依次试过;再固定百位依旧是 0,十位换成 1,个位再从 0 到 9 依次试过;如此这般,直到十位试到 9;如果还没猜对,将百位改设定为 1,十位为 0,个位从 0 到 9 依次试过……直到最终的答案 392,如图4.1 所示。最坏情况下(密码为 999 时)一共需要试探 10^3 种组合。

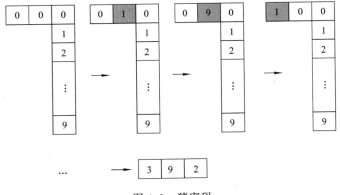

图 4.1　猜密码

这种采用逐个可能性去试探的方法,被算法的研究者们称为"穷举法"(也称蛮力法)。当密码的位数增加到更多:如 6 位时,如果用人为的试探,可能耗时颇久,也颇费气力。但计算机这个家伙,是不晓得累的,因此,使用计算机利用穷举法来解题,是比较简单和直接的一个办法(在没有其他更好的办法时)。

类似的,在算法设计中有很多已经被实践证明是有用的基本设计策略,在计算机科学、电气工程等多个领域都是非常有用的。

1. 递归法

递归法是设计和描述算法的一种有效的工具,更侧重于算法而不是算法策略。它利用大问题和其子问题间的递推关系来解决问题。将问题逐层分解,最后归结为一些简单的问题。在逐层分解的过程中,并没有对问题进行求解,而是解决了简单问题后,沿着分解的逆方向进行综合。如求解 $N!$:假定 $N=5$,那么 $5!=5 \times 4!$,先得求 $4!$;$4!=4 \times 3!$,先得求 $3!$;$3!=3 \times 2!$,先得求 $2!$;$2!=2 \times 1!$,只要求得 $1!$ 就能逆向代回,逐步得到 $2!,3!,4!$ 直至 $5!$。与阶乘函数类似的,Fibonacci 数列(斐波那契数列)、Hanoi 塔(汉诺塔)也适合用递归法解决。

2. 分治法

分治法的设计思想是:当要求解一个输入规模为 n 且取值相当大的问题时,我们将其分割成一些规模较小的几个相似问题,分而治之,此为分治法。如果分解得到的子问题相对还是太大,则可反复分治,直到分解后的子问题可以求解。然后将已求解的各个子问题的解,逐步合并为原问题的解。分治法产生的子问题往往是原问题的较小模式,这就为使用递归技术提供了方便。分治法与递归法像一对孪生兄弟,经常同时应用在算法设计中,并由此产生许多高效算法。二分搜索技术、大整数乘法、棋盘覆盖、循环赛日程表等问题是成功的应用递归与分治法的范例。

3. 蛮力法

基于计算机运算速度快的特性,在解决问题时采取一种"懒惰"的策略。不经过(或者经过很少)思考,把问题的所有情况或所有过程交给计算机一一尝试,从中找出问题的解。例如枚举法,枚举法根据问题的条件将可能的情况一一列举出来,逐一尝试从中找出满足问题条件的解。如中国古代的一个著名的"百钱百鸡问题":鸡翁一,值钱五;鸡母一,值钱三;鸡雏三,值钱一;百钱买百鸡,翁,母,雏各几何?最直接的解决方法就是逐一尝试各种可能性,如果不考虑算法的效率,可以用蛮力法解决这个问题。

4. 贪心算法

举个例子:顾客拿出 100 元钱买了件 15 元钱的商品。假设有面值分别为 50 元、20 元、10 元、5 元、1 元的零钱。现在需要找给顾客 85 元。这时,你很自然会拿出一个 50 元,一个 20 元,一个 10 元,一个 5 元交给顾客。这种找钱的方法同其他的找法(比如说 17 张 5 元)相比,所拿出的纸币张数是最少的。这种纸币数最少的找法是这样的:首先选出一张面值不超过 85 元的最大面值纸币,即 50 元;然后从 85 元里减去 50,剩下 35 元。再选出一张面值不超过 35 元的最大面值纸币,如此一直做下去。这个方法就是贪心算法。基本思想是总是做出在当前看来最好的选择。贪心算法并不从整体最优考虑,所作出的选择只是在某种意义上的局部最优选择。有时,贪心算法能得到不仅局部,整体也是最优的结果,如图的单源最短路径问题、最小生成树问题;有时,并不能。

5. 动态规划

动态规划主要是针对最优化问题,类似于规划一词的本意:比较全面的长远的发展计划。动态规划算法不是线性决策,而是全面考虑各种不同的情况分别进行决策,最后通过多阶段决策逐步找到问题的最终解。它与分治法类似,基本思想也是将待求解的问题分解成若干子问题,先求解子问题,然后从这些问题的解得到原问题的解。与分治法不同的是,动态规划法求解的问题,分解得到的子问题常常不是相互独立的。所以,动态规划法会保存已解决的子问题的答案,在需要时再找出已求得的答案,就可以避免大量重复计算。一般会用一个表来记录所有已解决问题的答案。如矩阵连乘问题、图像压缩、流水作业调度、背包问题、最优二叉搜索树等问题都可以用动态规划算法解决。

6. 回溯法

回溯法是通过递归尝试遍历问题各个可能解的通路,当发现此路不通时,回溯到上一步继续尝试别的通路。回溯法有通用解题法之称,用它可以系统的搜索问题的所有解。n 皇后问题就是典型的递归回溯法应用的例子。n 皇后问题:在 $n×n$ 格的棋盘上放置彼此不受攻击的 n 个皇后。国际象棋的规则是皇后可以攻击与之同行或同列或同一斜线上的棋子。因此解决 n 皇后问题就是在棋盘上放置了 n 个皇后,这 n 个皇后中任何 2 个不在同一行同一列或同一斜线上。假定 n 为 8,即八皇后问题,用回溯法解题的过程:

① 先在棋盘第 1 行第 1 列(1,1)放置第 1 个皇后(如图 4.2(a))。其中灰色部分表示由于第 1 个皇后的放置,而为了免于互相攻击,其他皇后应该避免的位置。

② 然后在其他任何一个不与之互相攻击的位置(非第 1 列,非第 1 行,非对角线)放置第 2 个皇后,假定是(2,3)。

③ 第 3 个皇后放在(5,4)。

④ 第 4 个皇后放在(3,5)。

⑤ 第 5 个皇后放在(4,7)。

⑥ 第 6 个皇后放在(8,6)。

⑦ 第 7 个皇后……啊哦,棋盘没有空地儿了。怎么办?

⑧ 回头,从第 6 个皇后开始选择不同的道路,假定第 6 个皇后放在(8,2),啊哦,还是不行。再回头,从第 5 个皇后开始重新选择位置……直至能完全安排下所有 8 个皇后。如图 4.2(g)所示。

总而言之,回溯法基本思路是:大胆往前走,发现道路不通时再回头,在最近的分岔口(有多个选择)另寻一条路尝试,如果最近的分岔口所有路径都证明不通,则回到上一层的分岔口另寻道路,直至找到一条通路。

以上就是前人研究总结出的算法设计的一些常用方法和策略。当然,在作为新手的时候,我们完全有需要借鉴别人的方法,拿别人的菜谱来炒菜。但当新手变成熟手时,我们也完全可以自己设计符合实际问题的算法策略,可以综合上述方法,也可以创造新的方法。

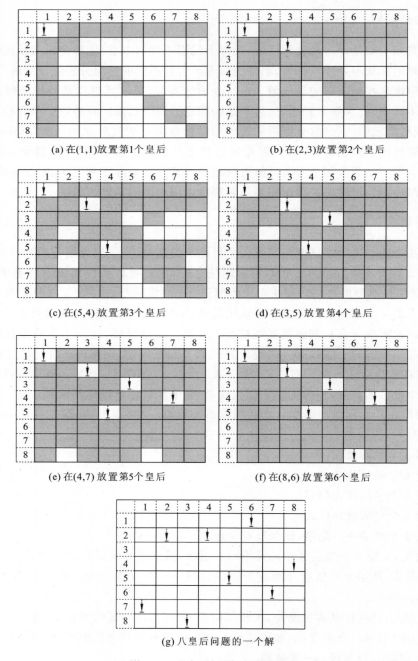

(a) 在(1,1)放置第1个皇后　　　　　　　　(b) 在(2,3)放置第2个皇后

(c) 在(5,4)放置第3个皇后　　　　　　　　(d) 在(3,5)放置第4个皇后

(e) 在(4,7)放置第5个皇后　　　　　　　　(f) 在(8,6)放置第6个皇后

(g) 八皇后问题的一个解

图 4.2　八皇后问题(有多个解)

4.1.3　算法的表示

　　语言是交流思想的工具,设计的算法也要用语言恰当地表示出来。我们可以采用自然语言、计算机程序设计语言、流程图、NS 图、伪代码等。其中伪代码语言指的是一

种用高级程序语言和自然语言组成的面向读者的语言,是为了方便阅读或交流算法而使用的一种工具,在描述数据结构中的算法时经常采用伪代码语言或流程图的形式,如果该算法要在计算机上实现,就必须采用严格的计算机程序语言(或机器语言或汇编语言)来编写。

1. 流程图

与实现算法的语言无关,直观、清晰地表示算法流程,易于掌握。流程图中常用的符号如图 4.3 所示。

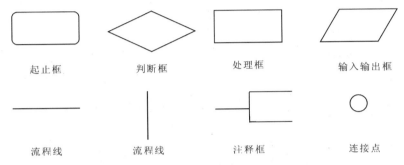

起止框　　　　判断框　　　　处理框　　　　输入输出框

流程线　　　　流程线　　　　注释框　　　　连接点

图 4.3　算法流程图中常用的图形符号

用以上的图形符号描述算法的三种控制结构,如图 4.4 所示。

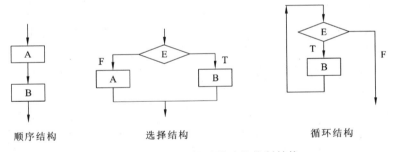

顺序结构　　　　　选择结构　　　　　循环结构

图 4.4　用流程图描述算法的控制结构

2. NS 图

NS 图又称为盒图,是一种不允许破坏结构化原则的图形算法描述工具,在 NS 图中去掉了流程图中容易引起麻烦的流程线,全部算法写在一个框内,每一种基本结构作为一个框。NS 图有以下几个特点:

(1) 功能域明确,可以从框图中直接反映出来。

(2) 不可能任意转移控制,符合结构化原则。

(3) 很容易确定局部和全程数据的作用域。

(4) 很容易表示嵌套关系,也可以方便地表示模块的层次结构。

坚持使用盒图作为算法设计的工具,可以使程序员逐步养成用结构化的方式思考问题和解决问题的习惯。如图 4.5 所示是用 NS 图描述的三种算法控制结构。

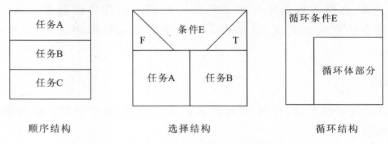

图 4.5　用 NS 图描述算法的控制结构

4.1.4　算法复杂性分析

算法复杂性的高低体现在运行该算法所需要的计算机资源的多少上。所需要的资源越多，该算法的复杂性越高；反之，所需要的资源越少，该算法的复杂性越低。运行算法（实际上是实现该算法的程序），需要使用处理机时间完成各种运算，用存储器来存放程序和数据。因此，对于算法来说，最重要的计算机资源是时间和空间资源。算法复杂性分析就是对一个算法需要多少计算时间和存储空间作定量的分析。对于给定问题，设计出复杂性尽量低的算法，是设计算法时所追求的目标。当已经给定了多种算法来进行选择时，挑选其中复杂性最低的，是选择算法时遵循的原则。在确定算法正确的基础上，分析算法不仅可以预计所设计的算法能在什么样的环境中有效的运行，而且可以知道在最好、最坏和平均情况下执行得怎么样，可以对解决同一问题的不同算法的有效性进行比较判断。因此，接下来的内容对于算法的设计和选择都具有很重要的意义。

算法的复杂性有时间复杂性和空间复杂性之分，在进行算法复杂性分析时，需要分别对算法运行时所需要的时间资源量—时间复杂性以及空间资源量—空间复杂性进行定量分析。要注意的是，这个量不应该受具体运行算法的计算机环境影响，也就是说，这个量反映算法的效率，只受问题的规模、算法的输入输出以及算法本身影响。通常有两个主要指标：时间复杂度和空间复杂度。

1. 时间复杂度

在一般情况下，算法中的基本操作重复执行的次数是问题规模 n 的函数 $f(n)$，那么算法时间复杂度（time complexity）可记为

$$T(n)=O(f(n))$$

表示随着问题规模 n 的增大，算法执行时间的增长率与 $f(n)$ 的增长率相同。

算法执行时间需通过依据该算法编制的程序在计算机上运行时所消耗的时间来度量，而度量一个程序的执行时间通常有两种方法：事后测试与事前分析。事后测试法借用计算机内部的计时功能，统计出算法程序的执行时间。这样的方法必须首先依据算法编写出程序才能进行测试，而且执行时间依赖于计算机的硬件、软件等环境因素，有时会掩盖算法本身的优劣。所以常用事前分析的方法。同一个算法用不同的语言实现，或者用

不同的编译程序进行编译,或者在不同的计算机上运行时,效率均不同,这表明使用绝对的时间单位衡量算法的效率是不合适的。去除这些与具体计算机有关的因素,可以认为一个特定算法"运行工作量"的大小,只依赖于问题的规模(用 n 表示),或者说,它是问题规模的函数。为了便于比较同一问题的不同算法,通常的做法是,从算法中选取一种对于所研究的问题来说是基本操作的原操作,以该基本操作的次数作为算法的时间度量。

例如,在下列三个程序段中:

(1) x=x+1;　　　 //x=x+1,意思是将 x 的内容增加 1. 若 x 初始为 1,则加后变成 2

(2) i=1;

　　 while(i<=n)　　 //当 i 小于或等于 n 时,反复执行 x=x+1

　　 {

　　　　 x=x+1;

　　　　 i=i+1;

　　 }

(3) j=1;

　　 while(j<=n)

　　 {

　　　　 k=1;

　　　　 while(k<=n)

　　　　 {

　　　　　　 x=x+1;

　　　　　　 k=k+1;

　　　　 }

　　　　 j=j+1;

　　 }

含基本操作"x=x+1"(x 增加 1),语句反复执行次数分别为:$1,n,$和 n^2,则这三个程序段的时间复杂度分别为 $O(1),O(n),O(n^2)$,分别称为常量阶,线性阶和平方阶。除此以外还可能有对数阶 $O(\log n)$,指数阶 $O(2^n)$ 等。那大家想想,是常量阶好些还是平方阶好些呢? 当然是常量阶了,因为这说明这个算法最简单,复杂性最低。

2. 空间复杂度

空间复杂度(space complexity)是算法所需空间的度量,记为

$$S(n)=O(f(n))$$

其中 n 为问题的规模(大小),随问题规模 n 的增大,算法执行所需空间的增长率与 $f(n)$ 的增长率相同。

一个算法在计算机存储器上所占用的存储空间,包括存储算法本身所占用的存储空间、算法中的输入输出数据所占用的存储空间和算法在运行过程中临时占用的存储空间这三个部分。算法中输入输出数据所占用的存储空间是由要解决的问题所决定的,它不随算法的改变而改变;存储算法本身所占用的存储空间与算法书写的长度有关,算法越

长,占用的存储空间越多;算法在运行过程中临时占用的存储空间随算法的不同而改变,有的算法只需要占用少量的临时工作单元,与待解决问题的规模无关(此种算法称为原地工作),有的算法需要占用的临时工作单元,与待解决问题的规模有关,即随问题的规模的增大而增大。

算法在执行过程中临时占用的存储空间就是算法的空间复杂度。它比较容易计算,包括局部变量所占用的存储空间和系统为实现递归(如果采用递归算法)所占用的堆栈这两个部分。

评价一个算法的各种指标往往是相互矛盾、相互影响的,不能孤立地看待一个方面。比如,当追求较短的运行时间,可能带来占用较多的存储空间和编写出较烦琐的算法;当追求算法的简单性时,可能需要占用较长的运行时间和较多的存储空间等。所以,在设计一个算法时,要从多个方面综合考虑。还要考虑到算法的使用频率以及所使用机器的软硬件环境等诸多因素,这样才能设计出好的算法。

4.1.5　小结

算法是解决问题的方法和步骤。对于一个尝试用计算机解决问题的用户来说,首先需要有一套解决问题的方法,这个方法是独立于任何程序设计语言的。对于一个明确的问题,我们总是先选用一个抽象的数据模型,在此模型上分析出解题的运算步骤,然后再考虑如何用具体的程序设计语言实现。因此,在算法设计完成之后,下一步就是将算法中的运算步骤用某种程序语言加以实现。这其中包括两个待解决的任务:第一,程序设计语言的选择。第二,算法设计时我们选用的是抽象数据模型,而在程序实现部分,就需要完成:①抽象数据模型的具体表示;②定义在该数据模型上的运算的具体实现,这属于数据结构及运算问题。以下的内容分别从程序设计基础和数据结构基础两个方面进行讲解。

4.2　程序设计基础

4.2.1　程序设计语言概述

程序设计语言诞生至今,有很多针对不同的应用需求以及问题对象的不同的语言。将其加以分类,也可以从不同的角度进行。

1. 从语言与计算机硬件的联系紧密程度分类

1) 机器语言

计算机是个二进制的世界,所有的信息都用'0'和'1'的代码存储。所以早期的计算机使用者就用计算机能理解的'0'和'1'组成的二进制编码表示命令,称为机器指令。这样的指令能被计算机直接执行,不需要翻译。格式如图 4.6 所示。

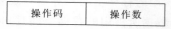

操作码	操作数

图 4.6　机器指令格式

大家试着读一下这个指令：

10110000 00000010

00101100 00001010

11110100

以上的程序段每行的意思是：

把 2 放入累加器 A 中；

10 与累加器 A 中的数相加，结果仍放入 A 中；

停机，结束。

每行指令中前半段是操作码字段，指示计算机所要执行的操作，后半段是操作数字段，指出在指令执行过程中所需要的操作数（如提供加法指令的加数和被加数）。这就是机器指令，它不仅难以记忆，难以书写，更加难懂，所以只有极少数的计算机专家才能熟练地使用它们。尽管机器语言能被计算机直接理解，执行速度快，但是编写程序的工作毕竟是人来完成的，所以人们希望用容易理解掌握的语言来设计程序。

2）汇编语言

为了使语言更容易被程序员或者计算机使用者理解，人们用助记符替代二进制的操作码，用符号地址代替二进制的操作数，称之为汇编语言。如用 ADD 表示加法操作，SUB 表示减法操作，DIV 表示除法。

上面的机器指令就能改写为

MOV　A,2　　　　　　　　把 2 放入累加器 A 中；

ADD　A,10　　　　　　　10 与累加器 A 中的数相加，结果仍放入 A 中；

HLT　　　　　　　　　　停机，结束

可以看到汇编语言编写的程序，其可读性较机器语言提高了很多。作为一种面向机器的语言，它仍然需要程序员处理硬件方面的事务，如安排存储，规定寄存器和运算器的次序等，这样的要求对普通用户来说，难度还是很高。在程序执行方面，汇编语言不能直接在计算机上执行，必须经过汇编程序，将其翻译成机器指令后才能运行。因此，高级语言产生了。

3）高级语言

高级语言是一种接近于人们习惯用的语言的计算机程序设计语言，它允许用英文词汇书写解题的程序，程序中所用的运算符号和运算式都和我们日常用的数学表达式差不多。这种语言独立于计算机，只与过程或问题有关，而与机器的结构无关，如 BASIC，FORTRAN,C,Java 等。

我们上面例子中的程序段可以用 C 语言表示为：

A＝2；

A＝A＋10；

是不是非常简单易懂？它符合人类的语言习惯，简单易学，而且与使用的机器无关，通用性，可移植性更好。

2. 按照语言的特点分类

1）命令式语言

这种语言的语义基础是模拟"数据存储/数据操作"的图灵机可计算模型,十分符合现代计算机体系结构的自然实现方式。其产生操作的主要途径是依赖语句或命令产生的副作用。现代流行的大多数语言都是这一类型,如 Fortran,Pascal,Cobol,C,C++,Basic,Ada,Java,C♯等,各种脚本语言也被看成此种类型。

2）函数式语言

这种语言的语义基础是基于数学函数概念的值映射的 λ 算子可计算模型。这种语言非常适合进行人工智能等工作的计算。典型的函数式语言如 Lisp,Haskell,ML,Scheme 等。

3）逻辑式语言

这种语言的语义基础是基于一组已知规则的形式逻辑系统。这种语言主要用在专家系统的实现中。最著名的逻辑式语言是 Prolog。

4）面向对象语言

现代语言中的大多数都提供面向对象的支持,但有些语言是直接建立在面向对象基本模型上的,语言的语法形式的语义就是基本对象操作。主要的纯面向对象语言有 Smalltalk。

4.2.2　程序设计方法概述

在选择了程序语言之后,还需要考虑程序设计方法。

从 1946 年 ENIAC 问世至今,电子计算机的硬件得到突飞猛进的发展,程序设计的方法也随之不断地进步。早期的计算机存储器容量非常小,人们设计程序时首先考虑的问题是如何减少存储器开销,硬件的限制不容许人们考虑如何组织数据与逻辑,程序本身短小,逻辑简单,也无须人们考虑程序设计方法问题。与其说程序设计是一项工作,倒不如说它是程序员的个人技艺。但是,20 世纪 60 年代以后,计算机硬件的发展非常迅猛,其速度和存储容量不断提高,成本急剧下降,程序员要解决的问题同时也变得更加复杂,一些程序的规模大到需要几十甚至上百个人的工作量,程序编写越来越困难,程序的大小以算术基数递增,而程序的逻辑控制难度则以几何基数递增,人们不得不考虑程序设计的方法。原有的一个程序员编写整个程序的设计方法,会导致程序中错误(bug)的产生越来越多,造成调试时间和成本也迅速上升,甚至很多软件尚未出品就已因故障率太高而报废,产生了软件危机。人们不得不考虑新的程序设计方法。

1. 结构化程序设计

最早提出的方法是结构化程序设计方法(structure programming),其核心是模块化。1968 年 Dijkstra(E. W. Dijkstra,荷兰计算机科学家,1972 年第七届图灵奖得主)在计算机通讯上发表文章,提出"goto 有害论",之后,Wulf 主张"可以没有 goto 语句"。从 1975 年起,许多学者研究了"把非结构化程序转化为结构化程序的方法"、"非结构的种类及其转化"、"结构化与非结构化的概念"、"流程图的分解理论"等问题。结构化程序设计逐步形成既有理论指导又有切实可行方法的一门独立学科。

结构化程序设计方法的基本要点是：

（1）采用自顶向下,逐步求精的程序设计方法。

（2）使用三种基本控制结构构造程序,形成"单入口单出口"的程序。

结构化程序设计方法是基于过程的程序设计,其反映的是事物在计算机中的实现方式,而不是事物在现实生活中的实现方式。程序设计者不仅要考虑程序要做什么,还要解决怎么做的问题,设计出计算机执行的每一个具体的步骤,安排好它们的执行顺序。当面临的问题规模比较大时,就采用自顶向下,逐步求精的设计方法,将问题逐层细化,分成不同的模块解决。在此过程中,常用到三种基本的控制结构来构造程序,分别是顺序结构、选择结构、循环结构。认为任何程序都可由顺序、选择、循环三种基本控制结构构造。

（1）用顺序方式对过程分解,确定各部分的执行顺序。

（2）用选择方式对过程分解,确定某个部分的执行条件。

（3）用循环方式对过程分解,确定某个部分进行循环的开始和结束的条件。

（4）对处理过程仍然模糊的部分反复使用以上分解方法,最终可将所有细节确定下来。

三种基本控制结构

顺序结构表示程序中的各操作是按照它们出现的先后顺序依次执行的。如图 4.7 所示,先执行 A,再执行 B。

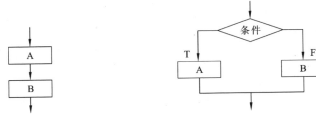

图 4.7　顺序结构　　　　　　　图 4.8　选择结构

选择结构表示程序的处理步骤出现了分支,它需要根据某一特定条件选择其中一个分支执行。如图 4.8 所示。当条件判断结果为 T（条件成立）时,执行 A,条件判断结果为 F（条件不成立）时执行 B。这是选择结构中最常见的双分支结构,还有单分支和多分支结构,道理类似。

循环结构表示在某个条件满足的情况下重复执行某个（或某组）操作,或者说,反复执行某个或某些操作直到某条件不满足时终止。如图 4.9 所示。当条件判断结果为 T（条件成立）时,执行 A,条件判断结果为 F（条件不成立）时,跳过 A,执行下面的语句。

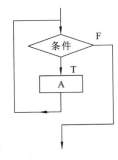

图 4.9　循环结构

┌─────────────────────┐
┊ **想一想,分析一下** ┊
└─────────────────────┘

　　我们给出三组程序段,大家判断一下分别属于什么结构:

```
if(a>b)              sum=0;              a=1;
   max=a;            i=1;                b=2;
else                 while(i<10)         c=a+b;
   max=b;              {
                        sum=sum+i;
                        i=i+1;
                      }

   (I)                  (II)               (III)
```

图 4.10　不同结构程序示例

　　有答案了吗?

　　(I)是选择结构,它用 if 和 else 区分条件成立与不成立的情况下要执行的语句;(II)是循环结构,while 是当什么的时候,那就是说,只要这个条件满足,就会一直反复执行下面大括号{}中的语句;而(III)则是顺序结构,从上至下,按照语句顺序执行。

2. 面向对象程序设计

　　随着信息系统的加速,应用程序日益复杂化和大型化,面向对象的程序设计逐渐成为软件开发的重要技术。与结构化程序设计方法中将数据与数据的处理各自独立考虑不同,面向对象的方法以数据(信息)为主线,是把数据和数据处理结合起来的方法。面向对象的方法概括地讲,具有以下 4 个特点:

　　(1)认为客观世界是由各种对象组成,任何事物都是对象,复杂的对象可以由比较简单的对象以某种方式组合而成。

　　(2)把所有的对象划分为不同的对象类(简称为类,class),每个类都定义了一组数据和方法。

　　(3)按照子类(或称派生类)与父类(或称基类)的关系,把若干个对象类组成一个层次结构的系统。在这种层次结构中,通常下层的子类具有和上层的父类相同的特性(包括数据和方法),这种现象称为继承(inheritance)。如果在派生类中某些特性做了新的描述,则派生类中的这些特性以新描述为准。

　　(4)对象彼此之间仅能通过传递消息互相联系。

　　对象与传统的数据有本质的区别,它不是被动等待外界对它施予操作,而是处理的主体,外界通过发消息来请求它执行它的某个操作、处理它的私有数据,而不能从外界直接对它的私有数据进行操作,也就是,一切局部于该对象的私有数据,都被封装在该对象类的定义中。下面将详细介绍面向对象的概念。

1）对象

客观世界中的实体一般既具有静态属性，又具有动态行为，因此面向对象的方法中的对象是由描述该对象的属性的数据以及可以对这些数据施加的所有操作封装在一起组成的一个统一体。

例如，某支铅笔，它具有长度、外形、外形颜色、铅芯型号（例如：HB/B/2B）等静态属性，也就是该对象的属性数据；对该铅笔可以施加的操作有：写字、削（铅笔）等，是其动态行为；一起组成该铅笔这个统一体。因此，对象具有以下的特点：

（1）以数据为中心。

（2）对象是主动的。

（3）实现了数据的封装。

（4）模块独立性好。

2）类

具有相同或相似性质的对象抽象为类，对象的抽象是类，类的具体化就是对象，对象是类的实例。所有的铅笔具有相同的性质，抽象为一个铅笔类，而某支铅笔就是铅笔类中的一个具体的实例，称为对象。

3）消息

消息是用来请求对象执行某一处理或回答某些信息的要求。

4）方法

方法是允许作用于某个对象上的操作。

5）属性

属性是指类中定义的数据，它是对客观世界实体所具有的性质的抽象，类的每个实例都有自己的属性值。例如，"铅笔"类中定义的颜色、长短等数据成员，就是铅笔的属性。

6）封装

封装是面向对象的特征之一，是对象和类概念的主要特性。

封装有两层含义，第一层含义封装指将抽象得到的数据成员和代码结合起来，形成一个有机的整体；其二，封装是指对象可以拥有私有成员，并将其内部细节隐藏起来。封装实现了将对象封闭保护起来，保证了类具有较好的独立性，防止外部程序破坏类的内部数据，使得程序维护修改较为容易。

7）继承

一个新类可以从现有的类中派生得到，新类继承了原有类的特性，新类称为原有类的派生类或子类，而原有类称为新类的基类或父类，子类继承父类的属性和操作，同时子类还可以定义自己的属性和操作。例如："笔"是一类对象，"铅笔"和"钢笔"等都继承了"笔"类的性质，是"笔"的子类。

8）多态性

多态性是指相同的操作或函数、过程作用于多种类型的对象上并获得不同的结果。不同的对象，受到同样的消息产生完全不同的结果，这种现象称为多态性。例如，上课铃响，作为一个消息，对于学生和教师会产生不同的结果。学生会端坐安静听课，教师则会在讲台开始讲课。

9）重载

重载有两种，一是函数的重载，函数的重载指的是在同一作用域内的若干个参数特征不同但是使用同一个函数名；二是运算符的重载，指的是同一个运算符可以施加在不同类型的操作数上。

面向对象程序设计具有许多优点：开发时间短，效率高，可靠性高，所开发的程序可维护性强。由于面向对象编程的可重用性，可以在应用程序中大量采用成熟的类库，从而缩短开发时间，使应用程序更易于维护、更新和升级。继承和封装使得应用程序的修改带来的影响更加局部化。

4.3　数据结构基础

计算机迅猛的发展使其融入到了人类社会的各个领域，它的作用也不再仅仅是科学计算，而更多地应用在控制、管理及数据处理等非数值计算的处理工作中。相应的，计算机加工处理的对象由纯粹的数值发展到字符、表格和图像等各种具有一定结构的数据，因此，为了编写合适的程序，就必须分析待处理的对象的特性以及各个处理对象之间的关系，由此形成了数据结构这门学科。

数据结构作为一门学科主要研究三个方面的内容：数据的逻辑结构；数据的物理结构（又称存储结构）；对数据的操作（或算法）。通常，算法的设计取决于数据的逻辑结构，算法的实现取决于数据的物理存储结构。

4.3.1　数据结构的基本概念

下面我们首先熟悉下数据结构中的一些基本概念。

1．数据

数据是对客观事物的符号表示。在计算机科学中是指所有能输入到计算机中并被计算机程序处理的符号的总称。例如，数值、字符、图像、声音等。

2．数据元素

数据元素是数据的基本单位，在计算机程序中通常作为一个整体进行考虑和处理。有时，一个数据元素可以由多个数据项组成。例如一个学生的基本信息作为一个数据元素，而学生信息中的每一项（学号、姓名、性别、年龄等）为一个数据项。数据项是数据的不可分割的最小单位。

3．数据结构（也就是数据的逻辑结构）

数据结构是相互之间存在着一种或多种特定关系的数据元素的集合。在任何问题中，数据都不是单独存在的，相互之间都有着某种关系，我们称这种数据元素之间的关系为结构。根据关系的不同特性，通常有以下几种基本结构：

（1）集合。结构中的数据元素之间除了"同属于一个集合"的关系外,无其他联系。

（2）线性结构。结构中的数据元素之间存在一个对一个的关系。

（3）树形结构。结构中的数据元素之间存在一个对多个的关系。

（4）图形结构。结构中的数据元素之间存在多个对多个的关系。

如图 4.11 所示是上述四类基本结构的关系图。

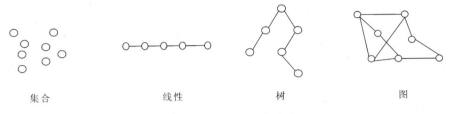

集合　　　　　　　　线性　　　　　树　　　　　图

图 4.11　基本结构关系图

另外,我们也常简单地将数据结构划分为两大类:线性结构和非线性结构。

数据结构的形式定义为:数据结构是一个二元组

Data_Structure＝(D,S)

其中:D 是数据元素的集合,S 是 D 上关系的集合。即

$$D=\{d_i|\ 1\leqslant i\leqslant n, n\geqslant 0\},\quad S=\{s_i|1\leqslant i\leqslant m, m\geqslant 1\}$$

其中:d_i 为第 i 个数据元素,n 为数据元素的个数,可以为 0,当 $n=0$ 时,表示 D 为空集;s_i 表示第 i 个关系,m 为关系的个数,最小为 1。

4. 数据的物理结构

数据结构(逻辑结构)在计算机中的表示(又称映象)称为数据的物理结构,也称存储结构。它包括数据元素的表示和关系的表示。数据元素在计算机中的表示,我们在第一章已经学习过二进制信息表示方法了;数据元素之间关系的表示,有两种不同的方法:顺序映像和非顺序映像,得出两种不同的存储结构:顺序存储结构和链式存储结构。所谓的顺序映像是借助元素在存储器中的相对位置来表示数据元素之间的逻辑关系,也就是说,逻辑关系中相邻的两个元素,在存储器中也是相邻存放的;非顺序的映像是借助指示元素存储地址的指针表示数据元素之间的逻辑关系,也就是说,存储器中相邻存放的两个数据元素,其逻辑关系未必是相邻的。

在进行数据处理设计算法时,算法的设计取决于选定的逻辑结构,而算法的实现依赖于采用的存储结构;采用不同的存储表示,其数据处理的效率不同。

5. 数据的运算

数据的运算就是对数据结构中的数据元素进行的操作处理。常见的有:查找、排序、插入、删除、修改。不同的逻辑结构和存储结构,实现相同运算的算法不同,我们将在接下来的小节中举例说明。

4.3.2　常见的几种数据结构

1. 线性表

　　线性结构的特点是：在数据元素的非空有限集合中，①存在唯一的一个被称为"第一个"的数据元素；②存在唯一的一个被称作"最后一个"的数据元素；③除第一之外，集合中每个元素均只有一个前驱；④除最后一个之外，集合中每个数据元素均只有一个后继。典型代表是线性表。

　　线性表是 n 个数据元素的有限序列，是最常用且最简单的一种数据结构。通常用以下形式表示

$$L = (a_1, \cdots, a_{i-1}, a_i, a_{i+1}, \cdots a_n)$$

其中：L 表示线性表的名字，a_i 表示具有相同类型的数据元素。表中 a_{i-1} 领先于 a_i，a_i 领先于 a_{i+1}，称 a_{i-1} 是 a_i 的直接前驱，a_{i+1} 是 a_i 的直接后继。当 $i = 1, 2, \cdots, n-1$ 时，a_i 有且仅有一个直接后继，当 $i = 2, 3, \cdots, n$ 时，a_i 有且仅有一个直接前驱。线性表中元素个数称为线性表的长度，用 n 表示，当 $n = 0$ 时，线性表是一个空表；当 $n \neq 0$ 时，线性表中的每个数据元素都有一个确定的位置，如 a_1 是第一个数据元素，又称表头元素，a_i 是第 i 个，a_n 是最后一个数据元素，又称表尾元素。

　　实际生活中有很多线性表的例子。如一周七天可以用线性表 Day 表示

Day＝("星期一"，"星期二"，"星期三"，"星期四"，"星期五"，"星期六"，"星期日")

　　线性表的存储结构有两种，即顺序存储结构和链式存储结构。具有顺序存储结构的线性表称为顺序表，具有链式存储结构的线性表称为线性链表。

1）线性表的顺序存储结构（顺序表）

　　线性表的顺序存储结构是线性表的一种最简单的存储结构，其存储方法是：在内存中为线性表开辟一块连续的存储空间，该存储空间所包含的存储单元数要大于等于线性表的长度（假定每个存储单元存储线性表中的一个结点元素）。

　　因为一个数组在内存中占据一段连续的存储单元，所以可以借助数组来为线性表的顺序存储开辟空间。如图 4.12 所示，其中 L 为每个元素占据的字节数，Loc(a_1)为线性表的起始地址。

图 4.12　线性表的顺序存储结构示意图

　　由图可以看出，这种顺序存储方式的特点是，为表中相邻元素 a_i 和 a_{i+1} 赋以相邻的存储位置 Loc(a_i)和 Loc(a_{i+1})。即以元素在计算机内的"物理位置相邻"来表示线形表中数据元素之间的逻辑关系。只要确定了存储线性表的起始位置，线形表中任一数据元素都

可以随机存取,所以线形表的顺序存储结构是一种随机存取的存储结构。

(1) 顺序表的插入运算。

顺序结构存储的线性表称为顺序表。顺序表的长度可以根据需要增长或缩短,即对顺序表的数据元素不仅可以进行访问,还可进行插入和删除。

顺序表的插入操作是指在顺序表的第 $i-1$ 个数据元素和第 i 个数据元素之间插入一个新的数据元素 b,则原来的顺序表:$(a_1,\cdots,a_{i-1},a_i,a_{i+1},\cdots a_n)$,长度增加为 $n+1$,变为:$(a_1,\cdots,a_{i-1},b,a_i,a_{i+1},\cdots a_n)$。

为了实现插入,需首先将第 n 至第 i 个元素依次向后移动一个位置。如图 4.13 所示,在原表中插入值为 10 的数据元素(箭头表示插入位置)。

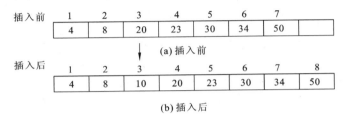

图 4.13　顺序存储结构插入运算示意图

可以看到,实现插入操作的主要动作是移动元素,最好的情况下,当插入位置在表尾时,不需要移动元素,最坏的情况下,当插入位置在表头时,要移动 n 个元素。

(2) 顺序表的删除运算。

顺序表的删除操作是使长度为 n 的顺序表:$(a_1,\cdots,a_{i-1},a_i,a_{i+1},\cdots a_n)$,变为长度为 $n-1$ 的顺序表:$(a_1,\cdots,a_{i-1},a_{i+1},\cdots a_n)$。

为了实现删除,需将第 $i+1$ 至第 n 个元素依次向前移动一个位置。如图 4.14 所示,在原表中删除值为 20 的数据元素(箭头表示删除的元素位置)。

图 4.14　顺序表的删除运算

> **想一想,分析一下**
>
> 同插入运算类似,大家试着分析不同情况下移动元素的个数。
>
> 有结果了吗?
>
> 是的,经过分析,顺序表的删除运算,当删除元素在表尾时,不需要移动元素,此时是最好的情况;而最坏的情况是,当删除元素在表头时,要移动 $n-1$ 个元素。

2) 线性表的链式存储结构(线性链表)

链式存储结构不要求逻辑上相邻的元素物理位置上也相邻,它的存储特点是用随机的存储单元存储线性表中的元素,其存储空间可连续、也可以不连续。因为存储空间的不连续性,所以在存储完每一个数据元素的内容以后,还应指出下一元素的存储位置(一般用指针实现),将数据元素的内容及指针信息共同作为一个结点。

一个链接表由 n($n \geqslant 0$)个节点组成,当 $n=0$ 时称为空表。每一个节点中的指针域可以有一个,也可以有两个。有一个指针域的链表称为单链表,如图 4.15 所示,其中的指针域存储数据元素的后继节点的位置。有两个指针域的链表称为双链表,其中一个指针域存储数据元素的后继节点的位置,另一个指针域存储数据元素的前驱节点的位置。

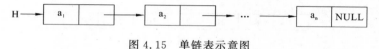

图 4.15　单链表示意图

在单链表的第一个元素所在的节点之前附设一个节点——头节点。头节点的指针域存放第一个元素所在节点的存储位置,数据域不存储任何信息,因此单链表的头指针指向头节点,判断一个链表为空的条件为:H==NULL。

如果有一个单链表其表尾元素的指针域的值不为 NULL,而让它指向头节点,这样的链表叫循环单链表或环形链表。如图 4.16 为带头节点的循环链。

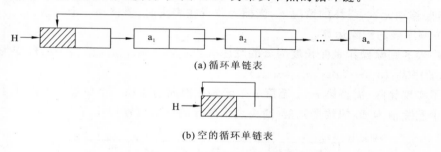

(a) 循环单链表

(b) 空的循环单链表

图 4.16　循环单链表示意图

如果在线性链表中的每个节点上,再增加一个指向线性表中每个元素的前驱节点的指针,就可以很方便地找到前驱节点或后继节点,这样就可以得到一个双向链表。如图 4.17所示为双向链表。

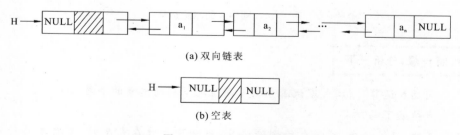

(a) 双向链表

(b) 空表

图 4.17　双向链表示意图

与循环单链表定义类似,我们也可以定义循环双向链表。如图 4.18 所示为循环双链表。

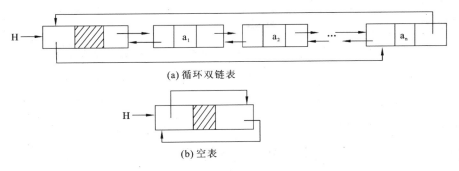

(a) 循环双链表

(b) 空表

图 4.18　循环双向链表示意图

以单链表为例,下面我们说明链表的插入与删除运算。

(1) 单链表的插入运算。

假设我们要做线性表的两个数据元素 a 和 c 之间插入数据元素 b,已知 p 为指向节点 a 的指针。如图 4.19 所示。

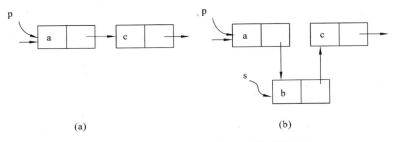

(a)　　　　　　　　　　　　(b)

图 4.19　在单链表中插入节点时指针的变化

从图中可以看出插入时需要修改两个指针,将 a 节点的指针由指向 c 节点改为指向 b 节点,再使 b 节点的指针指向 c 节点,从而实现改变 a,b 和 c 三节点之间的逻辑关系,插入后各元素的关系如图 (b) 所示。与顺序表的插入比较,链表的插入更容易实现,不需要移动元素,只需修改几个指针,时间复杂度为 $O(1)$。但是为了找到插入位置,需花费的时间复杂度为 $O(n)$。

(2) 单链表的删除运算。

删除操作和插入基本相同,应先找到待删节点的前驱节点的位置后再完成删除。如图 4.20 所示,假设要删除 b 节点,p 为待删元素的前一节点的指针,删除结束后 a 节点的后继由 b 节点改为 c 节点,操作中将 b 所在节点的地址记为 q,以便处理和回收节点。

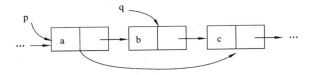

图 4.20　在单链表中删除节点时指针的变化

2. 栈和队列

1）栈的定义

栈是限定仅在表尾进行插入或删除操作的线性表。表尾端称为栈顶（top），表头端称为栈底（bottom）。不含元素的空表称为空栈。假设栈 $S=(a_1,a_2,\cdots,a_n)$，则称 a_1 为栈底元素，a_n 为栈顶元素。按 $a_1,a_2,\cdots,a_n$ 的顺序进栈，出栈的顺序则是 $a_n,\cdots,a_2,a_1$，也就是说栈的修改是按后进先出（last in first out）的原则进行的，被称为后进先出的线性表，简称 LIFO 结构。如图 4.21 所示。

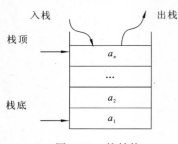

图 4.21　栈结构

2）栈的运算

栈的基本操作包括插入、删除、读栈顶元素以及栈的初始化、判空等，下面是其中主要的三种。

（1）栈的插入运算。在栈顶位置插入一个新的元素。栈顶指针首先上移一位，然后将指针插入到栈顶指针所指向的位置。插入操作前，要先判断栈是否已满，若已满，则不能进行插入运算。

（2）栈的删除运算。从栈顶位置取出一个元素，栈顶指针下移一位。删除操作前，要先判断栈是否为空，若为空，则不能进行删除运算。

（3）读栈顶元素。读取栈顶元素复制给某个变量，栈顶指针不移动。读栈顶元素之前，要判断栈是否为空，若为空，则不能进行读取操作。

3）队列的定义

和栈相反，队列是一种先进先出（first in first out）的线性表，简称 FIFO 结构。它只允许在表的一端进行插入，而在另一端进行删除；允许插入的一端称为队尾（rear），允许删除的一端称为队头（front），分别用两个指针指示队尾和队头，如图 4.22 所示。若队列 $Q=(a_1,a_2,\cdots,a_n)$，则 a_1 为队头元素，a_n 为队尾元素。按 $a_1,a_2,\cdots,a_n$ 的顺序进队列，出队列的顺序也是 $a_1,a_2,\cdots,a_n$。

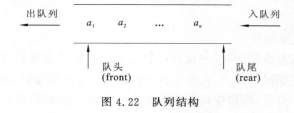

图 4.22　队列结构

4）队列的运算

队列的基本操作主要有插入和删除。

（1）队列的插入运算。在队尾插入一个新的元素。在队尾指针指向的位置插入一个新的元素，队尾指针后移一位。

（2）队列的删除运算。删除队头元素。取出队头元素，将队头指针后移一位。删除操作之前,要先判断队列是否为空,若为空,则不能进行删除运算。

栈和队列是特殊的线性表,都有两种存储表示方法,顺序的存储以及链式的存储。在线性表一节中已经介绍过这两种方式,在此就不多加描述。

┌┈┈┈┈┈┈┈┈┈┈┈┈┈┐
┊　想一想,分析一下　┊
└┈┈┈┈┈┈┈┈┈┈┈┈┈┘

　　　　在学习了以上栈和队列的基本知识之后,大家能否从现实生活中找到实际的对应例子呢? 试着分析一下:公共汽车的进站以及离开是一种什么样的结构呢? 某火车站里停靠和开出火车的过程又是什么样的结构呢?

3. 树

树型结构(简称树)是一种重要的非线性数据结构,在这类结构中,元素之间存在着明显的分支和层次关系。树型结构广泛存在于客观世界中,如家族关系中的家谱,各单位的组织机构,计算机操作系统中的多级文件目录结构等。

首先介绍一下树型结构中的一些基本概念。

树　是 n ($n \geq 0$)个节点的有限集。当 $n=0$ 时为空树,否则为非空树;在一棵非空树中:①有且仅有一个称为根的节点;②其余的节点分为 m ($m \geq 0$)个互不相交的子集 $T_1, T_2, T_3, \cdots T_m$,其中每一个集合本身又是一棵树,并且称为根的子树。显然,树的定义是递归的,树是一种递归结构。

如图 4.23 为一棵树的示意图,它是由根节点 A 和三棵子树 T_1, T_2, T_3 组成,三棵子树的根节点分别为 B,C,D,这三棵子树本身也是树。

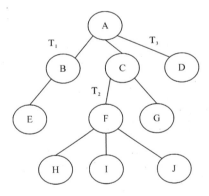

图 4.23　树的示意图

树的二元组表示为:

TREE= (D,R)

D= {d_i | $1 \leq i \leq n, n \geq 0$　$d_i \in$ elemtype}

R= {r}

其中:n 表示树中的节点数,n=0 时为空树。n>0 时为非空树,对于一棵非空树,关系 r 应满足下面条件:

(1) 有且仅有一个节点没有直接前驱,该节点为树的根。

(2) 除树根节点外,其余每个节点有且仅有一个直接前驱节点。

(3) 每个节点(包含根节点)可以有任意多个(包含 0)直接后继节点。

树在计算机中通常用多重链表来存储,多重链表中的每一个节点描述了树中对应节点的信息,每个节点的指针个数由树的度来决定。树中的节点结构,如图 4.24 所示。

Value(值)	degree(度)	link1	link2	···	linkn

图 4.24　树链表中的节点结构

节点的度 一个节点的子树的数目(或每个节点的后继节点数)为节点的度。

树的度 树中度数最大的节点的度为树的度。

叶子节点(终端节点) 度为0的节点为叶子节点。

分支节点(非终端节点) 度不为0的节点为分支节点。

孩子节点和双亲节点 每个节点的直接后继节点或每个节点子树的根节点为该节点的孩子节点。相应的,该节点为其孩子节点的双亲节点。

兄弟节点 具有同一双亲的孩子节点互为兄弟节点。

节点的子孙 以某节点为根的子树中的任一节点均为该节点的子孙。

节点的祖先 从根到该节点所经分支上的所有节点为该节点的祖先。

节点的层次 根节点的层数为1,其余节点的层数为其双亲节点的层数加1。

树的深度 树中节点的最大层数为树的深度。

有序树和无序树 树中节点同层间从左到右有次序排列,不能互换的树称为有序树,否则为无序树。

森林 是 m($m \geqslant 0$)棵互不相交的树的集合。

4. 二叉树

1) 二叉树的概念

二叉树是一种有序树,其特点是树中每个节点至多只有两棵子树,并且,二叉树的子树有左右之分,次序不能任意颠倒。

二叉树的递归定义为:二叉树或者是一棵空树,或者是一棵由一个根节点和两个分别称为左子树和右子树的、互不相交的二叉树所组成。由于左子树和右子树分别是一棵二叉树,则由二叉树的定义,它们也可以为空二叉树。

2) 二叉树的性质

性质1 在二叉树的第 i 层上最多有 2^{i-1} 个节点($i \geqslant 1$)。

根据二叉树的特点,这个性质显然成立。

性质2 深度为 h 的二叉树最多有 $2^h - 1$ 个节点($h \geqslant 1$)。

证 由性质1知:深度为 h 的二叉树最多节点数为

$$\sum_{i=1}^{h} 第 i 层的最大节点数 = \sum_{i=1}^{h} 2^{i-1} = 2^h - 1$$

一棵深度为 h 且具有 $2^h - 1$ 个节点的二叉树称为满二叉树。如图4.25所示为一棵深度为4的满二叉树示意图。

如果对一棵满二叉树的节点按从上到下,从左到右进行编号,如图4.25所示,则一棵深度为 h 的满二叉树最大节点的编号为 $2^h - 1$。若一棵二叉树的叶子节点分布在最后两层(其余层均满),且最后一层从右边起连续缺若干个节点,则此二叉树为完全二叉树,如图4.26所示。图4.27所示为非完全二叉树示意图。

性质3 二叉树上叶子节点数等于双分支节点数加1。

证 用 n, n_0, n_1, n_2 分别表示二叉树的节点数、度为0的节点数、度为1的节点数和度

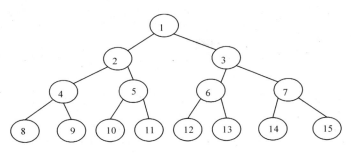

图 4.25　深度为 4 的满二叉树

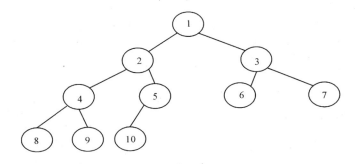

图 4.26　有 10 个节点的完全二叉树

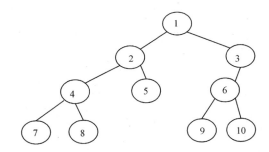

图 4.27　非完全二叉树

为 2 的节点数,所以有

$$n = n_0 + n_1 + n_2$$

另外,在一棵二叉树中,所有节点的分支数是度为 1 的节点数加上度为 2 的节点数的两倍。又知,除根节点外,每一节点向上都有一分支指向其双亲,所以分支数为 $n-1$,分支数加 1 为节点数,则有

$$n_0 + n_1 + n_2 = n_1 + 2n_2 + 1, \quad 即 \quad n_0 = n_2 + 1$$

性质 4　具有 $n\,(n > 0)$ 个节点的完全二叉树的深度为 $\lfloor \log_2 n \rfloor + 1$[①]

————————————

① $\lfloor N \rfloor$ 表示下限。即不大于 N 的最大整数

性质 5　对有 n 个节点的完全二叉树中的节点按从上到下、从左到右进行编号,则对编号为 i $(1{\leqslant}i{\leqslant}n,n{\geqslant}1)$的节点有:

① 若 $i>1$,当 i 为偶数时,i 的双亲节点的编号为 $i/2$;当 i 为奇数时,i 的双亲节点的编号为 $(i-1)/2$;

② 若 $2*i{\leqslant}n$,则节点 i 的左孩子节点的编号为 $2i$,否则无左孩子节点,即节点 i 为叶子节点;

③ 若 $2*i+1{\leqslant}n$,则节点 i 的右孩子节点的编号为 $2i+1$,否则无右孩子节点,即节点 i 为叶子节点。

3) 二叉树的遍历

遍历(traversing)是指不重复地访问二叉树中的所有节点。

二叉树的基本组成如图 4.28 所示。

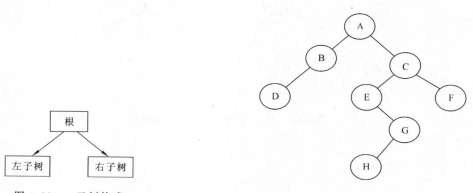

图 4.28　二叉树构成　　　　　　　　图 4.29　二叉树

若能依次访问这三部分,便是访问了整个二叉树。若以 D,L,R 分别表示访问根节点、遍历左子树、遍历右子树,则二叉树的遍历有以下 6 种

$$DLR \quad DRL \quad LDR \quad LRD \quad RDL \quad RLD$$

在实际操作中我们可规定先左后右,则遍历只有以下 3 中:DLR、LDR、LRD。按照根的访问次序,将三种遍历分别称为先序遍历、中序遍历和后序遍历。下面分别讨论。

(1) 先序遍历二叉树:若二叉树空,则空操作;否则

① 访问根节点;

② 先序遍历左子树;

③ 先序遍历右子树。

先序遍历图 4.29 所示的二叉树,顺序为:ABDCEGHF。

(2) 中序遍历二叉树的定义为:若二叉树空,则空操作;否则

① 中序遍历左子树;

② 访问根节点;

③ 中序遍历右子树。

中序遍历图 4.29 所示的二叉树,顺序为:DBAEHGCF。

（3）后序遍历二叉树的定义为：若二叉树空，则空操作；否则

　　① 后序遍历左子树；

　　② 后序遍历右子树；

　　③ 访问根节点。

后序遍历图 4.29 所示的二叉树，顺序为：DBHGEFCA。

4.4　算法与程序实例

4.4.1　查找

查找是数据处理领域重要的内容。查找是指在一个给定的数据结构中查找某个指定的元素。通常不同的数据结构，采用不同的查找方法，以下介绍两种常见的查找算法。

1. 顺序查找

顺序查找是最常用的查找方法，其查找过程为：从第一个元素起，逐个将给定值与数据元素的关键字进行比较，若某个元素的关键字与给定值相等，则认为查找成功，否则，查找失败。

顺序查找方法既适合于顺序结构存储的线性表又适合于链式结构存储的线性表。

在进行顺序查找的过程中，如果表中的第一个元素就是要找的元素，则只需要一次比较就查找成功；但是如果被查找的元素是表中的最后一个元素或者表中根本不存在该元素，则为了查找这个元素需要与线性表中的所有元素进行比较，这是顺序查找的最坏情况。由此可以看出，对于大的线性表，顺序查找算法的效率很低。

2. 二分查找

二分查找法又称为折半查找，被查找的表必须是顺序存储的有序表，即表采用顺序结构存储，且元素按关键字值递增（或递减）排列。

假设表中的关键字值递增排列，则折半查找算法的思想是：首先取整个有序表 $A[0] \cdots A[N-1]$ 的中间元素 $A[mid]$（其中 $mid=(N-1)/2$）的关键字同给定值 x 比较，若相等，则查找成功；否则，若 $A[mid].key < x$，则说明待查元素只可能落在表的后半部分 $A[mid+1] \cdots A[N-1]$ 中，接着只要在表的后半部分子表中查找即可；若 $A[mid].key > x$，则说明待查元素只可能落在表的前半部分 $A[0] \cdots A[mid-1]$ 中，接着只要在表的前半部分子表中查找即可；这样，经过一次关键字的比较，就缩小一半的查找空间，重复进行下去，直到找到关键字为 x 的元素，或者表中没有待查元素（此时查找区间为空）为止。

┌─────────────────────┐
: **想一想，分析一下**
└─────────────────────┘

　　查找过程中在反复进行什么样的基本操作呢？顺序查找与二分查找法的效率，哪一个比较高呢？

　　查找过程中反复在进行比较，比较两个关键字值是否相同。假定线性表长度为 n。不同查找方式下：顺序方式查找的比较次数，最好的情况下是 1 次，最坏的情况下是 n 次；二分查找，最好的情况下，比较 1 次就能找到，最坏的情况下则需要比较 $\lfloor \log_2 n \rfloor + 1$。有感觉面熟吗？想一想，为什么这个次数与 n 个节点的完全二叉树深度的公式是一样的呢？

　　通过分析可以得出结论：二分查找法效率比较高（只是该算法必须针对有序表进行）。

3. 顺序查找算法的 C++ 语言实现

顺序查找法算法：

```
int Search_seq(SSTable ST,KeyType key)
//在顺序表 ST 中顺序查找其关键字等于 key 的数据元素
//若找到，函数值为该元素在表中的位置，否则为 0
ST.elem[0].key=key;
for(i=ST.length;!EQ(ST.elem[i].key,key);i=i-1);
returni;
}
```

下面用数组存储顺序表，选择 C++ 语言，实现顺序查找算法。

```
#include<iostream>
using namespace std;
int main(){
  int Search_seq(int array[],int key);
                              //顺序查找函数 Search_seq 的声明
  int array[11]= {0,19,23,8,3,90,76,40,100,66,69};
                              //定义数组来存放线性表
  int key;                    //key 代表查找关键字值
  int location;               //location 代表 key 的位置
  cout<<"待查线性表为:";
  for(int i=1;i<11;i=i+1)
      cout<<array[i]<<ends;   //把线性表内容显示一下
  cout<<"\n 请输入要查找的值:";
  cin>>key;                   //输入需要查找的关键字值 key
```

```
    location=Search_seq(array,key);      //调用 Search_seq,找到 key 值的
                                           位置

    if(location==0)                       //返回值等于 0,代表没找到
        cout<<"查无此值！\n";
    else                                  //返回值不等于 0,代表找到了
        cout<<key<<"在线性表中的位置是:第"<<location<<"位"<<endl;
    return 0;
}


int Search_seq(int array[],int key)      //函数完成查找任务,返回查找位置
{
    array[0]=key;                         //将关键字值放在数组第一个元
                                            素里。作为监视哨

    for(int i=10;i>=0;i=i-1)              //从后往前找
        if(array[i]==key)
        return i;
    //若该值存在,则返回的 i 值大于 0,若不存在,即直到监视哨才发现此值,则返
        回值为 0

}
```

　　简单解释一下监视哨的作用。数组原来的长度是 10,我们在第 0 个位置上填入 key 值,使之成为监视哨。从后往前找,这样,如果最初的 10 个数中找到了 key,就会直接返回其位置(return i),如果在这 10 个数中没找到 key,那么最后一个,也就是第 0 个位置上肯定是 key 值了(我们之前填入的)。这时,也会返回一个位置值。显然的,位置值是 0 的话,表示没找到。监视哨的作用就是不用每一步都检测线性表是否已经查找完毕。

　　程序运行结果如图 4.30 所示。

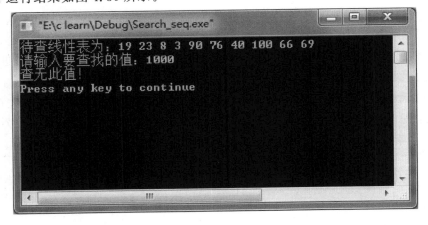

图 4.30　顺序查找程序运行结果窗口

图 4.30　顺序查找程序运行结果窗口(续)

4.4.2　排序

　　排序是数据处理的另外一个重要的内容。排序是指将一个无序的序列整理成按关键字值递增(或递减)排列的有序序列。排序的方法很多,根据排序序列的规模以及数据处理的要求,可以采用不同的排序方法。按排序过程中依据的不同原则对排序方法进行分类,大致可分为插入排序、交换排序、选择排序、归并排序和计数排序 5 类。以下介绍两种常用的排序算法:冒泡排序(属于交换类排序)、简单选择排序(选择类排序)。

　　排序可以在不同的数据结构上实现,本节主要介绍顺序存储的线性表的排序,顺序表的存储结构使用数组实现。

1. 冒泡法排序

　　冒泡法排序是一种简单又常用的排序方法。这种方法是每趟将相邻的两个元素的关键字两两进行比较,若不符合次序,则立即交换,这样关键字大(或小)的元素就像气泡一样逐步升起(后移)。

　　冒泡法排序的实现过程是从下标为 1 的元素开始,将相邻的两个数两两进行比较,若满足升序次序,则进行下一次比较,若不满足升序次序,则交换这两个数,直到最后。总的比较次数为 $n-1$ 次。这时最后的元素为最大数,此为一趟排序。接着进行第二趟排序,方法同前,只是这次最后一个元素不再参与比较,比较次数为 $n-2$ 次,依次进行。直到在某一趟排序中,没有任何元素交换,就认为此数列有序了,即可停止冒泡排序。

　　设待排数据元素的关键字为(18,20,15,32,4,25),第一趟冒泡排序后的序列状态如图 4.31 所示。

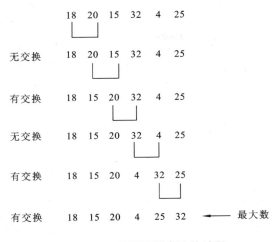

图 4.31　一趟冒泡排序法的过程

2. 简单选择法排序

简单选择法排序的实现过程是：首先找出表中关键字最小的元素，将其与第一个元素进行交换，然后，再在其余元素中找出关键字最小的元素，将其与第二个元素进行交换。依次类推，直到将表中所有关键字按由小到大的顺序排列好为止。

设待排数据元素的关键字为(15,14,22,30,37,15,11)，每一趟排序后的序列状态如图 4.32 所示。

初始状态　　[15, 14, 22, 30, 37, <u>15</u>, 11]

第一趟　　　[11][14, 22, 30, 37, <u>15</u>, 15]

第二趟　　　[11, 14][22, 30, 37, <u>15</u>, 15]

第三趟　　　[11, 14, <u>15</u>][30, 37, 22, 15]

第四趟　　　[11, 14, <u>15</u>, 15][37, 22, 30]

第五趟　　　[11, 14, <u>15</u>, 15, 22][37, 30]

第六趟　　　[11, 14, <u>15</u>, 15, 22, 30][37]

图 4.32　简单选择排序法示意图

3. 简单选择排序算法的 C＋＋语言实现

简单选择排序的算法：

```
void SelectSort(Sq &L) {
                          //对顺序表 L 做选择法排序
  for(i=1;i<L.length;i=i+1){ //选择第 i 小的记录,并交换到位
  j=SelectMinkey(L,i);        //在 L.r[i..L.length]中选择 key 最小的
                              记录
```

```
       if(i! =j) L.r[i]←→L.r[j];  //与第i个记录交换
     }
   }
```
下面用数组存储顺序表,选择C++语言,实现简单选择法排序。
```
 #include< iostream>
 using namespace std;
 int main()
 {
   void SelectSort(int array[],int n);
   int a[7]={15,14,22,30,37,15,11},i;
   printf("初始线性表为:");
   for(i=0;i< 7;i++)              //显示初始线性表,未排序状态
       cout<<a[i]<<',';
   cout<< "\b \n";
   SelectSort(a,7);
                                 //调用SelectSort函数对线性表a的7个数
                                   从小到大排序
   cout<< "排序后的线性表为:";
   for(i=0;i<7;i++)              //显示排序后的线性表,有序状态
       cout<<a[i]<<',';
   cout<< "\b \n";
   return 0;
 }
 void SelectSort(int array[],int n)
 {
   int i,j,k,t;
   for(i=0;i<n-1;i++)
   {
       k=i;
       for(j=i+1;j<n;j++)         //找出当前范围里最小的元素
           if(array[j]<array[k])
               k=j;              //用k保存最小元素的位置
       t=array[k];array[k]=array[i];array[i]=t;
                                 //将最小元素与第i位上元素互换
   }
 }
```
运行结果窗口如图4.33所示。

图 4.33　简单选择法排序的程序运行结果窗口

想一想,分析一下

在排序过程中,基本操作是什么? 冒泡排序法与简单选择排序法,基本操作的次数?

排序过程中,需要进行下列两种基本操作:①比较两个关键字的大小。②交换两个元素。假定待排序线性表长度为 n,我们分析两种算法里比较的次数,可以知道:冒泡法在最好的情况下(原本就有序),只需要排序 1 趟,比较次数为 $n-1$ 次,最坏情况下,需要排序 $n-1$ 趟,比较次数为 $n(n-1)/2$;而简单选择法排序则必定需要排序 $n-1$ 趟,比较次数为 $n(n-1)/2$。

PS:本章开头的猜密码问题如何实现呢?

```cpp
#include<iostream>
#include<fstream>
using namespace std;
void main()
{
    int password;
    ifstream infile("password.dat",ios::in);
    if(!infile)
    {cerr<<"open error!"<<endl;
     exit(0);
    }
    infile>>password;        //从密码文件 password 里读取密码写入到变量
                             password 里
    int x,y,z;
    for(x=0;x< =9;x++)       //百位从 0 到 9 依次试
```

```
    for(y=0;y<=9;y++)            //十位从 0 到 9 依次试
        for(z=0;z<=9;z++)        //个位从 0 到 9 依次试
            if(100* x+10* y+z==password)
            {
                cout<< "哈哈,密码猜出来了！是"<<x<<y<<z<<endl;
                break;
            }
    }
```

程序运行结果如图 4.34 所示。

图 4.34　猜密码程序运行窗口

4.5　软件开发概述

进行软件开发是我们学习算法与程序设计的目的。

软件是由能指示计算机完成一个任务的、以电子数字形式存储的指令序列和相关数据及文档,也就是由我们之前所学习到的程序以及文档和数据构成。任务的完成可以是一个程序也可以是多个程序的协作。相对于计算机硬件来说,软件是逻辑产品而不是物理产品,是计算机的无形部分。

随着计算机硬件技术的进步,计算机的速度、容量和可靠性显著提高,计算机的应用领域也日益广泛,软件的需求急剧增加,不仅是规模增大,复杂程度也越来越高。传统的软件开发成本难以控制,进度不可预计;软件系统的质量和可靠性很差;软件文档相当缺乏,软件系统不可维护;软件开发生产率低,供不应求;开发成本十分昂贵等表现凸显,成为计算机应用及发展的一个"瓶颈",出现了"软件危机"。为了解决问题,克服危机,1968年北大西洋公约组织(NATO)召开计算机科学会议,首次提出了软件工程的概念,试图用工程化的方法来开发软件。

1. 软件工程

软件工程是采用工程化的方法开发和维护软件的工程学科,把经过时间考验而证明正确的管理技术和当前能够得到的最好的技术和方法结合起来,以便经济地开发出高质量的软件并有效地维护它。它涉及计算机科学、工程科学、管理科学、数学等学科领域,用工程科学中的观点来估算费用,制定进度、计划和实施方案;用管理科学的方法和原理进行软件的生产和管理;用数学方法来建立软件可靠性模型及分析各种算法性能。其基本思想是在软件开发过程中应用工程化原则进行开发,包括方法、工具和过程三个要素。其目标是在给定成本、速度的前提下,利用工程化原则,开发出具有可修改性、有效性、可靠性、可理解性、可维护性、可重用性、可适用性、可移植性、可追踪性和可互操作性并满足用户需求的软件产品。

2. 软件生命周期

软件生命周期是指从软件被提出开发要求直到该软件完成其使命被报废为止的整个时期。通常被划分为 8 个阶段:问题定义、可行性分析、需求分析、总体设计、详细设计、编码、测试和维护,在软件定义期、软件开发期、软件维护期这三个时期里分别进行。

问题定义就是确定开发任务,要解决的问题是什么,系统分析员通过对用户的访问调查,最后得到一份双方都满意的关于问题性质、工程目标和规模的书面报告。

可行性分析就是分析上一个阶段所确定的问题到底"可行吗",系统分析员对系统要进行更进一步的分析,更准确、更具体地确定工程规模与目标,论证在经济上和技术上是否可行,从而在理解工作范围和代价的基础上,作出软件计划。

需求分析就是对用户要求进行具体分析,明确"目标系统要做什么",把用户对软件系统的全部要求以需求说明书的形式表达出来。

总体设计就是把软件的功能转化成所需要的体系结构,也就是决定系统的模块结构,并给出模块的相互调用关系、模块间传送的数据及每个模块的功能说明,也就是"概括地说如何解决这个问题"。

详细设计就是决定模块内部的算法和数据结构,也就是明确"怎样具体实现这个系统"。常用的详细设计工具有程序流程图、盒图、PAD(问题分析图)、PDL(伪代码或结构化语言)。

编码就是选取合适的程序设计语言对每个模块编写程序代码,以及进行模块调试。

测试就是通过各种类型的测试使软件达到预定的要求。是对软件规格说明、软件设计和编码的最后复审,目的是在软件产品交付之前尽可能发现软件中潜在的错误。测试方法一般分为动态测试和静态测试。动态测试又根据测试用例的设计方法不同,分为黑盒测试与白盒测试。黑盒法把被测对象看作一个黑盒子,测试人员完全不考虑程序的内部结构和处理过程,只在软件提供的接口进行测试。而白盒测试又称结构测试,把测试对象看成一个打开的盒子,测试人员必须了解程序的内部结构和处理过程,检查处理过程,内部结构以及实际运行状态是否与预期相同。

软件维护就是软件交付给用户使用后,对软件不断查错、纠错和修改,使系统持久的满足用户的需求。

3. 软件工具与软件开发环境

软件工具是一种软件,为提高生产率和改进软件质量,辅助和支持其他软件开发、维护、模拟、移植或管理而研制的程序系统。软件开发环境是一组相关的软件工具的集合,将他们组织在一起,为特定的领域所使用,以支持整个软件生命周期的计算机辅助开发程序系统。

思考题

1. 什么叫算法?有哪些基本特征?
2. 试描述至少两种基本的算法设计策略。
3. 什么是程序?程序设计方法主要有哪两种?
4. 结构化程序设计的基本思想?控制结构?
5. 什么叫数据结构?列举常见的数据结构并描述其特点:线性表、栈、队列。
6. 什么是数据的逻辑结构?什么是数据的物理结构?常见的物理结构有哪两种?区别?
7. 什么是树?二叉树?
8. 二叉树的性质及遍历?
9. 基本的排序算法有哪些?选择其中一种对数据序列 7,34,77,25,64,20 进行排序,描述排序过程。
10. 什么是软件?什么是软件工程?软件工程研究的内容是什么?
11. 什么是软件周期?通常分为哪些阶段?各阶段完成什么任务?
12. 试描述软件测试的方法。

第5章　多媒体基础

多媒体是将计算机、电视机、录像机、录音机和游戏机等技术融为一体，形成计算机与用户之间可以相互交流的操作环境。通过接收外部的各种媒体信息，经计算机加工处理后以图片、文字、声音、动画等多种方式输出。多媒体技术的应用已给人类的生产方式、工作方式、学习方式以及生活方式带来了巨大的变革。

5.1　多媒体技术概述

5.1.1　多媒体基本概念

1. 媒体

媒体是承载信息的载体，是信息的表示形式。报纸、杂志、电影和电视都是以各自的媒体传播信息的。媒体在计算机中有两种含义：一是指传播信息的载体，如语言、文字、图像、音频、视频等，又称为媒介；其二是指存贮、传输信息的载体，如磁盘、光盘、磁带、半导体存储器、光纤等，又称为媒质。

在计算机中所提到的媒体主要是指传播信息的载体，就是利用计算机把文字、图形、影像、动画、声音及视频等媒体信息都数字化，并将其整合在一定的交互式界面上，使电脑具有交互展示不同媒体形态的能力。它极大地改变了人们获取信息的传统方法，符合人们在信息时代的阅读方式。

2. 多媒体和多媒体技术

多媒体(multimedia)一般被理解为直接作用于人感官的文字、声音、图形、图像、动画和视频等多种媒体信息的统称，即多种信息载体的表现形式和传递方式。多媒体是指把两种或两种以上的媒体综合在一起，它不是多种媒体的简单组合，而是它们的统一合理搭配与协调，通过不同角度、不同形式展示信息，增强人们对信息的理解和记忆。计算机能处理的多媒体信息从时效上可分为静态媒体和动态媒体，静态媒体包括文字、图形和图像，动态媒体包含声音、动画和视频。

多媒体技术是指以数字化为基础，能够对多种媒体信息进行采集、加工、处理、存储、和传递，并能使各种媒体信息之间建立起有机的逻辑联系，它将计算机、声像、通信技术合为一体，是计算机、电视机、录像机、录音机、音响、游戏机、传真机的性能大综合；其次是具有良好交互性，它可以形成人与机器、人与人及机器与机器之间互相交流的操作环境及身临其境的场景，各种媒体信息通过网络进行传输，且不是简单的单向或双向传输，在信息传输时人们可以根据需要进行控制。

3. 多媒体信息的类型

（1）文本（text）：文本是以文字和各种专用符号表达的信息形式，它也是现实生活中使用得最多的一种信息存储和传递方式。多媒体系统除了利用字处理软件实现对文本的输入、存储、编辑和输出等外，还可以利用人工智能技术对文本进行识别、理解和发音等操作。

（2）图形（graphics）：是指通过绘图软件绘制直线、圆、任意曲线等组成的画面，图形文件中存放的是描述生成图形的指令（图形的大小、形状和位置），以矢量图形文件的形式存储，例如使用计算机辅助设计软件（CAD）进行房屋结构设计、制作效果图等。

（3）图像（image）：是指通过扫描仪、数字照相机、摄像机等输入设备捕捉的真实场景的画面，数字化存储在计算机的存储设备中，图像一般用图像处理软件进行编辑和处理。

（4）音频（audio）：是指包括话语、音乐及自然界（如：雷、雨）发出的各种声音。是人们用来传递信息、交流感情最方便、最熟悉的方式之一。在计算机中的音频处理技术主要包括声音的采集、数字化、压缩和解压缩及播放等。

（5）动画（animation）：是利用人眼的视觉残留特性，当一系列图形和图像按一定的时间播放的时候，通过人眼反映到人脑，产生物体运动的印象。计算机动画一般通过FLASH、3DSMAX 等动画软件制作而成。

（6）视频（video）：视频主要来自摄影机、影碟机等视频信号源，对自然界场景的捕捉，具有时序性与丰富的信息内涵，常用于交代事物的发展过程。现在的电影和电视基本上都采用了数字视频技术。

4. 多媒体技术的特征

多媒体技术具有四方面的显著特性，即多样性、交互性、集成性和实时性。

1）多样性

多媒体技术的多样性包括信息媒体的多样性和媒体处理方式的多样性。信息媒体的多样性指使用文本、图形、图像、声音、动画、视频等多种媒体来表示信息。对信息媒体的处理方式可分为一维、二维和三维等不同方式，例如文本属于一维媒体，图形属于二维或三维媒体。信息载体的多样性使计算机所能处理的信息空间范围扩展和放大，从而使人与计算机的交互具有更广阔、更自由的空间。

2）集成性

多媒体技术的集成性是指以计算机为中心，综合处理多种信息媒体的特性，包括信息媒体的集成和处理这些信息媒体的设备与软件的集成。

集成性首先是信息媒体的集成，即把单一的、零散的媒体有效地集成在一起，成为一个完整的统一体，从而使计算机信息空间得到相对的完善，并得到充分利用。其次，集成性还充分表现在存储信息的实体的集成，即多媒体信息由计算机统一存储和组织。

3）交互性

多媒体技术的交互性是指通过各种媒体信息，使参与的各方（发送方和接受方）都可以对有关信息进行编辑、控制和传递，比如游戏程序一定要有用户的参与。

交互性向用户提供了更加有效地控制和使用信息的手段和方法，同时也为应用开辟了更加广阔的领域。交互可做到自由地控制和干预信息的处理,增加对信息的注意力和理解,延长信息的保留时间。

4)实时性

多媒体技术的实时性是指在多媒体系统中声音媒体和视频媒体是与时间因子密切相关的,从而决定了多媒体技术具有实时性,这意味着多媒体系统在处理信息时有着严格的时序要求和很高的速度要求。

5. 多媒体技术的应用

多媒体技术应用是当今信息技术领域发展最快、最活跃的技术,是新一代电子技术发展和竞争的焦点。多媒体技术借助日益普及的高速信息网,可实现计算机的全球联网和信息资源共享,因此被广泛应用在咨询服务、图书、教育、通信、军事、金融、医疗等诸多行业,并正潜移默化地改变着我们生活的面貌。

(1)教育与培训。由文字、图像、动画、声音和影像组成的多媒体教学课件图文声像并茂,使学习内容生动活泼,提高了学生的学习兴趣。网络交互式的学习方式可以充分发挥学生自主学习的能力。用于军事、体育、医学和驾驶等方面培训的多媒体系统不仅提供了生动、逼真的场景,而且能够设置各种复杂环境提高受训人员面对突发事件的应变能力。

(2)商业与咨询。多媒体技术的商业应用涵盖商品简报、查询服务到产品演示、电视广告以及商贸交易等方方面面。将旅游、邮电、交通和商业等公共信息服务指南存放在多媒体系统中,可以 24 小时向公众提供信息咨询服务。

(3)多媒体电子出版物。利用 CD-ROM 或网络存储等大容量的存储空间并结合多媒体声像还可以制作大百科全书、旅游指南、地图系统等电子工具和电子出版物。这类电子出版物越来越得到广大用户的喜爱。

(4)游戏与娱乐。游戏和娱乐是多媒体一个重要的应用领域。运用了三维动画、虚拟现实等先进的多媒体技术的游戏软件变得更加丰富多彩、变幻莫测,深受年轻一代的喜爱,造就了数千亿美元的市场。大量数字化的视听产品通过光盘或网络进入家庭,丰富了人们的生活。

(5)广播电视、通信领域。计算机网络技术、通信技术和多媒体技术结合是现代通信发展的必然要求。目前,多媒体技术在广播电视、通信领域的应用已经取得许多新进展,多媒体会议系统、多媒体交互电视系统、多媒体电话、远程教学系统和公共信息查询等一系列应用正在改变着我们的生活。

目前,多媒体技术正向着高分辨化、高速度化、操作简单化、高维化、智能化和标准化的方向发展,将集娱乐、教学、通信和商务等功能于一身,它的应用几乎渗透到社会生活的各个领域,标志着人类视听一体化的理想生活方式即将到来。

5.1.2 多媒体计算机系统

多媒体计算机系统具有强大的数据处理能力和数字化媒体设备整合能力,能综合处理多种媒体信息,并提供多媒体信息的输入、编辑、存储和播放等功能。一个完整的多媒

软件系统	多媒体应用系统
	多媒体创作工具
	多媒体素材制作工具
	多媒体操作系统
	多媒体设备驱动程序
硬件系统	多媒体外围设备
	计算机基本配置

图 5.1 多媒体计算机系统层次结构

体计算机系统包括硬件系统和软件系统两大部分。多媒体硬件系统的核心是一台高性能的计算机系统，和能够处理音频、视频等多媒体信息的外部设备；多媒体软件系统包括多媒体操作系统与应用系统。多媒体计算机系统层次结构如图 5.1 所示。

1. 多媒体计算机的硬件系统

多媒体计算机的硬件系统是在个人计算机的基础上，增加了各种多媒体输入和输出设备及其接口卡。图 5.2 所示为常用多媒体设备及其连接示意图。

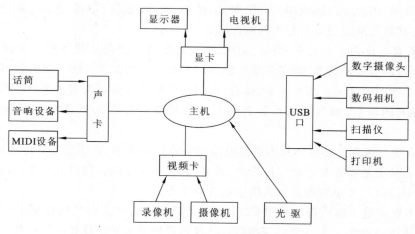

图 5.2 多媒体计算机硬件系统示意图

多媒体硬件系统包括计算机硬件、声音/视频处理器、多媒体输入/输出设备及信号转换装置、通信传输设备及接口装置等。常见的多媒体接口卡有：声卡、显卡和视频卡等。多媒体接口卡将多媒体外部设备与主机连接，对音频、视频等多媒体信息进行获取、编辑、转换、播放等处理，建立多媒体制作或播出的工作环境。多媒体外部设备比较多，有视频、音频输入设备，如摄像机、扫描仪、录像机等；有视频、音频播放设备，如显示器、投影机、音响器材等；有交互界面设备，如键盘、鼠标、触摸屏等；有存储设备，如硬盘、光盘等。事实上，由于多媒体应用已经深入到人们日常生活的各个方面，所以多媒体硬件设备早已成为计算机硬件的标准配置。

在图 5.2 中多媒体外部设备的连接口为常用接口，但不是唯一的。例如，打印机也可以与并口连接；光驱有内置、外置，外置与 USB 口连接；数码摄像机也可与 USB 口连接等。

2. 多媒体计算机的软件系统

多媒体计算机的软件系统具有综合使用各种媒体、传输和处理多种媒体数据的能力，并能控制各种媒体的硬件设备协调地工作。它主要包括多媒体操作系统、支持多媒体数据开发的应用工具软件和多媒体应用软件等。

1）多媒体操作系统

多媒体操作系统是多媒体的核心系统，除了具有操作系统的基本功能外，还必须具有对多媒体数据和多媒体设备的管理和控制功能、负责多媒体环境下多任务的调度、保证音频、视频同步控制，以及实时处理多媒体信息、提供对多媒体信息的各种基本操作和管理、使多媒体硬件和软件协调地工作。现在的操作系统都具有多媒体信息处理功能。

2）多媒体设备驱动程序

多媒体设备驱动软件是多媒体计算机中直接和硬件打交道的软件，它完成设备的初始化，控制设备操作运行。每种多媒体设备都有相应的驱动程序，安装驱动程序后，多媒体设备才能正常使用。目前流行的多媒体操作系统已自带了大量常用的多媒体设备驱动程序。

3）多媒体编辑工具

多媒体编辑工具有时也叫多媒体素材制作工具，包括字处理软件、绘图软件、图像处理软件、动画制作软件、声音编辑软件以及视频编辑软件。

（1）文字处理包括输入、文本格式化、文稿排版、添加特殊效果、在文稿中插入图形图像等。常用的文字处理软件有 Word，WPS 等。

（2）图形图像处理包括改变图形图像大小、图形图像的合成、编辑图形图像、添加特殊效果、图形图像打印等。常用的图形图像处理软件有 PhotoShop、CorelDraw、光影魔术手等。

（3）声音的处理包括录音、剪辑、去除杂音、变音、混音、合成等。

Microsoft Windows 提供的"录音机"（Sound Recorder）、"媒体播放器"（Media Player）等软件，都是用户熟悉的声音应用程序。除此之外，声音处理软件还有 Adobe Audition，cool edit pro，GoldWave 等。

（4）动画处理包括画面的缩放、旋转、变换、淡入淡出等特殊效果。目前比较流行的动画处理软件有 Adobe Flash 和 3D Studio MAX 等。

（5）视频处理是多媒体系统中主要的媒体形式之一。目前常见的视频处理软件有 Ulead Video Edit，Adobe Premiere 等。

4）多媒体创作工具

多媒体创作工具指能够集成处理和统一管理文本、图形、静态图像、视频影像、动画、声音等多媒体信息，使之能够根据用户的需要生成多媒体应用软件的编辑工具。多媒体创作工具是用来帮助应用开发人员提高开发工作效率，大多是一些应用程序生成器，将各种媒体素材按照超文本节点和链结构的形式进行组织，形成多媒体应用系统。

Authorware，Director，Multimedia，Tool Book 等都是比较有名的多媒体创作工具。在制作多媒体软件产品的时候，通常需要使用多种工具软件。不同的媒体采用不同的工具，只有综合利用这些工具才能制作出图文声并茂的多媒体产品。

5）多媒体应用软件

多媒体应用软件是根据多媒体系统终端用户要求而定制的应用软件或面向某一领域的用户应用软件系统，如媒体播放软件、辅助教学软件、游戏软件、电子工具书、电子百科全书等。

5.1.3　多媒体处理的关键技术

多媒体信息中的音频和视频等信息数字化后,数据量非常庞大,处理、存储和传输多媒体信息对计算机系统来说是一个严峻的考验。首先,大规模集成电路的发展,使计算机的运算速度及内存容量大幅度提高,为多媒体信息的实时处理创造了条件。其次,大容量的存储技术和各种媒体压缩技术的发展,为多媒体信息的存储和传输提供了保证。再则网络与通信技术的发展使多媒体通信对网络总带宽的要求得到一定程度的满足。最后,各种媒体技术标准的制定和完善推动了多媒体技术的发展。多媒体信息处理的关键技术有:

1. 多媒体数据压缩/解压缩技术

要使计算机能适时地综合处理声、文图信息,选用合适的数据压缩技术,有可能将字符数据、声音数据、图像数据和视频数据压缩到最小,这样处理才能方便、快捷。当前常用的压缩编码/解压缩编码国际标准有 JPEG 和 MPEG。

2. 多媒体数据的存储技术

多媒体数据数据量大,必须实现大容量信息的存储和管理。在发展集中式的海量存储技术的同时,也在向分布存储、并行访问的方向发展。分布数据存储技术与多媒体存储技术将在计算机通信网络中融合起来。

3. 多媒体同步技术

在多媒体技术的应用中,各种媒体信息都与时间和空间存在着或多或少的依从关系,视频、音频都明显地带有时间的依从特性。在各种媒体集成的信息中,媒体间也会存在空间上的位置特性。因此,多媒体的集成、转换和传递会受到时空同步的制约。

4. 多媒体网络技术

实现多媒体通信和多媒体信息资源的共享。多媒体网络技术主要解决网络吞吐量、传输可靠性、传输实时性和服务质量等问题。目前,多媒体网络通信技术已经取得了许多新的进展,能够超越时空限制,实时快速地进行多媒体通信,例如可视电话、多媒体会议系统、多媒体交互电视系统、远程教育与远程医疗、公共信息检索系统等。

5. 虚拟现实技术

虚拟现实技术(virtual reality)利用了计算机图形学、仿真技术、多媒体技术、人工智能技术、计算机网络技术、并行处理技术和多传感器技术,模拟人的视觉、听觉、触觉等感觉器官功能,使人能够沉浸在计算机生成的虚拟境界中,并能够通过语言、手势等自然的方式与之进行实时交互,创建了一种适人化的多维信息空间。使用者不仅能够通过虚拟现实系统感受到在客观物理世界中所经历的"身临其境"的逼真性,而且能够突破空间、时间以及其他客观限制,感受到真实世界中无法亲身经历的体验。

5.2　图形和图像基础

5.2.1　图形和图像概念

1. 图形和图像

利用图形、图像恰当地表现和传达信息，成为今天我们利用多媒体方式交流信息的重要需求。这除了与图形、图像可以承载大量而丰富的信息有关以外，图形、图像生动直观的视觉特性也是重要的方面。我们把由简单的点、线、圆、方框等基本元素组成的图称为图形，利用照相机、摄像机等设备把实际景物拍摄下来的，由像素点构成的图称为图像，在计算机中，图形与图像是两个不同的概念。

图形　指矢量图形，它利用点、线、面和曲面等几何图形，生成物体的模型。图形反映物体的局部特征，是真实物体的模型化、抽象化、线条化，图形存放的是描述图形的指令，以矢量文件形式存储，数据量小。矢量图形最大的优点是无论放大、缩小或旋转等不会失真；最大的缺点是难以表现色彩层次丰富的逼真图像效果。

图像　指位图，是由一些排成行列的像素组成，一般是由扫描仪、数字照相机、摄像机等输入设备捕捉的真实场景。图像反映物体的整体特征，是对物体原型的真实再现，存储的是构成图像的每个像素点的亮度和颜色，数据量大。缺点是经放大或缩小后容易失真，打印出来若不是原始尺寸（即建立时的尺寸）很容易模糊，但是在色彩处理方面却比图形能够做得更细致好看，如图 5.3 所示。

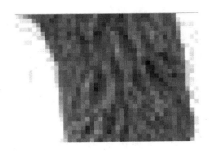

图 5.3　鹅的矢量图和位图　　　　　　　　　　　图 5.4　位图放大后

图形主要是抽象上的，图像更趋向于事实化，色彩丰富，色深比较大。图形文件与图像文件比较起来，它精度更高、灵活性更大、设计出来的作品可以任意放大、缩小而不失真，占用的存储空间小。图像放大后有些线条（如圆形线）就出现马赛克现象，如图 5.4 所示。

举例说明：一个门，你用相机拍照，那就是图像，显示了门、门框、门的材料，边上的墙等。如果要设计一个门，就需要门的具体尺寸，长、宽、高、厚度等，还有门的边框、图案、拉手等细节，在计算机上用相应的制图软件绘制出来，可以随着需要进行改动，比如改变门的尺寸，或者换一个拉手等，这就是图形。

不管是位图和矢量图,都可以称为图。图片、图形和图像没有从属关系,图形重在形,例如工程图,图像重在像,就像效果图,都是图,只是侧重点不同而已。

2. 图形

图形是指用计算机绘制工具绘制的画面,是根据几何特性来绘制图形,包括点、线、矩形、多边形、圆和弧线等元素,也称为矢量图。矢量图是用数学方法描述的图,是由生成各种几何图形的指令和处理指令组成。画矢量图的时候如果速度比较慢,可以看到绘图的过程,可以理解为一个一个元素的画,比如先画一个圆,再画一个抛物线等。图形一般按各个元素的参数形式存储,由于矢量图中的每个图形元素都是一个实体,当改变一个实体的属性时,不会影响图形中其他的图形元素。

由于图形是由"轮廓"构成,其内部可以填充颜色和图案,并可用文字标注加以说明。我们可以使用画图、Photoshop 或 Ms Office,Wps office 2007 中的绘图工具,在文档中绘图,如线条、连接符、箭头、流程图、标注等,图形的外部可以与背景构成上下的层次关系和四周的包围关系,图形的内部可以填充各种颜色或图像。例如一幅花的矢量图形实际上是由线段形成外框轮廓,由外框的颜色以及外框所封闭的颜色决定花所显示出的颜色,如图 5.5 所示。

图 5.5　喇叭花的矢量图

矢量图只能靠软件生成,它适合于描述由多种比较规则的图形元素构成的图形,用一组指令或参数来描述其中的各个成分,易于对各个成分进行移动、缩放、旋转和扭曲等变换,可以在维持它原有清晰度和弯曲度的同时,多次移动和改变它的属性,而不会影响图例中的其他对象。图形的特点是放大后图像不会失真,和分辨率无关,文件占用空间较小,这些特征特别适用于图案设计和三维建模,因为它们通常要求能创建和操作单个对象,所有当今的三维图形都是二维图形技术的扩展。工程制图领域的绘图仪是直接在图纸上绘制矢量图形。图形的缺点是难以表现色彩层次丰富的逼真图像效果,每次在屏幕上显示时,它都需要重新计算,影响了显示速度。

3. 常见的图形文件格式

(1) SVG 文件:是可缩放的矢量图形格式。它是一种开放标准的矢量图形语言,用户可以直接用代码来描绘图像,可以用任何文字处理工具打开 SVG 图像,通过改变部分代码来使图像具有互交功能。文件很小,适合用于设计高分辨率的 Web 图形页面。

(2) WMF 文件:是常见的一种图元文件格式,它具有文件短小、图案造型化的特点,整个图形常由各个独立的组成部分拼接而成,但图形往往较粗糙,并且只能在 Microsoft Office 中调用编辑。

(3) AI 文件:是 Adobe 公司的 Illustrator 软件的输出格式。AI 是一种分层文件,每个对象都是独立的,它们具有各自的属性,如大小、形状、轮廓、颜色、位置等。以这种格式保存的文件便于修改,可以在任何尺寸下按最高分辨率显示输出,它的兼容度比较高。

（4）DXF 文件：是 AutoCAD 中的矢量文件格式，它以 ASCII 码方式存储，在图形的大小表现方面十分精确，主要用于工程制图，DXF 文件可以被许多软件调用或输出。

（5）SWF 文件：是二维动画软件 Flash 中的矢量动画格式，主要用于 Web 页面上的动画发布。

5.2.2　图像的数字化

在计算机中处理图像，必须先把真实的图像（照片、画报、图书、图纸等）通过数字化转变成计算机能够接受的显示和存储格式，然后再用计算机进行分析处理。图像数字化是将连续色调的模拟图像经采样量化后转换成数字影像的过程，图像的数字化过程主要分采样、量化与编码三个步骤。

1. 图像采样

采样的实质就是要用多少点来描述一幅图像，采样结果质量的高低就是用图像分辨率来衡量。简单来讲，对二维空间上连续的图像在水平和垂直方向上等间距地分割成矩形网状结构，所形成的微小方格称为像素点。一副图像就被采样成有限个像素点构成的集合。例如，一副 640×480 分辨率的图像，表示这幅图像是由 $640 \times 480 = 307\,200$ 个像素点组成。

如图 5.6 所示的"图像采样"中，左图是要采样的物体，右图是采样后的图像，每个小格即为一个像素点。对于同一副图像，采样点之间的间隔越小，得到的图像样本越逼真，图像的质量就越高，但要求的存储量也越大。在进行采样时，采样点间隔大小的选取很重要，它决定了采样后的图像能真实地反映原图像的程度。一般来说，原图像中的画面越复杂，色彩越丰富，则采样间隔应越小。

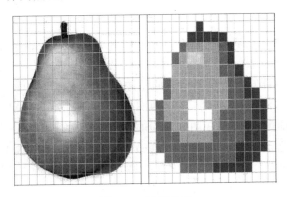

图 5.6　图像采样

对连续图像 $f(x,y)$，按一定顺序进行等间隔的采样，假设在 x 方向取 M 个间隔，y 方向上取 N 个间隔，那么就可以得到一个 $M \times N$ 的图像元素，简称像素（pixel）或者像元。

图像采样的点数，也称为图像分辨率，用点的"行数×列数"表示。如数码相机常用的图像分辨率为 2592×1728（约 450 万像素）、3456×2304（约 800 万像素）、5184×3456（约 1790 万像素）等。对相同尺幅的图像，如果组成该图的像素数目越多，则说明图像的分辨率越高,看起来就越逼真;相反,图像显得越粗糙。图像分辨率越高,图像文件占用的存储空间越大。

2. 量化

量化是指要使用多大范围的数值来表示图像采样之后的每一个点。量化的结果是图像能够容纳的颜色总数,它反映了采样的质量。

假设有一幅黑白灰度的照片,以图5.6为例,我们进行图像采样,划分为有若干个像素点,从某一行来看,这些点的颜色是不一样的。对这些像素点的颜色、灰度分成多少级来区分,就决定了这个图像的细致程度,划分级数越高,点与点之间颜色的差异越小,图像越逼真;划分级数越低,点与点之间颜色的差异越大,如图5.7(a)、(b)所示。

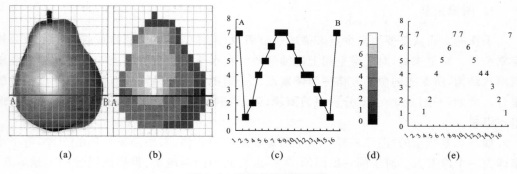

(a)　　　　(b)　　　　(c)　　　　(d)　　　　(e)

图5.7　线段的采样和量化

图像经过采样和量化后,得到一个空间上为有限个像素点,用有限种颜色表示的数字图像。只要水平和垂直方向采样点数足够多,颜色数足够大,数字图像的质量就比原始模拟图像毫不逊色。

在量化时所确定的颜色取值个数称为量化级数。为表示量化的色彩值(或亮度值)所需的二进制位数称为量化位数,一般可用8位、16位、24位或更高的量化字长来表示图像的颜色;量化位数越大,则越能真实地反映原有的图像的颜色,但得到的数字图像的容量也越大。

如图5.7(a)所示,沿线段AB将连续的图像先采样:沿线段AB等间隔进行采样,如图5.7(b)所示,也就是沿线段AB图像被分成若干个小方块,每一个方块的颜色是不一样的,颜色的灰度变化是连续的,如图5.7(c)图所示;将颜色的灰度变化分成8个数量级,每个数量级用一个数字表示,如图5.7(d)图所示,白色值为7,黑色值为0。线段AB(图5.7(a))的连续图像灰度数值的曲线如图5.7(e)所示。

8个数量级的量化位数为3,因为三位二进制有8种组合,每一种组合用来表示一种颜色。如果量化位数为4,就可以表示16种颜色;若量化位数为16位,则有 $2^{16}=65\,536$ 种颜色。所以,量化位数越大,表示图像可以拥有更多的颜色,自然可以产生更为细致的图像效果。但是,也会占用更大的存储空间。两者的基本问题都是视觉效果和存储空间的取舍。

3. 编码

图像采样后分为若干个像素点,对每一个像素点用 0 和 1 对其编码,例如,如图 5.7 所示的图像,在横向和纵向上各取 16 个间隔进行采样,得到 16×16 个像素点,假设只有黑白两种颜色,量化时可以只用一位二进制数来表示图像的颜色值,即用 1 代表黑色,0 代表白色,那么这副图像的编码如图 5.8 所示。

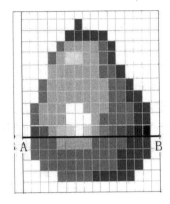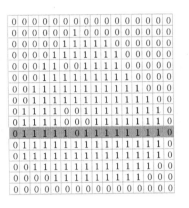

图 5.8　图像的编码

图 5.8 中的图像实际不止黑白两种色,而是具有灰度值,假设灰度值有 8 种,如图 5.8 右图所示,用十进制的 0~7 表示,对于"线段 AB",用 8 种灰度值量化时,得到的数值序列就为:7,1,2,4,5,6,7,7,6,5,4,4,3,2,1,7 如图 5.7(e)所示,转化成二进制编码为:111,001,010,100,101,110,111,111,110,101,100,100,011,010,001,111(16×3 bit),至少需要 6 个字节来存储,而黑白图案的"线段 AB"只需 2 个字节存储。

也就是说如果图像上每一个像素点只用一位二进制表示,那它所需要的存储空间(以图 5.8 为例)16×16÷8=32 字节,如果图像上每一个像素点用三位二进制表示,那它所需要的存储空间(以图 5.8 为例)16×16×3÷8=96 字节,要表示彩色,那至少需要 4 位二进制以上来表示一个点。

位图就是按图像点阵形式存储各像素的颜色编码或灰度级;位图适于表现含有大量细节的画面,并可直接、快速地显示或印出。Windows 下位图格式扩展名为 BMP,位图图像数据量十分巨大,必须采用编码技术来压缩。

4. 图像的属性

1) 分辨率

图像分辨率的高低直接影响图像的质量。一副图像在采样时,横向和纵向包含多少个像素点,称为该图像的分辨率。例如,一副图像采样后,横向有 1600 像素点,纵向有 1200 像素点,则该图像的分辨率为 1600×1200=1 920 000,我们一般称为 200 万像素,500 万像素就有 2560×1920 个像素点。同一副图像,采样后的像素数目越多,既图像的分辨率越高,表明图像看起来就越逼真,相反则越粗糙,但是文件占用的存储空间越大。

图像分辨率确定了图像的显示质量,同时还与显示器的分辨率有关。如果显示器的分辨率为 1024×768,那么一幅 512×384 的图像只占显示屏的 1/4;相反,1600×1200 的图像在这个显示器上就不能显示一个完整的画面,而一般的图像显示软件会自动的缩放,通常会显示完整的图像。200 万像素和 500 万像素的图片,在屏幕上粗看基本一样,但就图像上的细节来看就完全不一样了。

图像分辨率也确定了图片的打印质量,一般在图像印刷时需要界定一个参数 DPI (dots per inch),即"每英寸的点数",一般而言,DPI 达到 300,冲印出来的照片就非常清晰了,只要源文件的图像质量得到保证,即使是近距离也不会有任何瑕疵。

2560×1920 即 500 万像素的图片如果采用 150 DPI 的最低冲印精度进行数码冲印,可得到 17 英寸的照片,如果采用 300 DPI 的冲印精度进行数码冲印,可得到 8 寸的照片。可由此看出冲印数码相片除了与照片的像素有关,还和冲印精度有关。市面上流行的 1000 万像素的数码单反大多数的像素为 3888×2592 像素,以 150 DPI 的最低冲印精度 (3888/150)×(2592/150),也就是 26×17 英寸,约为 0.66 米×0.44 米,挂在墙上已绰绰有余了。

2)颜色数量与颜色深度

与自然界中的影像不同,数字化图像的颜色数量是有限的,这是因为表示图像的二进制数的位数是有限的。图像的颜色数量有若干档次,见表 5.1。从理论上讲,颜色数量越多,图像的色彩越丰富,表现力越强,但数据量也越大。

颜色深度是指表示一个像素所需的二进制数的位数,以 bit 作为单位。彩色或灰度图像的颜色分别用 4 bit、8 bit、16 bit、24 bit 和 32 bit 二进制数表示,其各种颜色深度所能表示的最大颜色数如表 5.1 所示。

表 5.1　图像的颜色数量

颜色深度值/bit	数　值	颜色数量	颜色评价
1	2^1	2	单色图像
4	2^4	16	简单色图像
8	2^8	256	基本色图像
16	2^{16}	65536	增强色图像
24	2^{24}	16777216	RGB 真彩色图像
32	2^{32}	4294967296	真彩色图像
48	2^{48}	281474976710656	真彩色图像

RGB 真彩色图像,图像中的每个像素值都分成 R(红)、G(绿)、B(蓝)三个基色分量,也称为光三原色,每个基色分量采用 8 位二进制即 256 个亮度水平,所以三种色彩叠加就能形成 1677 万种色彩,这个颜色数量已经足够多,图像的色彩和表现力非常强,基本上还原了自然影像,习惯上把这种图像称为"真彩色图像",但现在流行的除 24 位真彩色外,还有更高的 32 位和 36 位真彩色。颜色深度决定了图像的层次和色彩的丰富程度。

5. 图像文件大小的计算

一副分辨率为 640×480 的 24 位真彩色图像,由于一个像素点就需要 24 位二进制,一个字节等于 8 位二进制,即每个像素点就需要 3 个字节,640×480 个像素点,需要 640×480×3＝921 600 字节,由于 1 MB＝1024 KB＝1024×1024 字节,那么分辨率为 640×480 的 24 位真彩色图像大约需要 1 MB 的存储空间。因此一副未经压缩的图像的大小计算可以用以下公式

$$图像的大小＝图像的分辨率×颜色深度/8 \qquad (5\text{-}1)$$

单位为字节,一般需要转换为 MB。

例 5.1 1000 万像素即 3888×2592 像素点阵 24 位真彩色需要的存储空间

$$3888×2592×24/8＝30\ 233\ 088\ 字节＝29\ 524\ KB＝28.8\ MB$$

例 5.2 1000 万像素的一张照片就需要 29 MB 的空间,在一个 2 G 存贮卡上能存贮多少照片呢?

$$2×1024\ MB/29\ MB＝70.6$$

最多只能存贮 70 张照片,这就需要进行图像压缩。

Windows 下 BMP 位图格式,不采用任何压缩,用图像文件计算公式来计算文件大小,与实际 BMP 图像文件大小进行比较,来进一步理解图像文件。利用 Windows 中的画图程序画一幅色彩丰富的图,先调整画布的大小为 640×480 像素(在"图像"菜单"属性"里设置),图片画好后保存为 24 位位图,然后分别"另存为"256 色、16 色、单色位图,分别记下它们的实际文件大小,再按计算公式计算文件大小,如表 5.2 所示。

表 5.2 图像文件大小比较

图像类型	图像像素宽度×高度	实际文件大小/KB	计算文件大小/KB(带公式)
24 位	640×480	901 KB	640×480×24/8＝921 600 字节＝900 KB
256 色	640×480	301 KB	640×480×8/8＝307 200 字节＝300 KB
16 色	640×480	151 KB	640×480×4/8＝153 600 字节＝150 KB
单色	640×480	38 KB	640×480×1/8＝38 400 字节＝37.5 KB

从表中可以看出实际文件大小与计算文件大小非常接近,最多只差 1KB,这是由于实际存贮时需要包含位图文件的文件头,大约等于 54 个字节,它是彩色调色板的大小即图像所用的颜色数,由于存储算法本身决定的因素,根据图像参数计算出的文件大小与实际的文件大小只是有一些细小的差距。

再用画图程序重新打开 24 位位图,另存为 JPG 格式,实际大小为 24 KB,JPG 格式存贮的也是 24 位真彩色,它是图像文件常用的压缩格式,用 24 位真彩色的文件大小除以 JPG 格式的文件大小,就得到了图像文件的压缩比,900 KB/24 KB＝37.5,JPG 格式的压缩比非常高,但图像质量相差不明显。

5.2.3 图像的压缩编码技术

1. 图像为什么能被压缩

图像之所以能被压缩是因为图像存在大量冗余,当图像被压缩后,非图像专家并不能看出与原图像的差别。图像冗余主要包括空间冗余、时间冗余、视觉冗余等。

（1）空间冗余：是静态图像中存在的最主要的一种数据冗余。同一景物表面上采样点的颜色之间往往存在着空间连贯性，但是基于离散像素采样来表示物体颜色的方式通常没有利用这种连贯性。例如：图像中有一片连续的区域，其像素为相同的颜色，空间冗余产生。

（2）时间冗余：是序列图像中经常包含的冗余。一组连续的画面之间往往存在着时间和空间的相关性，但是基于离散时间采样来表示运动图像的方式通常没有利用这种连贯性。

（3）结构冗余：是在某些场景中，存在着明显的图像分布模式，这种分布模式称作结构。图像中重复出现或相近的纹理结构，可以通过特定的过程来生成。例如：方格状的地板，蜂窝，砖墙，草席等图结构上存在冗余。

（4）视觉冗余：人的视觉系统对于图像的注意是非均匀的、非线性的，视觉系统并不能对于图像的任何变化都有所感知。事实上，人类视觉系统的一般分辨能力约为 26 灰度级，而一般图像的量化采用的是 28 灰度级，这样的冗余称为视觉冗余。通常情况下，人类视觉系统对亮度变化敏感，而对色度的变化相对不敏感；在高亮度区，人眼对亮度变化敏感度下降对物体边缘敏感，内部区域相对不敏感；对整体结构敏感，而对内部细节相对不敏感。

由于存在这些冗余，采用压缩算法就可对数字图像进行压缩，减少存储空间，但图像的视觉效果没太大影响。

2. 静态图像压缩标准

静态图像中的像素与像素之间，行与行之间存在着较强的相关性，这就使压缩成为可能，从而产生了静态图像压缩标准，随着技术的发展，标准从 JPEG 发展到 JPEG2000。

1）静态图像压缩的标准 JPEG

JPEG（joint photographic experts group，JPEG）是一个通用的静态图像压缩标准，该标准定义了有损压缩和无损压缩的编码方案，使用范围广，即可以用于灰度图像，也可以用于彩色图像。

JPEG 标准由静态图像联合专家组于 1986 年开始制定，1994 年后成为国际标准，广泛应用于打印机、扫描仪、数码相机等设备。JPEG 标准包括基于 DPCM（差分脉冲编码调制）的无损压缩编码，基于 DCT（离散余弦变换）和 Fuffman（熵编码）有损压缩算法两个部分。前者不会产生失真，但压缩比很小；后一种算法进行图像压缩信息虽有损失，但压缩比可以很大。JPEG 压缩技术十分先进，它用有损压缩方式去除冗余的图像数据，在获得极高的压缩率的同时能展现十分丰富生动的图像，它支持多种压缩级别。JPEG 格式压缩的主要是高频信息，对色彩的信息保留较好，支持 24 位真彩色，同时由于 JPEG 格式的文件尺寸较小，网页可以较短的下载时间提供大量精美的图像，使得 JPEG 成为网络上最受欢迎的图像格式。

2）JPEG2000 标准

随着多媒体应用领域的激增，传统 JPEG 压缩技术已无法满足人们对多媒体图像资料的要求。因此，更高压缩率以及更多新功能的新一代静态图像压缩技术 JPEG 2000 随之诞生。JPEG 2000 作了大幅改进,其中最重要的是用 DWT(离散小波变换)替代了 JPEG 标准中的 DCT(离散余弦变换)。在文件大小相同的情况下,JPEG 2000 压缩的图像比 JPEG 质量更高,其压缩率比高约 30% 左右,精度损失更小,同时支持有损和无损压缩。JPEG 2000 格式有一个极其重要的特征在于它能实现渐进传输,即先传输图像的轮廓,然后逐步传输数据,不断提高图像质量,让图像由朦胧到清晰显示。此外,JPEG 2000 还支持所谓的"感兴趣区域"特性,可以任意指定影像上感兴趣区域的压缩质量,还可以选择指定的部分先解压缩。

JPEG 2000 和 JPEG 相比优势明显,且向下兼容,因此取代了传统的 JPEG 格式。JPEG 2000 即可应用于传统的 JPEG 市场,如扫描仪、数码相机等,又可应用于新兴领域,如网路传输、无线通信等。

5.2.4 常见的图像文件格式

自计算机出现以来,产生了许许多多的图像文件,因为互不兼容,有许多已经被淘汰。下面介绍几种现在常见的图像文件格式。

1. BMP 格式

BMP(位图格式)是 Windows 采用的图像文件存储格式,特点是包含的图像信息较丰富,它的颜色存储格式有 1 位、4 位、8 位及 24 位几种格式。几乎不进行压缩,占用磁盘空间较大,多应用在单机上,不受网络欢迎。

2. JPEG 格式

JPEG(联合图像专家组)格式是目前最主流的图片格式,文件后缀名为".jpg"或".jpeg"。在获取极高的压缩率的同时能展现十分丰富生动的图像,同时还具有调节图像质量的功能,允许用户使用不同的压缩比例对文件压缩。在 Photoshop 软件中以 JPEG 格式储存时,提供 13 级压缩级别,以 0~12 级表示。其中 0 级压缩比最高,图像品质最差。即使采用细节几乎无损的 10 级质量保存时,压缩比也可达 5∶1,第 8 级压缩是存储空间与图像质量兼得的最佳比例。目前各类浏览器均支持 JPEG 这种图像格式,因为 JPEG 格式的文件尺寸较小,下载速度快。

3. GIF 格式

GIF(图形交换格式)使用 LZW 无损压缩算法,具有较高的压缩比,允许用户为图像设置背景的透明属性。GIF 格式的另一个特点是其在一个 GIF 文件中存放多幅彩色图像,如果把存于一个文件中的多幅图像数据逐幅读出并显示到屏幕上,就可构成一种最简单的动画。目前 Internet 上大量采用的彩色动画文件多为这种格式的文件,此外,考虑到网络传输中的实际情况,GIF 图像格式还增加了渐显方式,也就是说,在图像传输过程中,用户可以先看到图像的大致轮廓,然后随着传输过程的继续而逐步看清图像中的细节部分,从而适应了用户的"从朦胧到清楚"的观赏心理。

4. TIFF 格式

TIFF(标记图像文件格式)用于在应用程序之间交换文件。TIFF 是一种灵活的图像格式,被所有绘画、图像编辑和页面排版应用程序所支持,主要用于黑白图像。几乎所有的桌面扫描仪都可以生成 TIFF 图像,而且 TIFF 格式还可加入作者、版权、备注以及自定义信息,存放多幅图像,细微层次的信息较多,有利于原稿阶调与色彩的复制。

5. PSD 格式

PSD(PhotoShop 的专用图像格式)保存了图像在创建和编辑过程中的许多信息,如层、通道、路径信息等,所以修改起来非常方便。在 PhotoShop 所支持的各种图像格式中,PSD 的存取速度比其他格式快很多,功能也强大。随着 PhotoShop 软件越来越广泛地应用,这个格式也逐渐流行起来。

6. PNG 格式

PNG(可移植性网络图像)是较新的图像文件格式,可直接作为素材使用,它有一个非常好的特点——背景透明。PNG 用来存储灰度图像时,灰度图像的深度可多到 16 位,存储彩色图像时,彩色图像的深度可多到 48 位,并且还可存储多到 16 位的 α 通道数据。PNG 格式能把图像文件压缩到极限以利于网络传输,又能保留所有与图像品质有关的信息,因为采用无损压缩方式来减少文件的大小,显示速度很快,只需下载 1/64 的图像信息就可以显示出低分辨率的预览图像,受最新的 Web 浏览器支持。

7. PDF 格式

PDF(可移植文档格式)是一种电子文件格式,与操作系统平台无关,由 Adobe 公司开发而成。PDF 文件格式可以将文字、字型、格式、颜色及独立于设备和分辨率的图形图像等封装在一个文件中。该格式文件支持超级链接,支持特长文件,集成度和安全可靠性都较高。对普通读者而言,用 PDF 制作的电子书具有纸版书的质感和阅读效果,可以"逼真地"展现原书的原貌,而显示大小可任意调节,给读者提供了个性化的阅读方式。

8. RAW 格式

RAW 格式是数码相机上专用的图像文件格式,该格式包含了原图片文件在传感器后,进入图像处理器之前的一切照片信息,图像处理软件可以对 RAW 图像进行参数调整,如照片的锐度、白平衡、色阶和颜色的调节,其他图片文件不具备这个功能。还可以从 RAW 图片的高光或昏暗区域提取照片细节。由于 RAW 文件较大,打开和处理 RAW 文件要耗费更多的时间,有些数码相机在拍照时可以同时以 RAW 与 JPEG 格式存储。兼容性不够强仍然是限制 RAW 格式发展的最大障碍。

5.2.5　显卡

1. 显卡

显卡是 CPU 与显示器之间的重要配件,也叫"图形加速卡"或"显示适配器"。显卡的作用是在 CPU 的控制下,将主机送来的显示数据转换为视频和同步信号送给显示器,最后由显示器输出各种各样的图像。

显卡主要由 GPU、显存、显卡 BIOS 及输出端口等几部分组成。图形处理器 GPU 是显卡上最主要的显示芯片,它减少了显示输出对 CPU 的依赖,并进行部分原本 CPU 的工作,显卡所支持的各种 3D 特效由 GPU 的性能决定,一块显卡采用何种显示芯片便大致决定了该显卡的档次和基本性能。

显存的主要功能就是暂时储存显示芯片要处理的数据和处理完毕的数据。GPU 的性能愈强,需要的显存也就越多。显卡主要采用 AGP 接口和 PCI Express 接口。

2. 显卡分类

(1) 独立显卡是指将显示芯片、显存及其相关电路单独做在一块电路板上,自成一体而作为一块独立的板卡存在,它需占用主板的扩展插槽 PCI-E(此前还有 AGP,PCI,ISA 等插槽)。独立显卡上单独安装有显存,一般不占用系统内存,在技术上也较集成显卡先进得多,比集成显卡能够得到更好的显示效果和性能,容易进行显卡的硬件升级;其缺点是系统功耗有所加大,发热量也较大,需额外花费购买显卡的资金。

(2) 集成显卡是将显示芯片、显存及其相关电路都做在主板上,一般都集成在主板的北桥芯片中;一些主板集成的显卡也在主板上单独安装了显存,但其容量较小,需使用系统内存来充当显存,其使用量由系统自动调节;集成显卡的显示效果与性能较差,不能对显卡进行硬件升级;其优点是系统功耗有所减少,不用花费额外的资金购买显卡。

(3) 核心显卡是一种新技术,它是 GPU 和 CPU 整合的技术,核心显卡就是指集成在 CPU 内部的显卡,如 i3,i5,i7 中集成的显卡。随着制作工艺的发展,厂商开始发现 CPU 里还有多余的空间,于是干脆把 GPU 也放进去。配主板时只要主板支持 CPU,核心显卡就可以直接把视频接口连在主板上,而实际上主板上并没有集成显卡,与集成显卡的区别就在于把显卡从主板上转移到 CPU 上。

(4) 双显卡是采用两块显卡(集成—独立、独立—独立)通过桥接器桥接,协同处理图像数据的工作方式。要实现双显卡必须有主板的支持。这种工作方式理论上能比原来提升两倍图像处理能力,但功耗与成本也很高,常见于发烧友组装的电脑。

5.2.6　数码照相机

数码照相机(digital camera,DC)是一种利用电子传感器把光学影像转换成电子数据的照相机,与普通照相机在胶卷上依靠溴化银的化学变化来记录图像的原理不同,数码相机的传感器(即成像元件)是一种光感应式的电荷耦合件(CCD)或互补金属氧化物半导体(CMOS),它的特点是光线通过时,能根据光线的不同,将现实场景转化为电子信号,以数字格式存储在可重复使用的存储卡或者其他介质上。用数码相机拍照时,图像被分成红、绿、蓝三种光线投影在电荷耦合器件上,CCD 把不同的光线转换成电荷,然后将电荷经过模数转换器,对数据进行编码,保存成数字格式。

1. 数码相机的性能指标

1）镜头

设计优良的高档相机镜头由多组镜片构成，并含有非球面镜片，可以显著的减少色偏和最大限度抑制图形畸变、失真，材质选用价格昂贵的萤石或玻璃来做镜片。而家用和半专业相机的镜头为减轻重量和降低成本，采用的是用树脂合成的镜片。

2）像素

像素指的是数码相机的分辨率。它是由相机里感光元件数目所决定的，即 CCD/CMOS 尺寸所决定，尺寸越大，感光面积越大，拍摄出来的相片越细腻，成像效果越好。目前市场上的数码相机一般都以百万为单位，从 500 万到 3630 万，足以满足在电脑上欣赏或者通过彩色打印机进行打印等多方面的需求，但需注意数码相机的有效像素和最大像素之间的区别，感光元件实际有效的成像像素才是决定图片质量的关键。

3）变焦

数码相机的变焦分为光学变焦和数码变焦两种。光学变焦是指相机通过改变光学镜头中镜片组的相对位置来达到变换其焦距的一种方式。而数码变焦则是指相机通过截取其感光元件上影像的一部分，然后进行放大以获得变焦的方式。几乎所有数码相机的变焦方式都是以光学变焦为先导，待光学变焦达到其最大值时，才以数码变焦为辅助变焦的方式，继续增加变焦的倍率。

4）电池及续航能力

数码相机因带有 LCD 显示屏及内置闪光灯，因而电池消耗量比传统相机大，目前主流数码相机皆已采用锂电池，锂电池的容量越大续航能力越强。

5）LCD（液晶显示屏）

数码相机与传统相机最大的一个区别就是它拥有一个可以及时浏览图片的屏幕，称之为数码相机的显示屏，一般为液晶结构（LCD，全称为 Liquid Crystal Display）。显示屏越大，查看拍摄效果越清晰，但耗电量也增大。还有可旋转的显示屏，旋转给取景带来更多的便利。

6）防抖动

拍照后有时会发现照片人物比较模糊，这是因为相机把持得不稳，按快门的力度过重造成的。在实际拍摄中拍摄者的手在相机感光过程中的抖动是客观存在的，现在的数码相机都有一定的防抖功能。一是光学防抖；二是数码防抖。光学防抖是在成像光路中设置特殊设计的镜片，能够感知相机的震动，并根据震动的特点与程度自动调整光路，使成像稳定。而数码防抖是通过软件计算的方法，利用成像扫描过程与机械快门开启的过程相互配合校正震动的影响，获取稳定的画面。一般而言，设计精良的光学防手震系统效果要可靠、真实一些。

2. 数码相机的分类

1）单反数码相机

即单镜头反光数码相机，在单反数码相机的工作系统中，光线透过镜头到达反光镜后,折射到上面的对焦屏并结成影像,透过接目镜和五棱镜帮助我们在观景窗中看到外面的景物。这种构造决定了单反相机是完全透过镜头对焦拍摄的,使观景窗中所看到的影像和胶片上永远一样,而且它的取景范围和实际拍摄范围基本上一致,十分有利于直观地取景构图。典型的单反数码相机如图 5.9 所示。

图 5.9　单反数码相机

单反数码相机一般都定位在数码相机中的高端产品,因此在感光元件的面积上远大于普通数码相机,这使得其每个像素点的感光面积也远远大于普通数码相机,因此每个像素点也就能表现出更加细致的亮度和色彩范围,从而拍摄出更加优质的图片。另外,单反数码相机的另一大的特点就是可以交换不同规格的镜头,实现有针对性的拍摄,这是单反相机天生的优点,是普通数码相机不能比拟的。适合专业和半专业人士使用,适用于各种专业摄影、广告摄影、人像摄影、图片印刷等场合。

2) 单电相机

单电相机指采用电子取景器(EVF)且具有数码单反功能(如可更换镜头、具备快速相位检测自动对焦,较大的影像传感器尺寸等)的相机。与单反相机的区别是取景器,图像是液晶显示器再生成的,看起来比较虚,判断是否合焦比较困难,单电相机最大的优点是体积小巧,成像质量很专业。

3) 卡片相机

卡片相机是一个边界比较模糊的概念,小巧的外形、相对较轻的机身以及超薄时尚的设计是衡量此类数码相机的主要标准。

卡片数码相机最大的优点是便捷,可以轻松的收进口袋里。虽然大部分卡片相机的功能并不非常强大,但是最基本的一些功能像曝光补偿之类还是它的标准配置,可以帮助你对画面的曝光进行基本控制,再配合色彩、清晰度、对比度等选项,很多优秀的照片也可以来自这些被看作"玩具"的小东西的。这种相机体积小巧,外观时尚,有多种色彩可选择,便于携带。特别适合没有多少摄影经验的旅游者、年轻人使用。

4) 长焦数码相机

长焦数码相机指的是具有较大光学变焦倍数的机型,而光学变焦倍数越大,能拍摄的景物就越远。长焦数码相机的镜头其实和望远镜的原理类似,即通过镜头内部镜片的移动改变焦距。镜头的长度与变焦功能有很大的相关性,一般镜头越长的数码相机,内部的镜片和感光器移动空间更大,所以变焦倍数也更大。

长焦相机特别适合拍摄远处的景物,或者是用于被拍摄者不希望被打扰时。另外焦距越长则景深越浅,这样就可以实现突出主体而虚化背景的效果,使拍出来的照片看起来更加专业。但是,对于镜头的成像来说,变焦范围越大图像的质量就越差,10 倍超大变焦的镜头常常会遇到镜头畸变和色散两个问题,另外,长焦相机手持拍摄时的抖动以及长焦端的对焦速度,都会影响到拍摄效果。

5.3　音频信息基础

5.3.1　声音的物理特征

声音可用一种连续的随时间变化的波形来表示。声波的振幅反映了声音的大小,即音量;声波的频谱周期决定了声音的音色;声波的频率决定了声音的音调,频率越大,音调越高,频率越小,音调越低。声音按其频率的不同可分为次声、可听声和超声三种。频率低于 20 Hz 的是次声,频率高于 20 kHz 的是超声。次声和超声是人耳听不到的声音。可听声的频率范围在 20 Hz～20 kHz 之间。多媒体计算机中处理的声音信息主要指的是可听声,所以也叫音频信息(Audio)。音频信息的质量与其频率范围有关,一般可大致分为电话语音(200 Hz～3.4 kHz)、调幅广播(50 Hz～7 kHz)、调频广播(20 Hz～15 kHz)及宽带音响(20 Hz～20 kHz)等几个质量等级。

音量的大小决定于发声体振动的振幅,音调的高低决定于发声体振动的基准频率,音色由声音的频谱决定,除一个基音外,还有许多不同频率的谐波,各个谐波的比例不同,随时间衰减的程度不同,音色就不同。

音质是指声音的品质,主要是衡量声音的音量、音调和音色三方面是否达到一定的水准。声音的泛音适中,谐波较丰富,听起来音色就优美动听。

5.3.2　声音信号的数字化

声音在物理上是一条连续变化的模拟信号,如图 5.10 所示,这条连续变化的曲线无论多么复杂,都可以分解成一系列正弦波的线性叠加,它是时间和幅度上连续变化的量。

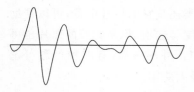

图 5.10　声音是一种连续的波

当麦克风获取语音和音乐信号时,就生成声波的电信号,是模拟信号。模拟信号在传输和处理时很容易受到干扰,随着技术的发展,声音信号逐渐使用数字信号(digital signal)来表示和存储。将模拟信号转换为数字信号(A/D)的一个关键步骤是声音的采样和量化,得到数字音频信号,它在时间上是不连续的离散信号。

1. 采样

早在 20 世纪 40 年代,信息论的奠基者香农(Shannon)就证明了采样原理:在一定的条件下,用离散的序列可以完全代表一个连续函数。这是数字化技术的一个重要基础。

采样的过程是每隔一个时间间隔段在模拟声音的波形上截取一个幅度值,把时间上的连续信号变成时间上的离散信号,如图 5.11 所示。该时间间隔称为采样周期,其倒数为采样频率。采样频率是指计算机每秒钟取得的声音样本(幅度值)的个数,采样的频率越高,即采样的周期越短,那么在单位时间内计算机得到的声音样本的数据就越多,对声音波形的描述就越精确。

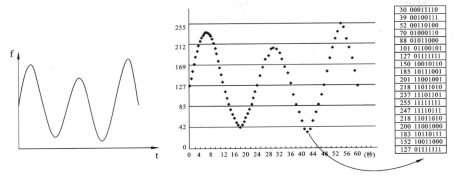

图 5.11　声音的采样

到底采样频率要达到多少才能使获得的离散信号能较好地表现声音的连续信号呢？根据奈奎斯特理论：如果采样频率不低于信号的最高频率的两倍，就能把以数字表达的声音还原成原来的声音。例如，电话语音的频带宽度为 200 Hz～3400 Hz，最高频率为 3400 Hz，它所需的采样频率为 6800 Hz，实际应用中其采样频率为 8000 Hz；CD 存储的音频信号频带宽度为 20 Hz～20 kHz，采样频率在 40 kHz 以上，就能还原出原来的声音，实际应用中其采样频率为 44.1 kHz。48 kHz 的采样频率则是 DVD Audio 或专业领域才会采用的。当然采样的频率越高，得到的数据占用的存储空间就越大。

2. 量化

采样解决了音频信号在时间坐标（即横轴）上把一个波形划分成若干等份的问题，但每一个等份的幅度值（即纵轴）还需要用某种数字化的方式来描述，这个描述过程就是量化。先将整个声波的幅度划分成有限个区段的集合，然后将采样值对应到这些区段上，把落在同一个区段的采样值赋予相应的量化值。例如：电压的变化幅度为 0.1～0.5，将它分为 4 个区段：[0.1,0.2),[0.2,0.3),[0.3,0.4),[0.4.,05)，然后设每个区段的量化值分别为 00,01,10,11；如果每隔 1 s 采样到的电压值分别为 0.13,0.2,0.45,0.32；则将采样值量化后为：00,01,11,10。量化时用多少个二进制位来存储数字声音信号称为量化精度，这个数值越大，分辨率就越高，录制和回放的声音就越真实，但是得到的数据所需的存储空间就越大。量化精度客观地反映了数字声音信号对输入声音信号描述的准确程度。如表 5.3 所示是不同类型声音信号的采样频率和量化精度。

表 5.3　不同类型的声音信号的采样频率和量化精度

信号类型	频率范围/Hz	采样频率/kHz	量化精度/bit
电话语音	200 ～ 3 400	8	8
宽带音频	50 ～ 7 000	16	16
调频广播	20～ 15 000	37.8	16
高质量音频	20～ 22 000	44.1	16

在相同的采样频率下，量化位数越多，声音的质量越好。同样，在相同的量化精度下，

采样频率越高,声音效果越好。

3. 声道数

反映音频数字化质量的另一个因素是声道数。声道个数是指记录声音时,如果每次生成一个声波的数据,称为单声道;每次生成二个声波数据,称为双声道(立体声);每次生成二个以上声波数据,称为多声道(环绕立体声)。

4. 声音文件的计算

影响数字化音频质量有采样频率、量化位数和声道数 3 个要素。声音信息数字化后的数据量计算公式为

$$声音文件大小 = 采样频率(Hz) \times 采样量化位数 \div 8 \times 声道数 \times 时间(秒) \quad (5\text{-}2)$$

单位为字节数,一般需要转换为 MB。

例 5.3　采样频率为 8 KHz,量化精度为 8 位,1 分钟单声道的声音文件大小为

$$8000\ \text{Hz} \times 8\ \text{bit} \div 8 \times 1 \times 60\ \text{s} = 480\ 000\ \text{B} = 468.75\ \text{KB}$$

例 5.4　采样频率为 8 kHz,量化精度为 8 位,如果使用双声道,1 分钟该声音文件的大小为

$$8000\ \text{Hz} \times 8\ \text{bit} \div 8 \times 2(声道数) \times 60\ \text{s} = 960\ 000\ \text{B} = 937.5\ \text{KB}$$

例 5.5　双声道的声音,若用 16 位量化精度,44.100 kHz 采样频率,每分钟的声音大小为

$$44.1 \times 1000\ \text{Hz} \times 16\ \text{bit} \div 8 \times 2 \times 60\ \text{s} = 10\ 584\ 000\ \text{B} = 10\ 336\ \text{KB} \approx 10.09\ \text{MB}$$

用录音机程序录制三段音乐,如表 5.4 所示分别设置声音的属性,录制完后,保存为 WAV 格式,这是未压缩的文件格式,分别记下它们的实际文件大小,再按公式(5-2)计算声音文件大小,单位为 MB。

表 5.4　声音文件的计算

声音的属性	时间/s	实际文件大小/KB	计算文件大小/KB
44.10 kHz,16 位,立体声	25.27	4.25 MB	44 100 Hz×16 bit÷8×2×25.27 s=4.25 MB
16 kHz,16 位,立体声	25.27	1.54 MB	16 000 Hz×16 bit÷8×2×25.27 s=1.54 MB
8 kHz,8 位,单声道	25.27	197 KB	8 000 Hz×8 bit÷8×1×25.27 s=197 KB

从表中可以看出实际文件大小与计算文件大小相差不大,除了音乐文件本身,还包含了文件头文件尾等信息。

音频采样的数据量有两方面因素决定:

(1) 音质因素,由采样频率、量化位数和声道数 3 个参数决定。

(2) 时间因素,采样时间越长,数据量越大。

根据以上的计算可以看出,未压缩的声音文件是非常大的。由于播放设备、传输线路和网络传输速度的限制,需要对声音数据进行压缩,压缩后的数据速率会变小,声音文件所需的存储空间也会变小,一般来说声音质量会有所损失。

5.3.3　音乐合成技术 MIDI

1. MIDI 规范

多媒体计算机中发出的声音有两种来源,一是获取,另一是合成。

MIDI(musical instrument digital interface)是数字乐器接口的国际标准,是计算机和 MIDI 设备之间进行信息交换的一整套规则,包括各种电子乐器之间传送数据的通信协议等,它实际上是一段音乐的描述。

MIDI 声音与数字化波形声音完全不同,它不是对声波进行采样、量化和编码,而是将数字式电子乐器的弹奏过程记录下来,如按了哪一个键、力度多大、时间多长等等。它实际上是一串时序命令,用于记录电子乐器键盘弹奏的信息,包括键、通道号、持续时间、音量和力度等。这些信息称之为 MIDI 消息,是乐谱的一种数字式描述。当需要播放时,只需从相应的 MIDI 文件中读出 MIDI 消息,生成所需要的乐器声音波形,经放大后由扬声器输出。

与波形文件相比,MIDI 文件要小得多。例如半小时的立体声音乐,MIDI 文件只有 0.2 MB 左右,而波形文件则差不多 300 MB。

2. 制作 MIDI 音乐的基本设备

制作 MIDI 音乐的基本设备是音源库、音序器和输入设备。如图 5.12 所示。

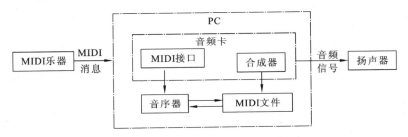

图 5.12　制作 MIDI 音乐的基本设备

(1) 音源库。音源库中存储了大量实际乐器的数字化声音;譬如有钢琴的音色样本,有吉他的音色样本等。如何调用音源库是由 MIDI 制作的心脏——音序器来完成的。

(2) 音序器的主要功能是把 MIDI 键盘传来的 MIDI 信号分轨地记录下来,供作曲者进行修改、编辑等。再将这些信号送至音源发声。音序器有以硬件形式提供的,目前大多为软件音序器。音序器的作用把一首曲子所需的音色,节奏,音符等等按照一定的序列组织好让音源发声,它实际上是记录了音乐的一些要素,拍子,音高,节奏,音符时值等,所有的音乐都必须由这些要素组成,音序器是以数字的形式记录下它们。MIDI 文件的本质内容实际上就是音序内容。音序器软件能够进行可视化的编辑和创作。

(3) 输入设备。如果仅仅是欣赏 MIDI 音乐,是无须输入设备的,而如果是制作 MIDI 音乐,就需要输入设备了。人们制造了各种与传统乐器形式一致的 MIDI 乐器,如 MIDI 键盘、MIDI 吹管、MIDI 吉他、MIDI 小提琴等,用户演奏这些 MIDI 乐器,所形成的乐曲的各种信息就可以通过 MIDI 接口告诉音序器。

　　演奏 MIDI 文件时,音序器把 MIDI 消息从文件送到合成器,合成器解释 MIDI 文件中的指令符号,生成所需要的声音波形,经放大后由扬声器输出,声音的效果比较丰富。

　　通常,MIDI 合成器内置于计算机的声卡上。播放声音时,合成器把数字表示的声音转换为波形模拟信息,然后,合成器把模拟信号送给扬声器,再由扬声器产生实际的声音。

　　用计算机制作 MIDI 音乐,最简单的方式是配有 MIDI 的声卡和音箱,安装好音序器软件。运行音序器软件(如 Cakewalk),选择一种乐器或虚拟乐器,选择音色,通过 MIDI 键盘演奏一段音乐,音序器录制这段音乐,将演奏结果转化为音序内容存放到音序器,在需要时可进行音序内容的编辑修改,试播,最后以 MIDI 格式文件存盘。播放这段音乐时,音源库依据音序内容,用选定的音色播放 MIDI 音乐。图 5.13 所示的是硬件音序器与电子键盘连接示意图。

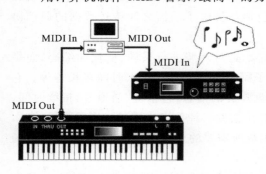

图 5.13　硬件音序器与电子键盘连接示意图

　　除了用计算机制作 MIDI 音乐外,还有专业的电子合成器,它兼有 MIDI 键盘的功能,提供各类音色,不需要计算机就可以完成音乐的制作。

3. MIDI 音乐合成

　　MIDI 要形成电脑音乐必须通过合成。早期的 ISA 声卡普遍使用的是 FM 合成,即"频率调变",它通过多个频率的声音混合来模仿乐器的声音,由于技术本身的局限,效果很难令人满意。现在的声卡大都采用的是波表合成,它预先录制各种乐器的典型音符,利用采样方法将其数字化,然后将数字化的乐音样本合成为一张波形表,放在音源库中,在合成时用查表的方法得到需要的基本乐音,然后经过合成和包络处理生成需要的音乐。由于它采用的是真实乐器的采样,可以产生逼真的声音效果。一般波形表的乐器声音信息都以 44.1 kHz、16 bit 的精度录制,以达到最真实的回放效果。理论上,音源库容量越大音乐合成效果越好。

4. MIDI 音乐制作

　　从技术上讲,创作 MIDI 音乐的过程与将现有的音频数字化的过程完全不同。如果把数字化音频比成位图图像,那么 MIDI 就可以类比为矢量图形。为了制作 MIDI 音乐,需要按图 5.13 所示构成系统,即多媒体计算机中的声卡需要有 MIDI 声音合成器,还需要一个作曲(音序器)软件及一个 MIDI 键盘,这样才具备创作 MIDI 音乐的基础条件。音乐作曲软件提供了输入音符、指定乐器、打印 MIDI 乐谱以及播放 MIDI 音乐等功能。如图 5.14 所示是用记谱软件 Overture 打开的 ove 格式文件,它是以五线谱形式记录音乐,可进行音乐文件编辑,编辑好后选择一种乐器,单击播放按钮即可听见音乐。ove 是一种 MIDI 格式文件,文件非常小。

图 5.14 记谱软件 Overture 窗口

如果在计算机上装备了高级的 MIDI 软件库,可将音乐的创作、乐谱的打印、节目编排、音乐的调整、音响的幅度、节奏的速度、各声部之间的协调、混响都由 MIDI 来控制完成。

播放 MIDI 音乐时,首先由 MIDI 合成器根据 MIDI 指令产生声音,然后将该声音信号送至声卡的模拟信号混合芯片中进行混合,最后从扬声器中发出声音。MIDI 文件的内容除了送至 MIDI 合成器外,也同时送到声卡的 MIDI 输出口,可由外部合成器读取。MIDI 音频音质的优劣主要取决于 MIDI 合成器的质量,为了获取满意的效果,可以配置专门的外部合成器。

现代流行音乐基本上都是以多轨录音和电子音响合成技术制作出来的,利用 MIDI 技术将电子合成器、电子节奏机(电子鼓机)和音序器连接在一起即可演奏模拟出气势雄伟、音色变化万千的音响效果,又可将演奏中的多种按键数据存储起来,极大地改善了音乐演奏的能力和条件。MIDI 格式的主要限制是它缺乏重现真实自然声音的能力,因此不能用在需要语音的场合。

5.3.4 音频压缩标准

1. 音频信号压缩编码的必要性

数字音频的质量取决于:采样频率、量化位数和声道数,为了声音保真在时间变化方向上取样点尽量密,取样频率要高;在幅度取值上尽量细,量化比特率要高,音频文件数据量就相当大。文件大对于进行传输或存储都会形成巨大的压力,音频信号的压缩是在保证一定声音质量的条件下,尽可能以最小的数据率来表达和传送声音信息。

声音信号能进行压缩编码的基本依据主要有 3 点:

(1)声音信号中存在着很大的冗余度,包括时域冗余、频域冗余和听觉冗余,通过识别和去除这些冗余度,便能达到压缩的目的。

(2)音频信息的最终接收者是人,人的视觉和听觉器官都具有某种不敏感性。舍去人的感官所不敏感的信息对声音质量的影响很小,甚至可以忽略不计。例如,人耳听觉中有一个重要的特点,即听觉的"掩蔽",它是指一个强音能抑制一个同时存在的弱音的听觉现象。利用该性质,可以抑制与信号同时存在的量化噪音。

(3)对声音波形采样后,相邻采样值之间存在着很强的相关性。

音频数据压缩编码的方法有多种,可分为无损压缩和有损压缩两大类。无损压缩主要包含各种熵编码;而有损压缩则可分为波形编码、参数编码、感知编码和同时利用多种技术的混合编码。波形编码可以获得很高的声音质量,因而在声音编码方案中应用较广。

2. 音频压缩编码标准

在音频编码标准中取得巨大成功的是 MPEG 系列音频标准,即 MPEG-1/2/4 等和 Dolby 音频压缩标准。

1) MPEG-1 音频压缩编码

MPEG-1 声音压缩编码是国际上第一个高保真声音数据压缩的国际标准,它分为三个层次:

层 1(Layer 1) 编码简单,用于数字盒式录音磁带。

层 2(Layer 2) 算法复杂度中等,用于数字音频广播(DAB)和 VCD 等。

层 3(Layer 3) 编码复杂,用于互联网上的高质量声音的传输和数字音频专业的制作、交流、存储,如 MP3 音乐,压缩率达到 10。

2) MPEG-2 音频压缩编码

MPEG-2 的声音压缩编码采用与 MPEG-1 声音相同的编译码器,层 1、层 2 和层 3 的结构也相同,但它能支持 5.1 声道和 7.1 声道的环绕立体声。

3) MPEG-4 音频压缩编码

MPEG-4 是一种针对交互式多媒体应用的格式、框架的定义,具有高度的灵活性和扩展性,支持自然声音、合成声音及自然与合成声音混合的编码方式,以算法和工具形式对音频对象进行处理和控制,以求用最少的数据获得最佳的质量。

4) MPEG-7 标准

MPEG-7 标准被称为"多媒体内容描述接口",其目标就是产生一种多媒体内容数据的标准,满足实时、非实时以及推—拉应用的要求,解决日渐庞大的图像声音信息的管理和迅速的搜索。

5) Dolby AC-3 技术

这是由美国杜比实验室针对环绕声开发的一种音频压缩技术。Dolby AC-3 是一种感知型压缩编码技术,在 5.1 声道的条件下,可将码率压缩至 384kbps,压缩比约为 10∶1。Dolby AC-3 最初是针对影院系统开发的,但目前已成为应用广泛的环绕声压缩技术。

3. MP3 压缩技术

MP3 的全称是 MPEG Audio Layer Ⅲ,它是 MPEG 的一个音频压缩标准。MP3 的压缩比高达 10∶1,而人耳却感受不到明显的失真,在 Internet 上得到了广泛应用,成了事实上的网络音频编码标准。

将音频文件压缩成 MP3 文件,其实就是利用 MP3 编码器找到并删除音频文件中人耳听不到的声音。正常的人耳只能听到频率在 20 Hz～20 kHz 的声音,音频文件中包含的一些声音可能超出了人耳所能听到的范围,另外还有一些细微的声音可能被更大的声音掩盖,还有一些音乐中的声音可能根本就是多余的,编码软件能将代表这类声音的信息找出来并加以删除。这样,原先臃肿的音频文件就变小了。

MP3 格式在音乐质量做很小牺牲的情况下将文件大小缩小,能以不同的压缩率压缩,但压缩的越多,声音质量下降的也越多。标准的 MP3 压缩比是 10∶1～12∶1,一个 3 分钟长的音乐文件压缩后大约是 4 MB。

从音乐品质方面来看,由于 MP3 是采用 10∶1 的数字压缩格式,在 64 kbps 压缩率下,过滤掉了 10 kHz 以上的声音来节省空间,但音乐的细节部分特别是高频会受到损耗,所以,在听感上仍无法和采用传统模拟技术的磁带以及采用无损编码方式的 CD 唱片相媲美。

5.3.5　常见的音频文件格式

1. WAV 格式

该格式记录声音的波形,故只要采样率高、采样字节长、机器速度快,WAV 格式记录的声音文件能够和原声基本一致,质量非常高,但就是文件太大。

2. MP3 格式

现在最流行的声音文件格式,因其压缩率大,在网络音频通信方面应用广泛,但和 CD 唱片相比,音质不能令人非常满意,现在网络上出现了标准品质 mp3(128 Kbps)、高品质 mp3(192 Kbps)和超高品质 mp3(320 Kbps)三种 mp3 文件,满足不同人的需求。

3. RealAudio 格式

Real network 推出的一种音乐压缩格式,RealAudio 文件有三类文件后缀:ra,rm 和 ram,它的压缩比可达到 96∶1,在低速网上该格式文件也可实时传输。

4. WMA 格式

Windows Media Audio 的文件格式,它通过减少数据流量但保持音质的方法来达到比 MP3 更高的压缩率,一般都在 18∶1,另外,WMA 的内容提供商可以提供防复制保护。

5. CD 格式

CD 唱片采用的格式，CD Audio 音乐扩展名为 cda，也叫"红皮书"格式，记录的是波形流，绝对的纯正、高保真。但缺点是无法编辑，文件长度太大。

6. MIDI 格式

目前最成熟的音乐格式，扩展名为 mid，除交响乐 CD、Unplug（不插电）CD 外，其他 CD 往往都是利用 MIDI 制作出来的，作为音乐工业的数据通信标准，MIDI 能指挥各音乐设备的运转，而且具有统一的标准格式，能够模仿原始乐器的各种演奏技巧甚至无法演奏的效果，而且文件的长度非常小。

5.3.6　音频卡

多媒体计算机系统中都有音频信号处理功能，但实现方法各不相同。美国苹果公司的 Macintosh 计算机一开始就被设计成具有音频处理能力的多媒体计算机，而使用 Windows 平台的 PC 系列机，起初没有声音处理能力，而是通过扩充一个专门的音频处理部件——音频卡也叫声卡，来实现其声音处理的。

声卡从话筒中获取声音模拟信号，通过模数转换器（ADC），将声波振幅信号采样转换成一串数字信号，存储到计算机中。重放时，这些数字信号送到数模转换器（DAC），以同样的采样速度还原为模拟波形，放大后送到扬声器发声，这一技术称为脉冲编码调制技术（PCM）。

1. 声卡的种类

声卡发展至今，主要分为板卡式、集成式和外置式三种接口类型，以适用不同用户的需求，三种类型的产品各有优缺点。

板卡式产品是现今市场上的中坚力量，产品涵盖低、中、高各档次，售价从几十元至上千元不等。板卡式产品多为 PCI 和 PCI-E 接口，支持即插即用，安装使用都很方便。

集成式声卡集成在主板上，具有不占用 PCI 接口、成本更为低廉、兼容性更好等优势，能够满足普通用户的绝大多数音频需求，自然就受到市场青睐。而且集成声卡的技术也在不断进步，PCI 声卡具有的多声道、低 CPU 占有率等优势也相继出现在集成声卡上，它也由此占据了主导地位，占据了声卡市场的大半壁江山。

集成声卡可分为硬声卡和软声卡，软声卡仅集成了一块信号采集编码的 Audio CODEC 芯片，声音部分的数据处理运算由 CPU 来完成，因此对 CPU 的占有率相对较高。硬声卡的设计与 PCI 式声卡相同，只是将两块芯片集成在主板上。

外置式声卡：是创新公司独家推出的一个新兴事物，它通过 USB 接口与 PC 连接，具有使用方便、便于移动等优势。但这类产品主要应用于特殊环境，如连接笔记本实现更好的音质等。

2. 声卡的标准

在 2004 年以前，声卡采用的是 AC97 规范，只支持双声道。双声道虽然满足了人们对左、右声道位置感受的要求，但是随着波表合成技术的出现，由双声道发展到多声道的需求变得越来越强烈。目前 5.1 声道已广泛应用于各类传统的影院和家庭影院，它是由中央声道、前置左声道、前置右声道、后置左声道、后置右声道、后置右环绕声道和重低音声道组成。在欣赏影片时，它有利于加强人声，把对话的声音集中在整个声场的中部，以增强整体声音效果。

随着音频技术的进步，高品质多声道的音频编码技术对计算机声卡提出了更高的要求，Intel 携同多家企业共同制订了高保真音频标准（HD Audio）。它支持最高 7.1 声道音效输出，拥有 32 bit/192 kHz 的采样标准，目的是为了满足电影和游戏的高清晰多声道音频的解码需求，还原出更平滑细腻、更真实的声音。

现在，主板上的集成声卡都已支持 HD Audio，并且 Windows 操作系统已经内置了规范的 HD Audio 音频驱动程序，几乎所有的 HD Audio 集成声卡都可以在 XP 及高版本下直接启用。现在主板上广泛采用的都是 5.1 声道或 7.1 声道的集成声卡。

要实现电脑上的 5.1 多声道影院效果，需要配置 5.1 声道的音箱、5.1 声道声卡、DVD 播放软件，图 5.15 所示为 5.1 声道声卡的接口示意图。

图 5.15　5.1 声道声卡

衡量声卡性能的两个参数是采样率和量化位数。对声音进行采样的三种标准：语音效果（11 kHz）、音乐效果（22 kHz）、高保真效果（44.1 kHz）。目前声卡的最高采样率为 48 kHz 以上，可以达到高保真效果。16 位声卡是指量化位数为 16，从最低音到最高音有 65 536 个高低音级别，这种级别的声卡基本能还原出原始声音的特征。

5.3.7　其他音频技术

1. 语音合成技术

一般来讲，实现计算机语音输出有两种方法：一是播放事先录制好的声音；二是文语转换。若采用第一种方法，首先要把录制好的模拟语音信号转换成数字形式，编码后存于存储设备中，播放时，再经解码，重建声音信号（重放）。这种方式可获得高音质声音，并能保留特定人或乐器的音色，但所需的存储容量随录音时间线性增长，可能非常巨大。

第二种方法是基于声音合成技术的一种声音产生技术，它可用于语音合成和音乐合成。文语转换是语音合成技术的延伸，它能把计算机内的文本转换成连续自然的语音流。若采用这种方法输出语音，应预先建立语音参数数据库、发音规则库等。需要输出语音时，系统按需求先合成语音单元，再按语音学规则或语言学规则，连接成自然的语流。文语转换的参数库不随发音时间增长而加大,规则库会随语音质量的要求而增大。

计算机语音输出按其实现的功能来分,可以分为两个档次:

(1) 有限词汇的计算机语音输出。这是最简单的计算机语音输出,适合于特定场合的需求。它可以采用录音/重放技术,或针对有限词汇采用某种合成技术,对语言理解没有要求。可用于语音报时、汽车报站等。

(2) 基于语音合成技术的文字语音转换(TTS),实现由书面语言到语音的转换。它对书面语言进行处理,将其转换为流利的可理解的语音信号。这是目前计算机语音输出的主要研究阶段。它并不只是由正文到语音信号的简单映射,它还包括了对书面语言的理解,以及对语音的韵律处理。

2. 语音识别技术

口语是最自然最有效的交际方式,用对计算机讲话的方式来控制计算机或输入文字要比用键盘和鼠标好得多,这种技术的基础是语音识别和理解。语音识别是将人发出的声音、字或短语转换成文字、符号,或给出响应,如执行控制、做出回答。语音识别的研究已有几十年的历史,带有语音功能的计算机将很快成为大众化产品。语音识别将可能取代键盘和鼠标成为计算机的主要输入手段,使用户界面产生一次飞跃,所以语音识别所具有的商业前景是不可估量的。

语音识别的目的是抽取语音信号携带的信息。语音信号是时间依赖信号,具有时变性、瞬变性的特点,其随机性和非平稳性给识别带来很多困难。有众多专家从事语音识别相关技术的研究,基于语言学知识,建立语音识别的高层模型,识别并理解语言是我们的最终目的。

目前比较成熟的应用有特定人语音识别系统、非特定人语音识别系统、说话人识别系统、话语系统等。

5.4　数字视频信息

5.4.1　视频信息

1. 视频

视频(Video)就是其内容随时间变化的一组动态图像,所以又叫运动图像或活动图像。它是一种信息量最为丰富、直观、生动、具体的承载信息的媒体。

视频信号具有以下特点:

(1) 内容随时间的变化而变化。

(2) 伴随有与画面同步的声音。

视觉暂留是人眼具有的一种性质。人眼观看物体时,成像于视网膜上,并由视神经输入人脑,感觉到物体的像;但当物体移去时,视神经对物体的印象不会立即消失,而要延续一段时间。利用这一原理,在一幅画还没有消失前播放下一幅画,就会给人造成一种流畅的视觉变化效果。连续的图像变化每秒超过 24 帧(frame)画面以上时,根据视觉暂留原理,人眼无法辨别每副单独的静态画面,看上去是平滑连续的视觉效果。

视频是时间上连续的一系列图像的集合,与加载的同步声音共同呈现动态的视觉和听觉效果。动画和视频是连续渐变的静态图像或图形序列,沿时间轴顺次更换显示,从而构成运动视觉的媒体。

2. 视频的分类

按照处理方式的不同,视频分为模拟视频和数字视频。

1)模拟视频

模拟视频(analog video)是一种用于传输图像和声音的随时间连续变化的电信号。模拟视频信号的缺点是:视频信号随存储时间、拷贝次数和传输距离的增加衰减较大,会引起信号的损失,不适合网络传输,也不便于分类、检索和编辑。

2)数字视频

要使计算机能够对视频进行处理,必须把模拟视频信号进行数字化,形成数字视频(Digital Video——DV)信号。

视频数字化是将模拟视频信号经模数转换和彩色空间变换,转为计算机可处理的数字信号,使得计算机可以显示和处理视频信号。模拟信号向数字信号的转换需要相应软、硬件,进行压缩、快速解压及播放。

视频信号数字化以后,有着模拟信号无可比拟的优点:适合于网络应用、再现性好、便于计算机处理等。数字视频的缺点在于处理速度慢、所需要的存储空间大,从而使得数字视频的处理成本增高,因此对数字视频的压缩变得尤为重要。目前数字视频的使用非常广泛,例如:有线电视、卫星通信、数字电视、VCD、DVD、数字便携式摄像机等。

3. 数字视频的制式

数字视频是由一系列静止画面组成,和电影一样,这些静止画面被称为帧。一般来讲,帧率选择在每秒 24～30 帧之间,视频的运动就非常光滑连续;而低于每秒 15 帧,连续运动视频就会有停顿的感觉。

我国和东南亚等地方采用的视频标准是 PAL 制式,它规定视频每秒 25 帧,分辨率为720 * 576。

美国和日本等国的制式是 NTSC 制式,它规定每秒 30 帧,其图像分辨率为 720 * 486。由于 PAL 制与 NTSC 制的场频、行频以及色彩处理方式均不同,因此两者是互不兼容的。

4. 影响数字视频质量的因素

在多媒体数字视频中有 5 个重要的技术参数将最终影响视频图像的质量,它们分别为帧速、分辨率、颜色数、压缩比和关键帧。

(1)帧速:常用的有 25 帧/秒(PAL)、30 帧/秒(NTSC)。帧速越高,数据量越大,质量越好。

(2)分辨率:视频分辨率越大,数据量越大,质量越好。要注意区分视频分辨率和视频显示分辨率(显示的像素点数)。

（3）颜色数：指视频中最多能使用的颜色数。颜色位数越多，色彩越逼真，数据量也越大。

（4）压缩比：压缩比较小时对图像质量不会有太大影响，而超过一定倍数后，将会明显看出图像质量下降，而且压缩比越大在回放时花费在解压的时间越长。

（5）关键帧：视频数据具有很强的帧间相关性，动态视频压缩正是利用帧间相关性的特点，通过前后两个关键帧动态合成中间的视频帧。因此对于含有频繁运动的视频图像序列，关键帧数少就会出现图像不稳定的现象。

5.4.2　视频的数字化

视频数字化通常采用两种方法：一种是将模拟视频信号输入到计算机中，通过视频采集卡对视频信号的各个分量进行数字化，经过压缩编码后生成数字化视频信号；另一种是由数字摄像机从视频源采集视频信号，将得到的数字视频信号输入到计算机中，再通过软件进行编辑处理，这是真正意义上的数字视频技术。

一般所指的数字化视频技术主要是指前一种数字视频技术，即模拟视频的数字化处理、存储、输出技术。视频的数字化过程一般分为采样、量化、编码三个阶段。

1．采样

由于人的眼睛对颜色的敏感程度远不如对亮度信号灵敏，所以色度信号的采样频率可以比亮度信号的采样频率低，以减少数字视频的数据量。

采样格式分别有 4:1:1，4:2:2 和 4:4:4 三种。其中 4:1:1 采样格式是指在采样时每 4 个连续的采样点中取 4 个亮度 Y、1 个色差 U 和 1 个色差 V 共 6 个样本值，这样两个色度信号的采样频率分别是亮度信号采样频率的 1/4，使采样得到的数据量可以比 4:4:4 采样格式减少一半。

2．量化

采样是把模拟信号变成了时间上离散的脉冲信号，而量化则是进行幅度上的离散化处理。在时间轴的任意一点上量化后的信号电平与原模拟信号电平之间在大多数情况下存在一定的误差，我们通常把量化误差称为量化噪波。

量化位数愈多，层次就分得愈细，量化误差就越小，视频效果就越好，但视频的数据量也就越大。所以在选择量化位数时要综合考虑各方面的因素。

3．编码

经采样和量化后得到数字视频的数据量将非常大，所以在编码时要进行压缩。其方法是从时间域、空间域两方面去除冗余信息，减少数据量。编码技术主要分成帧内编码和帧间编码，前者用于去掉图像的空间冗余信息，后者用于去除图像的时间冗余信息。

需要指出的一点是视频数字化的概念是建立在模拟视频占主角的时代，现在通过数字摄像机摄录的信号本身已是数字信号。绝大多数的电视视频信号也都已经数字化，用户通过机顶盒收看电视。

4. 视频大小的计算

数字视频的特点是体积大，如果不压缩，以 PAL 制式（每秒 25 帧，分辨率为 720×576）为例，计算一下 1 小时（60×60 秒）的 24 位真彩色的视频容量

$$25×720×576×60×60×24÷8＝111\ 974\ 400\ 000\ B≈104\ GB$$

视频文件大小的计算公式为

每幅图像（帧）的大小×每秒播放的帧数（制式）×视频播放的时间×颜色位数÷8

$$(5\text{-}3)$$

例 5.6　计算宽屏 HD 1280×720 分辨率，MPEG-4 的 24 位真彩色 1 分钟非压缩视频容量

$$1280×720×25×60×24÷(8×1024×1024×1024)＝3.86\ GB$$

1 分钟 1280×720 分辨率的 24 位真彩色视频在不压缩的情况下几乎占据 4 GB 空间。因此视频信息必须进行压缩。

5. 视频编辑

现在是个人视频的时代，任何人都可以坐在家用电脑前，制作出品质堪与摄影棚媲美的影片。而您需要的只是一部摄像机、适当的软件和创作的欲望。个人制作视频的步骤为：先用摄影机摄录下影像，再在电脑上用视频编辑软件将影像制作成碟片，影片的优劣与视频编辑软件的选择有很大关系，视频编辑软件大体分为四大类：

第一类是玩具式的：特点是操作非常简单，没有什么太多的功能和特效，质量难以保证。这类软件有 Windows XP 系统（完整版）自带的免费视频编辑工具 Movie Marker、玩家宝宝等。

第二类是业余级别的视频编辑软件：特点是有一定的功能和特效，操作相对比较简单。视频特效是傻瓜式的，只能进行有限的调整，质量一般。如 Ulead 绘声绘影，适用于家用 DV 视频导出转换编辑，输出 mpg，avi，wmv，rmvb 等格式。索尼公司推出的 Movie Studio Vegas 是最新的专业视频编辑工具的简化版本，是一款不错的入门级视频编辑软件。

第三类是半专业级别的：特点是功能相对较全，有一些特效，操作不太复杂，能根据编辑人员的要求实现一些特效要求。如 EDIUS，VEGAS 等软件。

第四类是专业级别的：如 Adobe Premiere，用于专业数字视频编辑，功能强大，操作复杂，需要认真学习。如果需要更多的视频特效，可以用视频特效制作软件 AE，它基本上能够实现平面及模拟三维中的全部特效。

6. 数码摄像机

数码摄像机（digital video，DV）通过感光元件将光信号转变成电流，再将模拟电信号转变成数字信号，由专门的芯片进行处理和过滤，然后将得到的信息还原成我们看到的动态画面。其感光元件主要有 CCD（电荷耦合）元件和 CMOS（互补金属氧化物导体）器件。现在的数码相机也有一定的摄像功能，同样摄像机也可以用于照相，但是由于数码摄像机使用小尺寸的 CCD 与其镜头不匹配，在拍摄静止画面时效果不如数码相机。

数码摄像机上通常有 S-Video，AV，DV In/Out 等接口，可用数码摄像机配备的电缆

线(数据线),通过 DV In/Out 接口,与计算机上的 IEEE1394 卡上的接口(或 USB)相连,就能用计算机读取数码摄像机里的视频信息,然后用计算机对其进行处理和编播。也可以用 RCA 线缆,将数码摄像机的 S-Video 接口与电视机连接,这样就可以直接在电视上播放数码摄像机里的视频信息。

　　数码摄像机的优点是动态拍摄效果好,电池容量大,可以支持长时间拍摄,拍、采、编、播功能于一体,相应的软、硬件十分成熟。目前许多手机也配备有摄像头,电脑也可以连接摄像头,这些都可以用来获取静态或动态的影像。按照使用用途,数码摄像机分为广播级、专业级和消费级几种级别。

5.4.3　视频编码标准

　　数字视频技术广泛应用于通信、计算机、广播电视等领域,带来了会议电视、可视电话及数字电视、媒体存储等一系列应用,促使了许多视频编码标准的产生。

1. 视频压缩

　　视频压缩是指运用数据压缩技术将数字视频数据中的冗余信息去除,降低表示原始视频所需的数据量,以便视频数据的传输与存储。实际上,原始视频数据的数据量往往过大,例如未经压缩的电视质量视频数据的比特率高达 216 Mbps,绝大多数的应用无法处理如此庞大的数据量,因此视频压缩是必要的。

　　视频压缩通常包含了一组编码器(encoder)和解码器(decoder)。编码器将原始的视频数据转换成压缩后的形式,以便进行传输与存储。解码器则是将压缩后的形式转换回视频数据的表示形式。一组成对的编码器与解码器通常称为编解码器。

　　数据压缩是通过去除数据中的冗余信息而达成。就视频数据而言,数据中的冗余信息有:相邻的帧与帧之间通常有很强的关联性,这样的关联性即为时间上的冗余信息;在同一张帧之中,相邻的像素之间通常有很强的关联性,这样的关联性即为空间上的冗余信息;欲编码的符号的机率分布是不均匀的,这个称为统计上的冗余信息;人在观看视频时,人眼无法察觉的信息,称为感知上的冗余信息:

　　在进行当前信号编码时,编码器首先会产生对当前信号做预测的信号,预测的方式可以是使用先前帧的信号做预测,或是使用同一张帧之中相邻像素的信号做预测。得到预测信号后,编码器会将当前信号与预测信号相减得到残余信号,并只对残余信号进行编码,如此一来,可以去除一部分时间上或是空间上的冗余信息。接着,编码器先将残余信号经过变换(通常为离散余弦变换)然后量化以进一步去除空间上和感知上的冗余信息。量化后得到的量化系数会再通过熵编码,去除统计上的冗余信息。这就是视频信息压缩。

　　在解码端,通过类似的相反操作,可以得到重建的视频数据。

2. 视频压缩标准

　　ITU-T 与 ISO/IEC 是制定视频编码标准的两大组织,ITU-T 的标准包括 H. 261,H. 263,H. 264,主要应用于实时视频通信领域,如会议电视;MPEG 系列标准是由 ISO/IEC 制定的,主要应用于视频存储(DVD)、广播电视、因特网或无线网上的流媒体等。两个组织也共同制定了一些标准,H.262 标准等同于 MPEG-2 的视频编码标准,而最新的 H.264 标准则被纳入 MPEG-4 的第 10 部分。

(1) MPEG-1 标准被广泛地应用在 VCD 的制作和一些视频片段下载的网络应用上面,它的画面尺寸:PAL 制式为 352×288;NTSC 制式为 320×240,带宽为 1~1.5 Mbps,常见文件格式为 mpg 格式。大部分的 VCD 都是用 MPEG1 格式压缩的(刻录软件自动将 MPEG-1 转为.DAT 格式),使用 MPEG-1 的压缩算法,可以把一部 120 分钟长的电影压缩到 1.2 GB 左右。

(2) MPEG-2 标准被应用在 DVD 的制作方面、HDTV(高清晰电视广播)和一些高要求的视频编辑、处理方面。DVD 用的视频标准,画面尺寸:PAL 制式为 720×576;NTSC 制式为 720×480,带宽为 4~8 Mbps,常见文件格式为 mpg 格式。广播电视编辑用的视频标准带宽为 22 Mbps,后缀通常为 avi。使用 MPEG-2 的压缩算法压缩一部 120 分钟长的电影可以压缩到 5~8 GB 的大小(MPEG-2 的图像质量 MPEG-1 与其无法比拟的)。

(3) MPEG-4 是为了播放流式媒体的高质量视频而专门设计的,它可利用很窄的带度,通过帧重建技术,压缩和传输数据,以求使用最少的数据获得最佳的图像质量。

MPEG-4 格式还包含了比特率的可伸缩性、动画精灵、交互性甚至版权保护等一些特殊功能。它具有很好的开放性和兼容性,能够比其他算法提供更好的压缩比,最高可达 200:1。更重要的是,在提供高压缩比的同时,对数据的损失很小。

(4) MPEG-7 标准是多媒体内容描述接口,与前述标准集中在音频/视频内容的编码和表示不同,它集中在对多媒体内容的描述。目标就是对日渐庞大的图像、声音信息的管理和迅速搜索。

网络应用最重要的目标之一就是进行多媒体通信。而其中的关键就是多媒体信息的检索和访问,MPEG-7 将对各种不同类型的多媒体信息进行标准化的描述,并将该描述与所描述的内容相联系,以实现快速有效的搜索。

(5) H.263 标准。H.263 视频编码标准是专为中高质量运动图像压缩所设计的低码率图像压缩标准。主要支持小于 64 kbps 的窄带电信信道视频编码,但实际上其应用范围已经超出了低码率图像编码范围。它共有 5 种图像格式,其中 16QCIF 是高清晰度电视的水平。在技术上,它采用了半像素精度的运动估计、不受限运动矢量、高级预测模式、PB 帧等,性能要优于 H.261。增强了抗误码的差错隐藏性能,将信道传输性能问题在信源编码中加以综合考虑。

3. 视频文件格式

数字视频必须经过压缩,压缩技术的不同决定了视频的格式。常见的视频格式一般分为两大类:

(1) 影像格式(video)。

(2) 流媒体格式(stream video)。

在影像格式中还可以根据出处划分为三种:

(1) AVI 格式:这是由微软(Microsoft)公司提出,具有"悠久历史"的一种视频格式。

(2) MOV 格式:这是由苹果(Apple)公司提出的一种视频格式,它是将视频信号和音频信号混合交错地存储在一起,不需专门硬件参与就可以实现视频解压。AVI 格式调用方便、图像质量好,缺点就是文件体积过于庞大。

（3）MPEG/MPG/DAT：MPEG 格式是运动图像压缩算法的国际标准,用有损压缩方法减少运动图像中的冗余信息,已被几乎所有的计算机平台共同支持。

5.4.4　计算机动画

1. 动画

动画(animation)和视频(video)都是由一系列的帧(静止画面)按照一定的顺序排列而成的,每一帧与相邻帧略有不同。当帧画面以一定的速度连续播放时,由于视觉暂留现象造成了连续的动态效果。

动画的构成规则：

（1）动画由多画面组成,并且画面必须连续。

（2）画面之间的内容必须存在差异。

（3）画面表现的动作必须连续,即后一幅画面是前一幅画面的继续。

所谓动画也就使一幅图像“活”起来的过程。传统的动画,是产生一系列动态相关的画面,每一幅图画与前一幅图画略有不同,将这一系列单独的图画连续地拍摄到胶片上,然后以一定的速度放映这个胶片来产生运动的幻觉。使用动画可以清楚地表现出一个事件的过程,或是展现一个活灵活现的画面。

当每一帧画面是人工或计算机生成的画面时,称为动画;当每一帧画面为实时获取的自然景物图时,称为动态影像视频,简称视频。

也就是说动画与视频是从画面产生的形式上来区分的,动画着重研究怎样将数据和几何模型变成可视的动态图形,这种动态图形可能是自然界根本不存在的,即是人工创造的动态画面。视频处理侧重于研究如何将客观世界中原来存在的实物影像处理成数字化动态影像,研究如何压缩数据、如何还原播放。

动画与视频使用的文件格式区分并不十分严格。随着计算机技术的发展,利用真实感图形绘制技术可以将一些三维动画图形数据直接转变成动态影像视频,从而可以以视频格式存储与播放。现在的视频也越来越多地利用数字合成技术,将一些三维特效文字和三维动画叠加在视频画面上,增强了效果,拓宽了视频表现手法,成为一种动画视频混合形式。从发展的趋势看,动画与视频的区别越来越模糊。

2. 计算机动画

计算机动画的原理与传统动画基本相同,只是在传统动画的基础上把计算机技术用于动画的处理和应用,它不仅缩短了动画制作的周期,而且还产生了原有动画制作不能比拟的具有震撼力的视觉效果。计算机动画技术的广泛应用,使我们的世界发生了翻天覆地的变化。

计算机动画是以人眼的视觉暂留特性为依据,利用计算机二维和三维图形处理技术,并借助于动画编程软件直接生成或对一系列人工图形进行一种动态处理后,生成的一系列可供实时演播的连续画面。由于采用数字处理方式,动画的运动效果、画面色调、纹理、光影效果等可以不断改变,输出方式也多种多样。

　　运动是动画的要素,计算机动画是采用连续播放静止图像的方法产生物体运动的效果的,因而动画中当前帧画面是对前一帧的部分修改.下一帧又是对当前帧的部分修改,因而帧与帧之间有着明显的内容上的时间延续关系。如图 5.16 中所示的动画片段从第一帧到第六帧是动物跑的一个连贯动作.帧与帧之间存在着动物跑动作上的连贯性。

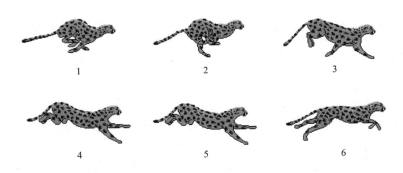

图 5.16　由多帧连续图像组成的动画效果

　　要成功欺骗眼和脑,使它们觉得看到了平滑运动的物体,图片更换的速度必须达到大约 12 帧/秒。当达到 70 帧/秒的时候,真实感和平滑度不能再有改善了,因为眼和脑的处理图像的方式使得这个速度成为极限。12 帧/秒以下的速度,多数人能够觉察到绘制新图片所引起的跳跃性,这使得真实运动的假象受到干扰。传统手工卡通经常使用 15 帧/秒的速度以节约所需的画数,由于卡通的风格这通常是可接受的。通常计算机动画要求有更高的帧率以提高真实感。

　　计算机动画具有以下特点:

　　(1) 动画的前后帧之间在内容上有很强的相关性,因而其内容具有时间延续性.这更适合于表现事件的"过程",这也使得该类媒体具有了更加丰富的信息内涵。

　　(2) 动画具有时基媒体的实时性,亦即画面内容是时间的函数。改变播放频率(每秒画面刷新率)就可以改变动画中事物的动态频率。

　　(3) 无论是实时变换生成并演播的动画、还是三维真实感动画,由于计算数据量太大,必须采用合适的压缩方法才能按正常时间播放;因此,从媒体处理角度来看,由于压缩的需要,常常不以帧为单位,而以节段为单位,一般采用 10 帧左右为一组的节段来处理,声音也依照节段来进行同步配音。

　　(4) 与静态图形与图像相比,动画对计算机性能有更高的要求,要求信息处理速度、显示速度、数据读取速度都要达到动画生成或播放的实时性要求。

3. 制作动画的软硬件环境

　　计算机动画所生成的是一个虚拟的世界,是人工创造的产物,其创作水平除依赖于创作者的素质外,更多地依赖于计算机动画制作软件及硬件的功能。

硬件配置：主机应具备高速 CPU、足够大的内存和大量的硬盘空间，最好选用图形工作站或高配置电脑；显示器尽量选用尺寸大、色彩还原好、点距小的；鼠标要反应灵敏、移动连续、无跳跃、手感舒适，可选配笔形鼠标；有时还需要配置如扫描仪、摄像机、视频卡等输入输出设备。

软件配置：一是系统软件如操作系统、高级语言、诊断程序等；二是各类动画制作软件，可根据需要进行选择。常用的动画制作软件介绍如下：

（1）Animator Studio：基于 Windows 系统下的一种集动画制作，图像处理，音乐编辑，音乐合成等多种功能为一体的二维动画制作软件，用于制作帧动画，绘制功能较强。

（2）Adobe Flash（简称 Flash）：是美国 Macromedia 公司（现已被 Adobe 公司收购）所设计的一种二维动画软件。通常包括 Macromedia Flash，用于设计和编辑 Flash 文档，以及 Adobe Flash Player，用于播放 Flash 文档。Flash 基于矢量技术制作，能够用比较小的体积来表现丰富的多媒体形式，是一种交互式动画设计工具。用它可以将音乐，声效，动画以及富有新意的界面融合在一起，以制作出高品质的网页动态效果。

（3）Ulead GIF Animator：是友立公司出版的动画 GIF 制作软件，有许多现成的特效可以立即套用，可将 AVI 文件转成动画 GIF 文件，而且还能将动画 GIF 图片最佳化。

（4）3D Studio Max（简称 3DS Max 或 MAX）：是 Discreet 公司开发的（后被 Autodesk 公司合并）一款著名 3D 动画软件。升级版本为 Autodesk 3DS Max，3DS Max 是世界上应用最广泛的三维建模、动画、渲染软件，广泛应用于游戏开发、角色动画、电影电视视觉效果和设计行业等领域。

（5）Ulead cool 3D：是利用已经制作好的 3D 素材来进行 3D 文字及简单的画面，简单易学，效果也不错。

（6）Maya：是美国 Autodesk 公司出品的世界顶级的三维动画软件，应用对象是专业的影视广告，角色动画，电影特技等。Maya 功能完善，工作灵活，易学易用，制作效率极高，渲染真实感极强，是电影级别的高端制作软件。

使用动画制作工具软件不需要用户更多地编程，只要通过简单的交互式操作就能实现计算机的各种动画功能。因此，不同的动画效果，主要取决于不同的计算机动画软、硬件的功能。

虽然各种软件的操作方法和功能各有不同，但动画制作的基本原理是一致的，这体现在画面创建、着色、生成、特技剪辑、后期制作等各个环节，最后形成动画过程。

4. 计算机动画的类型

计算机动画的类型可以从多方面进行划分。

1）从动画的生成机制划分

（1）实时生成动画是一种矢量型的动画，它由计算机实时生成并演播。在制作过程中，它对画面中的每一个活动的对象（也称为角色）（包括场景）分别进行设计，赋予每个对象一些特征（如形状、大小、颜色等），然后分别对这些对象进行时序状态设计，即对这些对象的位置、形态与时间的对应关系设计，最后在演播时这些对象在设计要求下实时组成完整的画面，并可以实时变换，从而实时生成视觉动画。

　　(2) 帧动画是一幅幅连续的画面组成的图像或图形序列,接近于视频的播放机制,这是产生各种动画的基本方法。一些动画特别是三维真实感动画由于计算量太大.只能事先生成连续的帧图形画面序列,并存储起来。因而这类动画有明显的生成和播放的不同过程,播放时仅调用该图像序列演播即可。

　　2) 从画面对象的透视效果及真实感程度划分

　　(1) 二维动画画面构图比较简单,它通常是由线条、矩形、圆弧及样条曲线等基本图元构成,色彩使用大面积着色。二维动画中所有物体及场景都是二维的,不具有深度感,尽管创作人员根据画面的内容可以将对象画成具有三维感觉的画面,但在动画中如果要改变视角或透视图,则必须从头重新绘制对象,不能自动生成三维透视图,费时费力。二维动画制作主要是输入和编辑关键帧,计算和生成中间帧,定义和显示运动路径,交互给画面上色,产生特技效果,实现画面与声音同步,控制运动系列的记录等。

　　(2) 三维动画虽也是由线条及圆弧等基本图元组成,但是与二维动画相比,三维模型还增加了对于深度(远近)的自动生成与表现手段,还具有真实的光照效果和材质感,因而更接近人眼对实际物体的透视感觉.成为三维真实感动画。

　　三维动画与二维动画的区分并不完全在于是否有三维的透视效果.还在于制作与生成动画的软件是否具有三维效果自动生成功能。计算机动画真正具有生命力是由于三维动画的出现,它与二维动画相比有一定的真实性,同时与真实物体相比又具有虚拟性,二者构成了三维动画所特有的性质,即虚拟真实性。

　　制作三维动画首先要创建物体模型,根据数据在计算机内部生成,而不是简单的外部输入。然后让这些物体在空间动起来,如移动、旋转、变形、变色。再通过打灯光等生成栩栩如生的画面。创作一个三维动画的过程:造型、动画、绘图。

　　3) 从人与动画播放的相互关系划分

　　(1) 时序播放型动画,是动画的最基本类型,其中既包括逐帧动画,也包括实时生成的动画,它们的共同特点就是都按照既定的方案播放,用户不可能改变其播放的设定,但是对动画的操作仍可以有播放、暂停、反向、快进、快退等操作。

　　(2) 实时交互型动画,其最大的特点就是动画的显示或播放都是在与用户的实时交互下进行的。动画没有预先的显示或播放的时序,可以由用户随心所欲地操纵,并随时给用户以智能化的反馈。

　　最典型的例子就是电脑游戏动画,这类动画在保证一定图像质量的基础上更强调其交互显示的实时性。由于在互动方式下,游戏中的场景及人物都需要实时生成并显示。虚拟现实动画也是一种实时交互型动画,它不仅强调其交互显示的实时性,还特别强调动态的三维真实感。实时交互型动画的开发主要是采用特殊的制作软件并辅以编程语言来实现的。

5. 计算机动画的基本制作方法

　　动画制作最基本方法是中间帧画面的生成方法:动画中的任一过程都需要由相互关联、等时播放的一系列画面来描述,这一系列画面就称为中间帧画面。中间帧画面的生成大致可分为两类方法。

1) 关键帧方法

在基于计算机的动画创作过程中,中间帧画面并不需要全部由创作人员逐帧地描绘出来,只需要创作人员绘出若干主动作关键帧画面,而其余各帧画面则交由计算机根据主动作关键帧画面的设定而自动内插生成,从而可以大大节省创作的时间,这种方法即是关键帧方法。

中间帧画面生成的过程中必然遇到两幅关键帧之间是否有新线条或新点产生或消失的问题。如果在两个关键帧画面中没有新线条或新点产生或消失.亦即两幅关键帧之间有一一对应的线和点,则计算机可以很方便地直接插值生成中间帧画面。如果两个关键帧中的线条不能一一对应时,则计算机就需要增加分段或分层预处理过程,按照定的规则增减线条或点,以使这两个关键帧之间点、线总数相等,当然这会增加一定的操作时间。有些动画软件特别是一些三维动画软件并不支持点、线总数不等的两个关键帧之间的插值运算。

2) 算法生成方去

这种方法是依据于物理定律以及其他约束条件,利用计算机算法来控制和描述动画过程并生成相应的中间画面的。这种方法不但涉及动画过程中物体的运动及各种属性、场景的变化,它还可以将与物体行为有关的物理特性、形状间的约束关系及其他与行为的数值模拟相关的信息并入人物体模型之中,使物体模型中不仅包含几何造型信息,而且包含行为造型信息.因而物体与场景的运动或变化更自然,更真实。这种方法既可以使给定时刻物体的各种参数、场景及各种约束关系严格按照物理定律推导的结果改变,也可以以创作人员设计的复杂的数学公式或特殊方程求解得到某一时刻画面中物体的位置及其他参数,按照创作人员自己的想法精确制导物体的运动和变化,因而使动画过程可以体现出真实性和虚幻性两重特点。

这种方法一般利用程序语言或动画软件中所带的辅助语言编程。不需要制作多个关键帧,但物体造型及其物理特性、场景设置及其自然效果等都是设计伊始就必须要确定的,然后以此为基础进行算法设计。实际上,许多动画软件对一些简单有规律的动画的算法已经集成为简单的设置操作

6. 常见动画文件格式

多媒体应用中使用的动画文件主要有 GIF,AVI,SWF 等。

(1) GIF 文件可保存单帧或多帧图像,支持循环播放。GIF 文件小,是网络上非常流行的动画图形格式。

(2) SWF 文件(* . swf/ * . fla/ * . as/ * . flv)是 Macromedia 公司的 Flash 动画文件格式,swf 格式是一个完整的影片档,无法被编辑;fla 格式是 Flash 的原始档,可以编辑修改;as 格式是一种编程语言的简单文字档案,以方便共同工作和更进阶的程序修改;flv格式是一种流媒体视频格式,用于播放。

(3) 3ds 文件(* .3ds/ * . max/ * . fli/ * . flc)是 3D Studio Max 文件,3ds 是最终的模型,修改起来比较麻烦,体积相对来说小点;而 max 一般来说是可以修改的;fli 是基于 320×200 分辨率的动画文件格式;而 flc 则采用了更高效的数据压缩技术,其分辨率也不再局限于 320×200。

7. 计算机动画的应用

如今电脑动画的应用十分广泛，它可以使应用程序更加生动，可以增添多媒体的感官效果。主要应用于游戏的开发、影视特技制作，工程设计及科学研究中真实场景的模拟等。

1）制作电视广告、卡通片、电影片头和电影特技等

计算机动画可制作出神奇的视觉效果，以取得特殊宣传效果和艺术感染力。"侏罗纪公园"是计算机动画在影视制作中的得意之作，曾获奥斯卡最佳视觉效果奖。

2）科学计算与工程设计

（1）科学计算可视化：通过计算机动画以直观的方式将科学计算过程及结果转换为几何图形图像显示出来，便于研究和交互处理。

（2）工程设计：工程图纸设计完后，指定立体模型材质，制作三维动画。如建筑行业中楼房建筑的透视和整体视觉效果

3）模拟与仿真

计算机动画技术第一个用于模拟的产品是飞行模拟器，它在室内就能训练飞行员模拟起飞和着陆，飞行员可以在模拟器中操纵各种手柄，观察各种仪器以及在舷窗能看到机场跑道和山、水等自然景象。

在航天、导弹和原子武器等复杂的系统工程中，先建立模型，再用计算机动画模拟真实系统的运行，调节参数，获得最佳运行状态。

4）教育与娱乐

（1）多媒体教学：计算机动画为教师改进教学手段、提高教学质量提供了强有力的工具。

（2）娱乐：利用计算机动画产生模拟环境，使人有身临其境的感觉。

5）虚拟现实技术

虚拟现实是利用计算机动画技术模拟产生的一个三维空间的虚拟环境。人们可借助系统体提供的视觉、听觉甚至嗅觉和触觉等多种设备，身临其境地沉浸在虚拟的环境中，就像在真实世界中。

5.4.5　流媒体

随着互联网的普及，利用网络传输声音与视频信号的需求越来越大。广播电视等媒体上网后，也都希望通过互联网来发布自己的音视频节目。但是，音视频在存贮时文件的体积一般都十分庞大。在网络带宽还很有限的情况下，花十几分钟甚至更长的时间等待一个音视频文件的传输，不能不说是一件让人头疼的事。流媒体技术的出现，在一定程度上使互联网传输音视频难的局面得到改善。

传统的网络传输音视频信息的方式是完全下载后再播放，而采用流媒体技术，就可实现流式传输，将声音、影像或动画由服务器向用户计算机进行连续、不间断传送，用户不必等到整个文件全部下载完毕，而只需经过几秒或十几秒的启动延时即可进行观看。当声

音视频等在用户的机器上播放时,文件的剩余部分还会从服务器上继续下载。

如果将文件传输看成一次接水的过程,过去的传输方式就像是对用户做了一个规定,必须等到一桶水接满才能使用它,这个等待的时间自然要受到水流量大小和桶的大小的影响。而流式传输则是,打开水龙头,等待一小会儿,水就会源源不断地流出来,而且可以随接随用,因此,不管水流量的大小,也不管桶的大小,用户都可以随时用上水。从这个意义上看,流媒体这个词是非常形象的。

1. 流式传输技术

流式传输技术分两种,一种是顺序流式传输;另一种是实时流式传输。

顺序流式传输是顺序下载,在下载文件的同时用户可以观看,但是,用户的观看与服务器上的传输并不是同步进行的,用户是在一段延时后才能看到服务器上传出来的信息,或者说用户看到的总是服务器在若干时间以前传出来的信息。在这过程中,用户只能观看已下载的那部分,而不能要求跳到还未下载的部分。顺序流式传输比较适合高质量的短片段,因为它可以较好地保证节目播放的最终质量。它适合于在网站上发布的供用户点播的音视频节目。

在实时流式传输中,音视频信息可被实时观看到。在观看过程中用户可快进或后退以观看前面或后面的内容,但是在这种传输方式中,如果网络传输状况不理想,则收到的信号效果比较差。

2. 流媒体格式

在网上进行流媒体传输,所传输的文件必须制作成适合流媒体传输的流媒体格式文件。因通常格式存储的多媒体文件容量十分大,若要在现有的网络上传输则需要花费比较长的时间,若遇网络繁忙,还将造成传输中断。另外,通常格式的流媒体也不能按流媒体传输协议进行传输。因此,对需要进行流媒体格式传输的文件应进行预处理,将文件压缩生成流媒体格式文件。这里应注意两点:一是选用适当的压缩算法进行压缩,这样生成的文件容量较小;二是在多媒体文件中添加流式信息。

3. 传输方面需解决的问题

流媒体的传输需要合适的传输协议,目前在 Internet 上的文件传输大部分都是建立在 TCP 协议的基础上,也有一些是以 FTP 传输协议的方式进行传输,但采用这些传输协议都不能实现实时方式的传输。随着流媒体技术的深入研究,目前比较成熟的流媒体传输一般都是采用建立在 UDP 协议上的 RTP/RTSP 实时传输协议。

UDP(user datagram protocol,用户数据报协议)是与 TCP 相对应的协议。它是面向非连接的协议,它不与对方建立连接,而是直接就把数据包发送过去。"面向非连接"就是在正式通信前不必与对方先建立连接,不管对方状态就直接发送。这与现在风行的手机短信非常相似:你在发短信的时候,只需要输入对方手机号就 OK 了。

为何要在 UDP 协议而不在 TCP 协议上进行实时数据的传输呢?这是因为 UDP 和 TCP 协议在实现数据传输时的可靠性有很大的区别。TCP 协议中包含了专门的数据传送校验机制,当数据接受方收到数据后,将自动向发送方发出确认信息,发送方在接收到确认信息后才继续传送数据,否则将一直处于等待状态。而 UDP 协议则不同,UDP 协议本身并不能做任何校验。由此可以看出,TCP 协议注重传输质量,而 UDP 协议则注重传输速度.因此,对于对传输质量要求不是很高,而对传输速度则有很高的要求的视音频流媒体文件来说,采用 UDP 协议则更合适.

4．传输过程中需要的支持

因为 Internet 是以包为单位进行异步传输的,因此多媒体数据在传输中要被分解成许多包,由于网络传输的不稳定性,各个包选择的路由不同,所以到达客户端的时间次序可能发生改变,甚至产生丢包的现象.为此,必须采用缓存技术来纠正由于数据到达次序发生改变而产生的混乱状况,利用缓存对到达的数据包进行正确排序,从而使音视频数据能连续正确地播放。缓存中存储的是某一段时间内的数据,数据在缓存中存放的时间是暂时的,缓存中的数据也是动态的,不断更新的.流媒体在播放时不断读取缓存中的数据进行播放,播放完后该数据便被立即清除,新的数据将存入到缓存中.因此,在播放流媒体文件时并不需占用太大的缓存空间。

5．播放方面需解决的问题

流媒体播放需要浏览器的支持。通常情况下,浏览器是采用 mime 来识别各种不同的简单文件格式,所有的 Web 浏览器都是基于 http 协议,而 http 协议都内建有 mime.所以 Web 浏览器能够通过 http 协议中内建的 mime 来标记 Web 上众多的多媒体文件格式,包括各种流媒体格式。

6．流媒体文件格式

在运用流媒体技术时,音视频文件要采用相应的格式,不同格式的文件需要用不同的播放器软件来播放,所谓"一把钥匙开一把锁"。目前,采用流媒体技术的音视频文件主要有:

(1) RM 格式。RealVideo 文件(.rm/.rmvb)是 RealNetworks 公司开发的流式视频文件格式,主要用来在低速率的广域网上实时传输活动视频影像,文件对应的播放器是"Real Player"。

(2) MOV 格式。为了适应网络多媒体应用,苹果公司的 QuickTime 为多种流行的浏览器软件提供了相应的 QuickTime Viewer 插件(Plug-in),能够在浏览器中实现多媒体数据的实时回放,它所对应的播放器是"QuickTime"。3gp/mp4 是苹果公司提出并得到 ISO 标准支持作为 NOKIA 等手机的默认视频格式,3gp 是 mp4 格式在手机上的简化版。

(3) ASF 格式。这类文件的后缀是 asf 和 wmv,与它对应的播放器是微软公司的"Media Player"。

(4) FLV 格式。FLV 流媒体格式是一种新的视频格式,全称为 Flash Video。它形成的文件小、加载速度快,已经成为当前的主流格式,目前各在线视频网站均采用此视频格式。

此外，mpeg，avi，dvi，swf 等都是适用于流媒体技术的文件格式。

7. 流媒体技术应用

由于流媒体技术在一定程度上突破了网络带宽对多媒体信息传输的限制，因此被广泛运用于网上直播、网络广告、视频点播、远程教育、远程医疗、视频会议、企业培训、电子商务等多个领域。

对于新闻媒体来说，流媒体带来了机遇，也带来了挑战。流媒体技术将过去传统媒体的"推"式传播，变为受众的"拉"式传播，受众不再是被动地接受来自广播电视的节目，而是在自己方便的时间来接收自己需要的信息。这将在一定程度上提高受众的地位，使他们在新闻传播中占有主动权，也使他们的需求对新闻媒体的活动产生更为直接的影响。

流媒体技术的广泛运用也将模糊广播、电视与网络之间的界限，网络既是广播电视的辅助者与延伸者，也将成为它们有力的竞争者。利用流媒体技术，网络将提供新的音视频节目样式，也将形成新的经营方式，如收费的点播服务。发挥传统媒体的优势，利用网络媒体的特长，保持媒体间良好的竞争与合作，是未来网络的发展之路，也是未来传统媒体的发展之路。

思考题

1. 图形与图像有什么区别？
2. 如何获得图形和图像？
3. 简述图像分辨率、显示分辨率和扫描仪的分辨率的区别。
4. 图像信息为什么可以压缩？ 常用的压缩标准是什么？
5. JPEG2000 的重要特点是什么？
6. 一幅 1024×768 分辨率，24 位真彩色的图像数据容量为多少？
7. 音频信息是如何获取的？
8. 常见的数字音频文件有哪些？
9. 计算机 1 分钟 CD 音质的音频信息在未压缩前的数据量。
10. 简述 WAV 文件和 MIDI 文件的区别。
11. 有一个 GIF 格式的动画文件，如果需要修改，你会采用什么方法？
11. 就一种你常用的多媒体播放工具，简单介绍它可以播放的多媒体数据类型以及它的优缺点。
12. 从网上下载一段视频，查看一下它是什么格式？ 如果你想把它放入手机中，假如格式不兼容怎么办？

第6章 计算机网络和Internet基础

6.1 计算机网络概述

6.1.1 计算机网络的定义

随着计算机技术的发展,计算机广泛应用于社会各个方面,而信息的激烈增长,要求更有效地传送、处理和管理信息。这种日益增长的需求是计算机网络发展的重要社会基础。

计算机网络是指将具有独立功能的多台计算机通过通信设备和线路连接起来,在网络软件(网络操作系统、网络协议等)的管理和协调下,实现资源共享和数据通信的计算机系统。网络中的计算机是"独立自主"的,如果一台计算机带多台终端和打印机,通常称为多用户系统,而不能称为计算机网络。类似地,一台主机控制多台从属机构组成的系统是多机系统,也不是计算机网络。

计算机网络是计算机技术与通信技术相结合的产物。通信网络为计算机之间的数据传递和交换提供了必要的手段;数字计算技术的发展渗透到通信技术中,又提高了通信网络的性能。随着现代社会信息化程度的不断提高,计算机网络已经成为人们获取信息的重要手段。计算机网络的主要功能体现在以下三个方面。

1. 数据通信

数据通信是计算机网络最基本的功能,用来实现网络中计算机与计算机之间传送各种信息。相比较传统的通信手段,计算机网络的数据通信具有快速、可靠的特点,常见的应用如电子邮件、即时通信(如QQ、微信)等。

2. 资源共享

通过计算机网络,网络中的各种资源都可共享,包括各种软、硬件资源及数据。资源共享是计算机网络最主要的功能,我们可以方便地通过网络获取各种软件资源和数据,而硬件资源的共享则可以节省设备投入的成本(例如,通过在网络中设置共享打印机可以方便每一个用户进行打印)。

3. 分布式处理

分布式处理是让网络中的多台计算机各自承担工作任务的不同部分,通过控制同时运行,共同完成同一件工作任务。分布式处理可以看作是以计算机为单位的并行式处理,可以实现对节省资源的高效利用。例如,通过网络进行火车票的预售就是分布式处理的一个典型应用。此外,一些科学研究(如密码破解、药物研究等)需要进行大量的计算,而像大型机、巨型机这样的资源又是有限的,则可以通过分布式处理可以将网络中闲置的计算机利用起来,不仅高效而且廉价。

6.1.2　计算机网络的发展历程

计算机的出现使得很多部门开始使用计算机来为他们的工作服务,但是早期的计算机非常庞大和昂贵,不可能为某个人使用整个计算机,人们开始研究如何共享一台计算机,随着人们对这一问题的研究开始产生了计算机网络。

1. 计算机网络的第一阶段——面向终端的计算机通信网

在计算机问世后的几年里,计算机和通信并没有关系,直到 1954 年人们开始使用一种称为收发器的终端,将穿孔卡片上的数据用电话线发送到远地计算机,后来发展到用电传打字机发送数据到远地计算机,然后计算机计算的结果可以送到电传打字机打印出来。计算机开始和通信相结合。

20 世纪 50 年代初,美国为了自身的安全,建立了一个半自动地面防空系统,简称 SAGE 系统。它将分布在美国海岸线上的多台远程雷达与其他测量设施测到的信息通过通信线路与控制中心的一台 IBM 计算机连接,进行集中的防空信息处理与控制。在开发这套系统的基础上,人们开始研究将地理位置分散的多个终端通信线路连到一台中心计算机上。用户通过终端键入命令,命令通过通信线路传送到中心计算机,结果再通过通信线路回送到用户终端显示或打印。这种以单个主机为中心的系统称为面向终端的远程联机系统。

这种远程联机系统在 20 世纪 60 年代初美国航空公司建成的全美航空订票系统中被使用。为了节省通信费用,在远程终端比较集中的地方加一个集中器。集中器的一端用多条低速线路和各个终端相连,另一端则用一条高速线路和计算机相连,这可以利用一些终端的空闲时间来传送其他处于工作状态的终端的数据,这样高速线路的容量就可以小于各低速线路容量的总和,可以明显降低通信线路的费用。如图 6.1 所示。

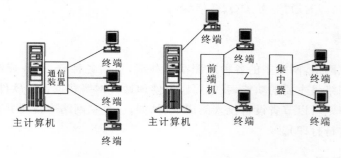

图 6.1　第一代计算机网络

这种计算机网络只有主机才能进行独立的信息处理工作,终端不能独立处理数据,因此第一代的计算机网络并不能算是真正意义上的计算机网络。

2. 计算机网络的第二阶段——分组交换网

在有线电话出现后不久，人们就认识到在所有用户之间架设直达线路，不仅线路投资太大，而且没有必要，可以采用交换机实现用户之间的联系。一百多年来，电话交换机从人工转接发展到现在的程控交换机，经过多次更新换代，但交换方式始终没有改变，都是采用电路交换（circuit switching），即通过交换机实现线路的转接，在两个用户之间建立起一条专用的通信线路。用户通话之前，先要申请拨号，当建立一条从发端到收端的物理通路后，双方才能互相通话。在通话的全部时间内，用户始终占用端到端的固定线路，直到通话结束挂断电话，线路才被释放。

用电路交换来传送计算机数据，其线路的传输速率是很低的。因为计算机数据是突发式地出现在传输线路上的，例如，当用户阅读终端屏幕上的信息或用键盘输入和编辑一份文件时或计算机正在进行处理而结果尚未返回。传送这种信号真正占用线路的时间很少，往往不到 10% 甚至 1%，宝贵的通信线路资源被浪费了。

20 世纪 60 年代，美苏冷战期间，美国国防部领导的远景研究规划局 ARPA 提出要研制一种崭新的网络对付来自苏联的核攻击威胁。虽然当时传统的电路交换的电信网已经四通八达，但战争期间，一旦正在通信的电路有一个交换机或链路被炸，则整个通信电路就要中断，如要立即改用其他迂回电路，还必须重新拨号建立连接，这将要延误一些时间。所以这个新型网络必须满足一些基本要求：

（1）网络的目的用于计算机之间的数据传送。

（2）网络能连接不同类型的计算机。

（3）网络中的网络节点都同等重要，这就大大提高了网络的生存性。

（4）计算机在通信时，必须有迂回路由。当链路或节点被破坏时，迂回路由能使正在进行的通信自动地找到合适的路由。

（5）网络结构要尽可能地简单，并要非常可靠地传送数据。

1964 年，人们提出了"存储转发"的概念，信息并不是直接传递到对方，而是先传递到交换机的存储器中暂时存储，等相应的输出电路空闲时再输出。基于这种原理，人们提出了报文交换方式，所谓报文，可以理解为我们要发送的整块数据。如图 6.2 所示，假如节点 A 和节点 D 要进行通信，在电路交换时是首先建立连接，然后开始直接传送数据，而在报文交换中则不需要建立连接，当有数据需要传送时，直接将数据报文发送给中间的节点交换机 B 存储，B 接收了完整的报文后开始将报文向下一个节点 C 发送，依次类推直到传递到 D，在 A 将数据发送到 B 后，A 到 B 之间的线路就可以被别的数据所使用，不用像电路交换一样必须等到整个通信完全结束后才能重新分配使用这条线路。

报文交换的一个缺点在于有时节点收到过多的数据而无空间存储或不能及时转发时，就不得不丢弃报文，而分组交换则是在报文交换的基础的基础上将大的输出数据分成一个个的小的分组再进行存储转发，对分组长度有限制，这样分组可以存储在内存中，提高交换的效率。1969 年，美国的分组交换网 ARPAnet 建成。

分组交换网的出现将计算机网络的研究分成了通信子网和资源子网两个部分，通信子网处于网络的内层，负责通信设备和通信链路以及做信息交换的计算机组成，负责完成

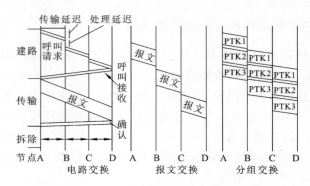

图 6.2　电路交换、分组交换和报文交换

网络中数据传输和转发等通信处理任务。而资源子网处于外围,由主机及外设以及相应的软件和信息资源组成,负责网络中的数据处理工作。

20 世纪 70 年代中期,各个国家开始建立的全国性公用通信子网,即公用数据网。典型的公用分组交换数据有美国的 TELENET、加拿大的 DATAPAC、法国的 TRANSPAC、英国的 PSS、日本的 DDX 等。我国公用分组交换网(简称 CNPAC)于 1989 年 11 月建成。

3. 计算机网络的第三阶段——计算机网络互联

计算机网络是一个复杂的系统,比如两台计算机进行通信不仅仅只是有一条通信线路就可以了,还有很多的工作需要完成。例如,如何知道对方计算机是否做好准备,网络如何识别对方计算机等问题。正如我们平时打电话不可能拿起电话就直接说话,还要经过一个拨号,拨通后响铃,对方拿起电话后才能通话,通话完毕后要挂机一样,通信中有很多问题需要协调和解决。如何解决这些复杂的问题,早在 ARPANET 设计时,就提出了"分层"的方法,即将庞大而复杂的问题分为若干较小的易于处理的局部问题。

随着计算机网络的发展,如何保证计算机系统之间的协调和通信的成功成为研究的重点之一。很多公司都提出了自己的网络体系结构,如 1974 年 IBM 提出的 SNA 和 DEC 公司提出的 DNA。这些标准的提出使得各个公司自己的网络都能很容易的互相通信,也就是同一体系结构的网络互联非常容易,但是不同体系结构的网络互联非常困难。这样用户如果一旦购买了一家公司的产品,当其需要扩大网络规模的时候只有购买原来公司的产品,否则就只能将以前的网络设备弃之不用重新购置,这使得网络的发展受到了极大地限制。

为了能够使计算机网络能够实现互连互通,国际标准化组织 ISO 在 1983 年提出了开放系统互连参考模型 OSI(open system interconnection reference model),使计算机网络开始向统一的标准迈进。但是这个标准的制定花费的时间太长,而且过分复杂,加上没有很强的商业驱动力,因此几乎没有厂家生产出符合该标准的商用产品。而随着 Internet 的快速发展,TCP/IP 体系结构反而受到了广泛的承认,成了事实上的工业标准。

4. 计算机网络的第四阶段——高速网络时代

20 世纪 80 年代末期开始,计算机网络开始进入第四代,其主要标志可归纳为:网络传输介质光纤化;信息高速公路建设;多媒体网络及宽带综合业务数字网(BISDN)的开发应用;智能网络的发展;分布式计算机系统及集群(cluster);计算机网格(grid)。通过这些研究促进了高速网络技术的发展和广泛的应用,并相继出现了高速以太网(即所谓的千兆网)、光纤分布数据接口 FDDI、快速分组交换技术等。世界上最大的国际互联网 Internet 是这一时期的典型代表。

6.1.3　计算机网络的协议与体系结构

1. 网络协议的分层思想

采用分层次的体系结构是人们对复杂问题进行处理的基本方法。以邮政通信系统为例,从写信到收信的整个过程是很复杂烦琐的,这里面涉及个人、邮局、运输部门等多个对象。但人们并不觉得发信有多难,信件的投送也很安全可靠。因为这里就用到了分层的思想,整个信件的传递过程分为了个人、邮局和运输部门三个层次。

人们写信时,信件都有固定的格式。例如,信件的开头是对方的称谓,信件的结尾是落款。这样,对方收到信后就知道信是谁写的,什么时候写的。信写好后需由邮局寄发,这时为了与邮局打好交道,个人需要按要求格式写好信封并贴上邮票。邮局收到信后,按信封上的信息对信件进行分拣和分类,然后交付运输部门进行运输(航空、铁路、海运、公路)。这时,邮局和运输部门也有约定,为了保证运输安全可靠,需写清如到站地点、时间、包裹形式等内容。信件经运输后到达目的地,其处理过程正好相反,先由运输部门交付邮局,邮局再根据信件地址将信件送到收信人手中。

以上整个过程的操作可以分为三个层次:个人用户,邮局和运输部门。每层都有各自的约定,例如对个人用户来说,信件的格式就是约定,它保证写的信对方能看懂;邮局对信件地址的格式也是约定,它保证能寄送到正确的位置;运输部门之间也有约定,例如发货的时间、地点、方式等,它保证信件按时按点送达目的地。同时,层和层之间打交道时,并不需要知道较低层的具体细节,例如,邮局不需要知道信件的具体内容和格式,它只看地址格式是否正确,同样,运输部门不需要知道信封上写的什么,它只需要知道什么时候送到什么地方。这样,层和层之间是透明,通信好像只发生在对应层之间,例如,收信人只知道谁给他写信,具体怎么投递怎么运输并不需要了解。

网络通信也是一个非常复杂的问题,为了减少设计上的错误,提高协议实现的有效性和高效性,计算机网络也采用了分层的层次结构。也就是按照信息的流动过程将网络的整体功能分解为一个个的功能层,不同机器上的同等功能层之间采用相同的协议,同一机器上的相邻功能层之间通过接口进行信息传递。采用分层设计的好处是显而易见的。

(1) 有利于将复杂的问题分解成多个简单的问题,分而治之。

(2) 独立性强。上层只需了解下层通过层间接口提供什么服务。

(3) 适应性好。只要服务和接口不变,层内实现方法可以任意改变。

（4）有利于网络的互联。进行协议转换时，只涉及一个或几个层次而不是所有层次。

（5）分层可以屏蔽下层的变化，新的底层技术的引入不会对上层的协议产生影响。

（6）有利于促进标准化工作。每一层的功能及提供的服务都有详细精确的说明。

2. 什么是网络协议

网络协议是指为了在计算机网络中进行数据交换而建立的规则、标准或约定的集合。一个网络协议至少包括三个要素：

（1）语法：用来规定信息格式；数据及控制信息的格式、编码及信号电平等。

（2）语义：用来说明通信双方应当怎么做；用于协调与差错处理的控制信息。

（3）时序：详细说明事件的先后顺序；速度匹配和排序等。

怎么理解语义、语法和时序呢？网络协议是要保证通信，所以它的规则与现实的其他通信有相似之处，我们以打电话为例。甲要打电话给乙，首先甲拨通乙的电话号码，对方电话振铃，乙拿起电话，然后甲乙开始通话，通话完毕后，双方挂断电话。在这个过程中，甲乙双方都遵守了打电话的协议。

其中，电话号码就是"语法"的例子。电话号码有固定的格式，一般常见的电话号码由7～8位阿拉伯数字组成，如果是长途要加拨区号，国际长途还要有国家代码等。

甲拨通乙的电话后，乙的电话振铃，振铃是一个信号，表示有电话打进；听到电话铃声口，乙选择接电话，然后讲话。这一系列的动作包括了控制信号、响应动作等内容，就是"语义"的例子。

甲拨了电话，乙的电话才会响，乙听到铃声后才会考虑要不要接，这一系列事件的因果关系十分明确，不可能没有人拨乙的电话而乙的电话会响，也不可能在电话铃没响的情况下，乙拿起电话却从话筒里传出甲的声音。这就是"时序"的例子。

没有规矩，不成方圆，协议设计的好坏直接影响到通信是否能够完成，在制定网络协议时，通常按如下规则指定网络协议的层次结构：

（1）结构中的每一层都规定有明确的任务及接口标准。

（2）把用户的应用程序作为最高层。

（3）除了最高层外，中间的每一层都向上一层提供服务，同时又是下一层的用户。

（4）把物理通信线路作为最低层，它使用从最高层传送来的参数，是提供服务的基础。

3. OSI 参考模型

ISO 是国际标准化组织的缩写，是专门制定各种国际标准的组织。著名的开放系统互连 OSI 参考模型就是 ISO 制定的有关通信协议的模型。OSI 参考模型的体系结构如图 6.3 所示。

OSI 的七层结构中由低到高分别是物理层、数据链路层、网络层、传输层、会话层、表示层、应用层。其中物理层、数据链路层和网络层归于通信子网的范畴，会话层、表示层和应用层归于资源子网的范畴。传输层起着承上启下的作用。这 7 层的功能理解如表 6.1 所示。

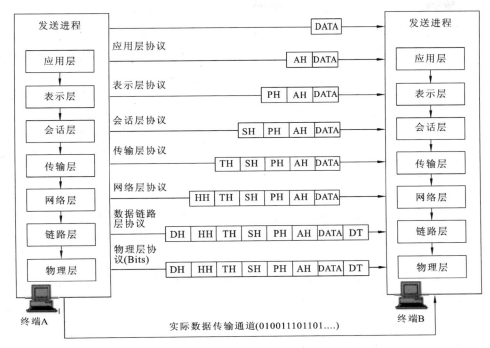

图 6.3 OSI 参考模型

表 6.1 OSI 模型各层功能说明

层次名称	层次的功能	通俗理解	数据单元格式
应用层	与用户应用进程的接口	做什么	原始数据＋本层协议控制信息
表示层	数据格式的转换	对方看起来是什么样	上层数据＋本层协议控制信息
会话层	会话管理与数据传输的同步	轮到谁讲话、从何处讲	上层数据＋本层协议控制信息
传输层	端到端经网络的透明传送报文	对方在何处	报文段
网络层	分组交换、寻址、路由选择和流量控制	走哪条路可到该处	分组
数据链路层	在网络上无差错的传送帧	每一步该怎么走	数据帧
物理层	经物理媒体透明地传送比特流	每一步使用物理媒体怎样实现	比特流

在 OSI 模型中,数据自上而下的递交过程是个不断封装的过程,每一层在上一层的数据上加上必要的控制信息,再传给下一层。到达物理层就以比特流的形式传送,到达目的站点后,自下而上的递交过程就是反向的解拆的过程,每一层在剥去本层的控制信息后,将剩余的数据提交给上一层。这个复杂的传送过程,由于层与层之间的屏蔽,感觉好像是在层与层之间直接对话。

4. TCP/IP 协议模型

与国际标准化组织的 OSI 模型不同,TCP/IP(transmission control protocol/internet protocol,传输控制协议/网际协议)不是作为标准制定的,而是产生于广域网的研究和应用实践中,但其已成为事实上的网络标准。

TCP/IP 模型实际上是 OSI 模型的一个浓缩版本，它只有 4 个层次：

（1）网络接口层（主机-网络层）：接收 IP 数据报并进行传输，从网络上接收物理帧，抽取 IP 数据报转交给下一层，对实际的网络媒体的管理，定义如何使用实际网络来传送数据。该层对应 OSI 的数据链路层和物理层。

（2）互连网络层：负责提供基本的数据封包传送功能，让每一块数据包都能够到达目的主机（但不检查是否被正确接收），如网际协议（IP）。该层对应 OSI 的网络层。

（3）传输层：在此层中，它提供了节点间的数据传送，应用程序之间的通信服务，主要功能是数据格式化、数据确认和丢失重传灯。如传输控制协议（TCP）、用户数据报协议（UDP）等，TCP 和 UDP 给数据包加入传输数据并把它传输到下一层中，这一层负责传送数据，并且确定数据已被送达并接收。该层对应 OSI 的传输层。

（4）应用层：应用程序间沟通的层，如简单电子邮件传输（SMTP）、文件传输协议（FTP）、网络远程访问协议（Telnet）等。该层对应 OSI 的应用层、表示层和会话层。

OSI 参考模型与 TCP/IP 协议模型的比较，如表 6.2 所示。

表 6.2　OSI 参考模型与 TCP/IP 模型的比较

OSI 参考模型	TCP/IP 协议模型
应用层	应用层（HTTP、SMTP、FTP、TELNET 等）
表示层	
会话层	
传输层	传输层（TCP、UDP 等）
网络层	互连网络层（IP、ICMP 等）
数据链路层	网络接口层（ARP、RARP 等）
物理层	

6.1.4　计算机网络的分类及其拓扑结构

1. 按网络的分布范围

（1）局域网（local area network，LAN）：地理范围一般在 10 公里以内，一个机房、一栋大楼或者一个部门或单位组建的网络。局域网的特点是：连接范围窄、用户数少、配置容易、连接速率高（10 Mbps～10 Gbps）。IEEE 的 802 标准委员会定义了多种主要的 LAN 网，包括以太网（Ethernet）、令牌环网（Token Ring）、光纤分布式接口网络（FDDI）、异步传输模式网（ATM）以及最新的无线局域网（WLAN）。

（2）广域网（wide area network，WAN）：地理范围可从几百公里到几千公里，覆盖面广，因为距离较远，信息衰减比较严重，一般采取利用光纤作为传输的介质。这种网络一般是要租用专线，通过 IMP（接口信息处理）协议和线路连接起来，构成网状结构，解决循径问题。广域网的典型速率一般从 56 kbps～155 Mbps，随着技术发展，现在已有 622 Mbps，2.4 Gbps 甚至更高速率的带宽。例如：原邮电部（信息产业部）的 CHINANET，

CHINAPAC 和 CHINADDN 网。

（3）城域网（metropolitan area network，MAN）：地理范围在局域网和广域网之间，连接距离可以在 10～100 公里。城域网一般来说是在一个城市但不在同一地理小区范围内的计算机互联。LAN 相比扩展的距离更长，连接的计算机数量更多，在地理范围上可以说是 LAN 网络的延伸。在一个大型城市或都市地区，一个 MAN 网络通常连接着多个 LAN 网。例如，连接政府机构的 LAN、医院的 LAN、电信的 LAN、公司企业的 LAN 等。

2. 按网络的拓扑结构

计算机网络的拓扑结构是指网络中各个节点的相互位置和它们连接成的几何图形，主要有 5 种：总线型、星型、环型、树型和网状型，如图 6.4 所示。其中树型网和网状网是前三种拓扑结构为基础的混合型。

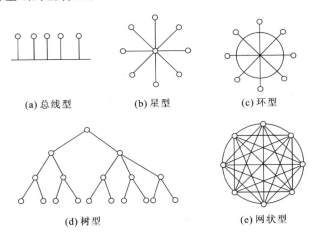

(a) 总线型　　　(b) 星型　　　(c) 环型

(d) 树型　　　(e) 网状型

图 6.4　各种拓扑结构示意图

（1）总线拓扑。总线拓扑由一条高速公用主干电缆（即总线）连接若干个节点构成的网络。网络中所有的节点通过总线进行信息的传输，由于其传输方向是由发射站点向两端扩散的，因此人们也常把它叫广播式计算机网络。总线型网络的优点是结构简单灵活、建网容易、使用方便、性能好。其缺点是主干总线对网络起决定性作用，总线故障将影响整个网络。在早期的局域网中多使用这种结构。

（2）星型拓扑。星型拓扑由中央节点集线器与各个节点连接组成。这种网络各节点必须通过中央节点才能实现通信。星型结构的特点是结构简单、建网容易，便于控制和管理。其缺点是中央节点负担较重，容易形成系统的"瓶颈"，中心节点的故障也会引起整个网络瘫痪。目前的局域网大都采用这种连接方式。

（3）环型拓扑。环型拓扑是将网络节点连接成闭合结构。由各节点首尾相连形成一个闭合环型线路。环型网络中的信息传送是单向的，即沿一个方向从一个节点传到另一个节点；每个节点需安装中继器，以接收、放大、发送信号。这种结构的特点是结构简单，建网容易，便于管理。其缺点是当节点过多时，将影响传输效率，不利于扩充。

（4）树型拓扑。树型拓扑是一种分级结构。在树型结构的网络中，任意两个节点之间不产生回路，每条通路都支持双向传输。这种结构的特点是扩充方便、灵活，成本低，易推广，适合于分主次或分等级的层次型管理系统。

（5）网状拓扑。网状拓扑主要用于广域网，由于节点之间有多条线路相连，所以网络的可靠性较搞高。由于结构比较复杂，建设成本较高。

6.2　数据通信基础

6.2.1　数据通信的有关概念

1. 模拟信号与数字信号

在通信系统中，被传输的信号从传输方式上可以分为两类：模拟信号和数字信号。

模拟信号，也叫连续信号，其特点是幅度连续（连续的含义是在某一取值范围内可以取无限多个数值），并且在时间上也是连续的。模拟信号分布于自然界的各个角落，例如：声音，温度、广播电视信号都是模拟信号。

数字信号，也叫离散信号，指幅度的取值是离散的，幅值表示被限制在有限个数值之内的信号。二进制码就是一种数字信号。二进制码受噪声的影响小，易于用数字电路进行处理，所以得到了广泛的应用。计算机中处理的就是二进制数字信号。

2. 调制和解调

模拟信号便于传输，所以通常将数字信号转换成模拟信号进行传输，在接收端再还原成数字信号，在这过程中要用到调制解调技术。调制是将数字信息变换成适合于模拟信道上传输的模拟信息；解调是将模拟信道上接收到的模拟信息还原成相应的数字信息。对于数据通信而言，调制和解调总是成对出现的，例如，在使用拨号上网的计算机上，通常会看到 Modem（调制解调器）这样的设备。

模拟信号的数字化需要三个步骤：抽样、量化和编码。抽样是指用每隔一定时间的信号样值序列来代替原来在时间上连续的信号，也就是在时间上将模拟信号离散化。量化是用有限个幅度值近似原来连续变化的幅度值，把模拟信号的连续幅度变为有限数量的有一定间隔的离散值。编码则是按照一定的规律，把量化后的值用二进制数字表示，然后转换成二值或多值的数字信号流。这样得到的数字信号可以通过电缆、微波干线、卫星通道等数字线路传输。在接收端则与上述模拟信号数字化过程相反，再经过后置滤波又恢复成原来的模拟信号。

3. 网络带宽

网络带宽是指在规定时间内从一端流到另一端的信息量，即数据传输率。网络带宽是衡量网络使用情况的一个重要指标，是互联网用户和单位选择互联网接入服务商的主要因素之一。带宽的基本单位是 bps（bit/s，比特每秒），电信 ADSL 带宽为 512 Kbps～

10 Mbps,而以太局域网带宽则达 100 Mbps 以上。带宽越大,上网就越流畅。

6.2.2　传输媒体

传输媒体是数据传输系统中发送装置和接收装置间的物理媒体,作为通信的传输媒体有很多,一般可以分为有线媒体和无线媒体两大类。

1. 有线媒体

1) 双绞线

双绞线是由两条相互绝缘的导线按照一定的规格互相缠绕(一般以逆时针缠绕)在一起而制作成的通信传输介质。这种绞合结构可以减少相邻导线的电磁干扰,可以有效提高数据传输过程中的可靠性。双绞线既可以用于模拟传输,也可以用于数字传输,在计算机网络中一般用于数字传输。

双绞线一般分为非屏蔽双绞线(UTP)和屏蔽双绞线(STP)。屏蔽双绞线在双绞线与外层绝缘封套之间有一个金属屏蔽层。双绞线按照线径粗细分类,又可以分为 7 类双绞线,一般线径越粗传输速率越高。通常,计算机网络所使用的是 3 类双绞线和 5 类双绞线,其中 10 M 以太网使用的是 3 类线,100 M 以太网使用的是 5 类线。双绞线为了与计算机相连,一般使用 RJ-45 接头。5 类非屏蔽双绞线及 RJ-45 接头如图 6.5所示。

图 6.5　5 类非屏蔽双绞线及 RJ-45 接头

双绞线一般由 4 对不同颜色的传输线所组成,制作标准包括 EIA/TIA 568A 和EIA/TIA 568B 两种,其对应的颜色及线序定义如表 6.3 所示。双绞线为何都采用 4 对(8 芯线)的双绞线呢? 这主要是为适应更多的使用范围,在不变换基础设施的前提下,就可满足各式各样的用户设备的接线要求。

表 6.3　EIA/TIA 568A 和 EIA/TIA 568B 颜色及对应的线序

标准　　　线序	1	2	3	4	5	6	7	8
EIA/TIA 568A	绿白	绿	橙白	蓝	蓝白	橙	棕白	棕
EIA/TIA 568B	橙白	橙	绿白	蓝	蓝白	绿	棕白	棕

虽然双绞线与其他传输介质相比,在传输距离、信道宽度和数据传输速度等方面均受到一定的限制,但这些限制在一般快速以太网中影响甚微,且由于其价格较低廉,所以双

绞线仍是企业局域网中首选的传输介质。随着网络技术的发展和应用需求的提高,双绞线这种传输介质标准也得到了一步步的发展与提高。例如,新的 7 类双绞线标注已达到 10 Gbps 的传输速率,支持千兆位以太网的传输。

2) 同轴电缆

同轴电缆由内部导体环绕绝缘层以及绝缘层外的金属屏蔽网和最外层的护套组成,如图 6.6 所示。由于同轴电缆传导交流电时,中心电线会发射无线电而导致信号衰减,所以设计了网状导电层的金属屏蔽网来防止中心导体向外辐射电磁场,同时也可用来防止外界电磁场干扰中心导体的信号。

同轴电缆从用途上分可分为基带同轴电缆(阻抗 50 欧姆,用于网络传输)和宽带同轴电缆(阻抗 75 欧姆,用于有线电视)。基带电缆仅仅用于数字传输,数据率可达 10 Mbps。宽带同轴电缆主要用于有线电视,它既可使用频分多路复用方式进行模拟信号传输,也可传输数字信号。

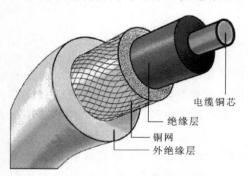

电缆铜芯
绝缘层
铜网
外绝缘层

图 6.6　同轴电缆结构示意图

同轴电缆的其抗干扰性能比双绞线强,但其体积大,成本高。使用同轴电缆组建的网络一般都为总线拓扑结构,即一根缆上接多部机器。这种拓扑适用于机器密集的环境,但是当其中一个触点发生故障会串联影响到整根缆上的所有机器,故障诊断和修复都很麻烦。因此,现在的局域网环境中,同轴电缆基本已被双绞线所取代。

3) 光纤

光纤是一种利用光在玻璃或塑料制成的纤维中的全反射原理制作而成的传输媒体。通常,在光纤的一端使用发射装置(发光二极管或一束激光)将光脉冲传送至光纤,在光纤的另一端使用接收装置(光敏元件)检测脉冲,以此来传输信号。光纤必须由几层保护结构包覆,这些保护层和绝缘层可防止周围环境对光纤的伤害,其结构与同轴电缆相似,只是没有网状屏蔽层。光缆内部结构如图 6.7 所示。

光纤是目前最有前途的传输媒体。光纤传输的是光信号而非电信号,因此光纤信号不受电磁的干扰,传输稳定,传输距离远,质量高。光纤的带宽也很高,例如,一对金属电话线至多只能同时传送一千多路电话,

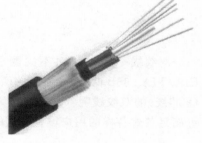

图 6.7　光缆内部结构图

而一对细如蛛丝的光导纤维理论上可以同时传送一百亿路电话! 此外,光纤本身的成本也很低,铺设 1000 千米的同轴电缆大约需要 500 吨铜,改用光纤通信则只需几公斤石英,而石英是从沙石中提炼的,几乎取之不尽。

由于光纤的种种优点,光纤非常适用于高速网络和骨干网。而随着光纤技术研究的深入,光纤也开始逐渐走进了家庭。可以想象,随着宽带互联网的发展,光纤将大有作为。

2. 无线媒体

无线传输媒体不需要架设或铺埋线缆,而是通过大气传输,主要有无线电通信、微波通信、红外通信和卫星通信等几种方式。

1) 无线电通信

由于无线电很容易产生并且可以容易穿过建筑物传播,而且在某些波段的无线电波会在电离层反射,可以传输很长距离,因此被广泛用于通信。无线电传播由于是全方向传播,因此发射和接收装置不需要很精确地对准,如广播电台的广播。但是无线电通信也有缺点,主要是容易受到电磁干扰,例如将收音机靠近电视、冰箱等电气时,干扰明显增强从而影响收听质量,

2) 微波通信

微波是波长在 0.1 mm～1 m 之间的电磁波。使用微波通信时,微波信号沿直线传播,因此发射和接收微波必须精确。这种通信方式可以使成排的多个发射设备和接收设备不会发生串扰,但是由于地球是圆的,而微波通信沿直线传播,因此微波的传输距离受到了限制,100 m 高的微波塔可以传输距离为 80 km,如果要传送更远的距离就要依靠建立中继站通过接力的方式完成。

3) 红外通信

红外通信,顾名思义,就是通过红外线传输数据。红外线通信对于短距离通信比较有效,在电视遥控器上使用的就是红外线。红外线通信的特点是其相对的方向性,并且不能穿透坚实的物体,因此不同房间里的电视遥控器不会互相干扰。红外通信主要应用在如笔记本电脑、PDA、移动电话之间或与电脑之间进行的数据交换上,以及电视机、空调等电器的遥控器上。

4) 卫星通信

卫星通信就是利用地球同步地球卫星作为微波中继站进行通信,由于同步地球卫星在 3.6 万千米的高空时,其发射角可以覆盖地球 1/3 的地区,因此理论上 3 颗这样的卫星就可以实现全球的通信。对于有线通信难以到达的地区,卫星通信是比较有效的一种方式。

6.3　局　域　网

自 20 世纪 70 年代末期,由于微机的广泛使用,使得局域网技术得以飞速发展,并在计算机网络中占有了重要地位,局域网主要有以下特点:

(1) 一般一个局域网为一个单位所有,地理范围较近,站点数目有限。

(2) 在局域网内应能提供较高的数据传输速率。

(3) 在局域网内应能提供低的误码率和比较低的时间延迟。

(4) 价格低,结构简单,便于维护。

局域网如果按拓扑结构分类,可以分为星型结构、环型结构和总线型结构,目前最为常见的是星型结构的局域网。

6.3.1 局域网的组成

局域网系统是由网络硬件和网络软件组成的。其中网络硬件是构成局域网的硬件实体，是影响局域网性能的基础和关键。当然，光有硬件还不行，网络软件也很重要，在网络软件的作用下，局域网才能发挥出资源共享和信息交换的功能。

1. 局域网硬件

局域网中的硬件主要包括计算机设备、网络接口设备、网络传输媒体和网络互联设备等。

1）计算机设备

局域网中的计算机主要分为两种：服务器和工作站。

（1）服务器。服务器是网络系统的核心，用来对网络进行管理并提供网路服务。服务器的配置要比个人使用的计算机要高，其对工作速度、硬盘和内存容量以及速度等的指标要求较高。不同功能的服务器系统可以提供文件、打印、邮件等不同的服务。

（2）工作站。工作站可以独立工作，也可以使用服务器提供的服务。工作站的要求并不高，其配置一般比服务器要低。需要注意的是，并不是配置高的计算机就是服务器，配置低的计算机就是工作站，而应该看这台计算机是提供服务还是享受其他计算机提供的服务。例如，一台低档计算机对外提供服务时，它就是服务器；而当个人用户利用一台高档计算机上网，享受其他计算机提供的网络服务时，它就是工作站。

2）网络接口设备

网络接口卡，又称网卡，是局域网中不可缺少的连接设备。要将计算机联入局域网，计算机中必须要安装网卡。老式计算机中的网卡是个独立的部件，通过插在主板上工作，而现在的计算机主板都集成有网卡，不需要再单独配置。

不同的局域网使用不同类型的网卡，目前主要使用的是以太网卡。以太网卡有不同的速率标准，如 10 Mb/s，100 Mb/s，1000 Mb/s 和 10 Gb/s 等。同时根据使用的传输媒体不同，网卡采用不同类型的接口，常见的接口有 BNC 接口（适用同轴电缆）、RJ-45 接口（适用双绞线）和光纤接口（适用光纤）。此外，随着无线局域网技术的发展，无线网卡也流行起来，只需插在计算机上就可使用，十分方便。不同接口的网卡及网线如图 6.8 所示。

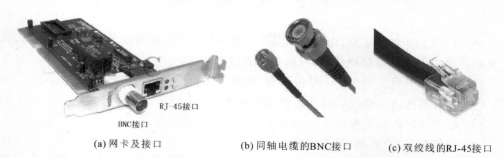

(a) 网卡及接口   (b) 同轴电缆的BNC接口   (c) 双绞线的RJ-45接口

图 6.8　网卡的接口及网线

3）网络传输媒体

传输媒体就是连接计算机的通信线路。局域网常用的传输媒体可分为有线媒体和无线媒体。有线媒体主要有双绞线、同轴电缆和光纤三种，无线媒体主要有无线电波、红外线等。

4）网络互联设备

网络互联是将几个不同的网络连接在一起，使用户能够跨越网络进行通信。网络互联时，一般不能简单地直接相连，而是通过一个中间设备互连。这个中间设备称为中继（relay）系统。在两个网络的连接路径中可以有多个中继系统。如果某中继系统在进行信息转换时与其他系统共享共同的第 N 层协议，那么这个中继系统就称为第 N 层中继系统。这样就可以把中继系统划分成以下 4 种：

（1）中继器。物理层的中继系统。中继器是用于同种网络的物理层的中继系统，主要完成物理层的功能，完成信号的复制、调整和放大功能，以此来延长网络的长度。中继器是最简单的网络互联设备。

集线器是有多个端口的中继器，又称 HUB。集线器以星型拓扑结构将通信线路集中在一起是局域网中应用最广的连接设备。

（2）网桥。数据链路层的中继系统。网桥（桥接器）是在数据链路层对帧信息进行存储转发的中继系统。网桥是一个局域网与另一个局域网之间建立连接的桥梁，它的作用是扩展网络和通信手段，在各种传输介质中转发数据信号，扩展网络的距离。同时网桥数据转发是有选择的，如果是发往本地局域网内部主机的数据将不进行转发。

交换机是多端口的网桥，可以同时建立多个传输路径。交换机和集线器外形相似但工作方式差别很大：集线器采用广播技术将收到的数据向所有端口转发，而交换机则采用交换技术将收到的数据向指定端口转发。

（3）路由器。网络层的中继系统。路由器（router）在网络层存储转发分组，主要用于为经过该设备的数据寻找一条最佳的传输路径。路由器比网桥的功能更为强大，路由器可以用于拓扑结构非常复杂的网络互联，在不兼容的协议之间进行转换，即可用于局域网互联，又可用于广域网互联，如高校的校园网接入 Internet 可以利用路由器进行网络互联。

集线器和交换机是网内互联设备，在一个局域网内用于计算机之间的互联。路由器网际互联设备，用来连接不同的网络。例如，一个网吧的网络布线如图 6.9 所示。

（4）网关。网络层以上的中继系统。网关（gateway），又称网间连接器、信关或联网机。网关是对传输层及传输层以上的协议进行转换，它实际上是一个协议转换器。它可以是双向的，也可以是单向的。网关是最为复杂的网络互联设备，用于不同类型而协议差别又较大的网络互联，网关通常体现在 OSI 模型的传输层以上，它将协议进行转换，将数据重新分组，以便在两个不同类型的网络系统之间进行通信。网关既可用于广域网互联也可用于局域网互联，如电子邮件网关、IP 电话网关、各门户网站的短信网关等。

2. 局域网软件

（1）网络操作系统。组建局域网，除了要完成硬件的安装，还要安装相应的网络操作系统，对资源进行全面的管理。常见的网络操作系统有：Netware，Windows 2000，Windows 2003，Unix，Linux 等。

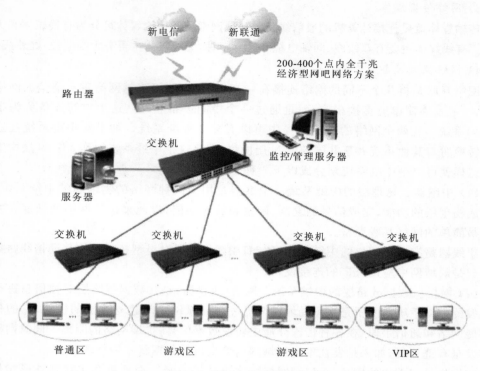

图 6.9　某网吧的网络结构图

（2）网络协议。一般在安装网络操作系统中都会将相应的网络协议安装，常见的局域网的网络协议有 NetBEUI，IPX/SPX，TCP/IP 等，其中 TCP/IP 作为 Internet 上的传输协议而被广泛使用。

6.3.2　局域网工作模式

1. 专用服务器结构

专用服务器结构（Server—Based）又称为"工作站/文件服务器"结构，由若干台微机工作站与一台或多台文件服务器通过通信线路连接起来组成工作站存取服务器文件，共享存储设备。

文件服务器一般以共享磁盘文件为主要目的。对于一般的数据传递来说已经够用了，但是当数据库系统和其他复杂而被不断增加的用户使用的应用系统到来的时候，服务器已经不能承担这样的任务了，因为随着用户的增多，为每个用户服务的程序也增多，每个程序都是独立运行的大文件，给用户感觉极慢，因此产生了客户机/服务器模式。

2. 客户机/服务器模式

客户机/服务器模式（Client/Server）简称 C/S 模式。在这种模式下，其中一台或几台较大的计算机作为服务器集中进行共享数据库的管理和存取；其他的应用处理工作分散到网络中其他微机上去完成,构成分布式的处理系统。由于服务器已由文件管理方式上升为数据库管理方式,因此也称为数据库服务器。该模式主要注重于数据定义、存取安全、备份及还原,并发控制及事务管理,执行诸如选择检索和索引排序等数据库管理功能。它把通过其处理后用户所需的那一部分数据而不是整个文件通过网络传送到客户机去,减轻了网络的传输负荷。C/S 模式是应用数据库技术与局域网技术相结合的结果。

与 C/S 模式相类似的还有浏览器/服务器(Browser/Server,简称 B/S)模式。B/S 模式是一种特殊形式的 C/S 模式,该模式的客户端为浏览器,由于不需要安装其他软件,有着很强的通用性和易维护性。目前,B/S 模式发展迅速,越来越多的网络应用基于 Web来进行管理。

3.对等式网络

对等式网络(Peer—to—Peer)与 C/S 模式不同,在对等式网络结构中,每一个节点的地位对等,没有专用服务器,在需要的情况下,每一个节点既可以起客户机的作用也可以起服务器的作用。

对等网一般常采用星型网络拓扑结构。除了共享文件外,还可以共享打印机和其他网络设备。由于对等网的网络结构相对简单,既不需要专门的服务器来支持,也不需要额外的组件来提高网络的性能,其价格相对于其他模式要便宜很多,因而广泛应用于家庭或其他小型网络。

6.3.3　常见局域网介绍

美国电气和电子工程师学会(IEEE)于 1980 年 2 月成立了局域网标准委员会(简称 IEEE802 委员会),专门从事局域网标准化工作,并制定了一系列标准,统称为 IEEE802 标准。目前,最为常用的局域网标准有两个:IEEE802.3(以太网)和 IEEE802.11(无线局域网)。

1.以太网

以太网即有线局域网,最早由 Xerox(施乐)公司创建,于 1980 年 DEC、lntel 和 Xerox三家公司联合开发成为一个标准。以太网包括标准的以太网(10 Mbit/s)、快速以太网(100 Mbit/s)和 10 G(10 Gbit/s)以太网,它们都符合 IEEE802.3 标准。以太网是当前应用最普遍的局域网技术,它很大程度上取代了其他局域网标准,例如,令牌环、FDDI 和 ARCNET。

在有线局域网中,如何保证传输介质有序、高效地为许多节点提供传输服务,是网络协议要解决的一个非常重要的问题。以太网采用的是 CSMA/CD(载波监听多路访问及冲突检测)访问控制法,其工作原理是:发送数据前,先侦听信道是否空闲。若空闲,则立即发送数据;若信道忙碌,则等待一段时间至信道中的信息传输结束后再发送数据。若在上一段信息发送结束后,同时有两个或两个以上的节点都提出发送请求,则判定为冲突。若侦听到冲突,则立即停止发送数据,等待一段随机时间再重新尝试。可简单总结为:先听后发,边发边听,冲突停发,随机延迟后重发。

有人将 CSMA/CD 的工作过程形象地比喻成很多人在一间黑屋子中举行讨论会:参

加会议的人都是只能听到其他人的声音。每个人在说话前必须先倾听,只有等会场安静下来后,他才能够发言。人们将发言前监听以确定是否已有人在发言的动作成为"载波侦听";将在会场安静的情况下每人都有平等机会讲话成为"多路访问";如果有两人或两人以上同时说话,大家就无法听清其中任何一人的发言,这种情况称为发生"冲突"。发言人在发言过程中要及时发现是否发生冲突,这个动作称为"冲突检测"。如果发言人发现冲突已经发生,这时他需要停止讲话,然后随机后退延迟,再次重复上述过程,直至讲话成功。如果失败次数太多,他也许就放弃这次发言的想法。

　　CSMA/CD 控制方式的优点是:原理比较简单,技术上易实现,网络中各工作站处于平等地位,不需集中控制,不提供优先级控制。但在网络负载增大时,发送时间增长,发送效率急剧下降。

　　以太网的连接主要有总线型和星型两种,如图 6.10 所示。总线型所需的电缆较少、价格便宜、管理成本高,不易隔离故障点、采用共享的访问机制,易造成网络拥塞。由于总线型的固有缺陷,已经逐渐被以集线器和交换机为核心的星型网络所代替。星型网络虽然需要的线缆比总线型多,但布线和连接器比总线型的要便宜。此外,星型拓扑可以通过级联的方式很方便地将网络扩展到很大的规模,因此得到了广泛的应用,被绝大部分的以太网所采用。

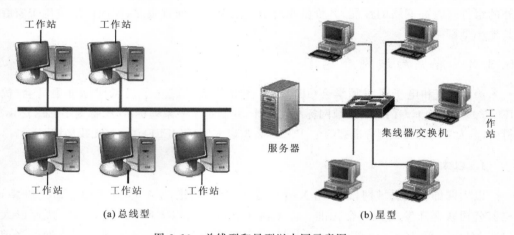

图 6.10　总线型和星型以太网示意图

　　以太网可以采用多种传输介质,包括同轴缆、双绞线和光纤等。其中双绞线多用于从主机到集线器或交换机的连接,而光纤则主要用于交换机间的级联和交换机到路由器间的点到点链路上。同轴缆作为早期的主要连接介质已经逐渐趋于淘汰。

2. 无线局域网

　　随着网络技术的发展,无线网络出现并流行起来,现在无论是家庭还是企业都能见到无线网络的身影。无线局域网络(wireless local area networks,WLAN)基于 IEEE802.11 标准,利用射频技术进行无线连接,没有烦琐的线缆铺设和检测,真正实现了"信息随身化、便利走天下"的理想境界。

IEEE802.11,又叫 Wi-Fi(wireless fidelity,无线保真),是 IEEE 最初制定的一个无线局域网标准,主要用于解决办公室局域网和校园网中用户与用户终端的无线接入,业务主要限于数据访问,速率最高只能达到 2 Mbps。IEEE802.11 标准后被 IEEE802.11b 所取代了,其数据传输速率最高可达 11 Mbps,扩大了 WLAN 的应用领域。

IEEE802.11a 标准是 IEEE802.11b 的后续标准,数据传输速率可达 54 Mbps,但其工作频段在 5.15~5.825 GHz,需要申请执照。而 IEEE 802.11b 使用的是开放的 2.4 GHz 频段,不需要申请就可使用。

后来又推出了 IEEE802.11g 标准,其传输速率与 IEEE802.11a 相同,而载波频率则为 2.4 GHz(跟 802.11b 相同)。

无线局域网最新的标准是 2009 年通过的 IEEE802.11n 标准,其传输速率将提高到 300 Mbps 甚至 600M bps;在覆盖范围方面,802.11n 采用智能天线技术,其覆盖范围可以扩大到好几平方公里,使 WLAN 移动性得到极大提高。

组建无线局域网与有线局域网相似,除了计算机设备外,同样需要网络接口设备和网络互联设备,主要有以下几种:

(1)无线网卡。无线网卡属于网络接口设备,相当于有线局域网中的网卡。它作为无线局域网的接口,能够实现无线局域网各个客户机之间间的连接与通信。

(2)无线 AP(access point)。无线 AP 是无线局域网的接入点,其作用与有线局域网中的集线器相当,用来扩展无线网络,扩大无线覆盖范围。

(3)无线路由器。无线路由不仅具有无线 AP 的功能,还具有路由器的功能,所以能够接入 Internet,是目前家庭上网常用的设备。

无线局域网的组网方式主要有对等网络和结构化网络两种。对等网组建灵活,是最简单的无线局域网,但该方式不能接入有线网络。结构化网络使用"无线 AP+无线网卡"或"无线路由器+无线网卡"的连接模式,相当于星型网络,可以和有线网络相连,是目前家庭上网常见的组网模式。例如,目前家庭都有 2 台以上的电脑,而上网多为有线方式,如果不想重新铺设网线,那么就可以让一台电脑以有线方式联网,而其他的电脑则使用无线接入方式联网,如图 6.11 所示。

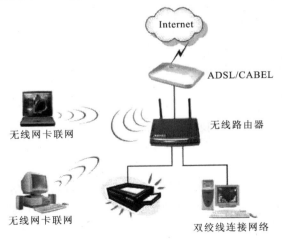

图 6.11　家庭无线局域网组成示例

6.4　Internet　基　础

6.4.1　Internet 概述

1. Internet 的发展历史

Internet 中文名为"因特网"，是将分布在全球的广域网、局域网及单机按照一定的通信协议组成的国际计算机网络，是世界上最大的计算机网络。

Internet 的前身是美国国防部高级研究计划局（ARPA）主持研制的 ARPAnet。20世纪 60 年代末，正处于冷战时期。当时美国军方为了使自己的计算机网络在受到袭击时，即使部分网络被摧毁，其余部分仍能保持通信联系，便由美国国防部的高级研究计划局建设了一个军用网，称为"阿帕网"（ARPAnet）。阿帕网于 1969 年正式启用，当时仅连接了 4 台计算机，供科学家们进行计算机联网实验用，这就是 Internet 的前身。

到了 20 世纪 70 年代，ARPAnet 已经有了好几十个计算机网络，但是每个网络只能在网络内部的计算机之间互联通信，不同计算机网络之间仍然不能互通。为此，ARPA又设立了新的研究项目，研究用一种新的方法将不同的计算机局域网互联，形成"互联网"。研究人员称之为"Internetwork"，简称"Internet"。这个名词就一直沿用到现在。

1982 年，ARPA 选定 TCP/IP 为 Internet 主要的计算机通信协议。后来，ARPAnet分成两部分：一部分军用，称为 MILNET；另一部分仍称 ARPAnet，供民用。

1986 年，美国国家科学基金组织（NSF）将分布在美国各地的 5 个为科研教育服务的超级计算机中心互联，并支持地区网络，形成 NSFnet。1988 年，NSFnet 替代 ARPAnet成为 Internet 的主干网。1989 年，ARPAnet 解散，Internet 从军用转向民用。

随着 Internet 的不断发展，利用 Internet 进行商业活动成为下一个的发展目标。1992 年，美国 IBM、MCI、MERIT 三家公司联合组建了一个高级网络服务公司（ANS），建立了一个新的网络，称为 ANSnet，成为 Internet 的另一个主干网，从而使 Internet 开始走向商业化。

1995 年 4 月 30 日，NSFnet 正式宣布停止运作。同时，以美国的 Internet 为中心的网络互联也迅速向全球扩展。到 1992 年初，全世界有 45 个国家加入 Internet；到 1998年，与 Internet 互联的国家已超过 170 个，用户数超过了 6000 万。

2. Internet 的现状

Internet 的出现是人类通信技术的一次革命，今天的 Internet 已不再是计算机人员和军事部门进行科研的领域，而是变成了一个开发和使用信息资源的覆盖全球的信息海洋。在 Internet 上从事的业务分类包括了广告公司，航空公司，农业生产公司，艺术，导航设备，书店，化工，通信，计算机，咨询，娱乐，财贸，各类商店，旅馆等 100 多类，覆盖了社会生活的方方面面，构成了一个信息社会的缩影。如今，网络经济发展迅速，在经济活动中得比重也越来也高。据预测，发达国家互联网年增长率将达到 8%，GDP 贡献率约为5.3%，而发展中国家互联网增长率更是高达 18%。2010～2016 年，G20 国家的互联网经济将翻番,增加约 3200 万个就业机会。

　　Internet 的最大成功不在其技术层面,而在于对人的影响。网络不仅仅是电脑之间的连接,更是把使用电脑的人连接了起来。网络的根本作用是为人们的交流服务,而不单纯是用来计算。网络中的很多热门应用(如微博、微信)都反映了人与人之间交流的需求。当前,Internet 越来越深刻地改变着人们的学习、工作以及生活方式,它已成为社会发展的基础设施,直接影响着整个社会进程。

　　Internet 如此重要,它又是如何管理的呢? 由于 Internet 的结构是按照“包交换”的方式连接的,故不存在中央控制的问题,连入网络的计算机只要遵守相同的协议就可以相互通信。所以,不可能存在某一个国家或者某一个利益集团通过某种技术手段来控制互联网的问题。然而,为了确定网络中的每一台主机,需要一个机构来为每一台主机命名(即地址)。但这仅仅是“命名权”,负责命名的机构除了命名之外,并不能做更多的事情。

3. Internet 与中国

　　Internet 在中国最早的应用是电子邮件。早在 1987 年中国科学院高能物理研究所首先通过低速的 X.25 租用线实现了国际远程联网,并于 1988 年实现了与欧洲及北美洲地区的 E-mail 通信。

　　1994 年 5 月,中国科学院高能物理所成为第一个正式接入 Internet 的中国大陆机构,随后在此基础上发展出中国科学技术网络(CSTNET),标志着我国正式加入了 Internet 网。与此同时,以清华大学作为物理中心的中国教育与科研计算机网(CERNET)正式立项,并于 1994 年 6 月正式连通 Internet。1994 年 9 月,中国电信部门开始进入 Internet,中国公用计算机互联网(CHINANET)正式诞生。随后,原电子工业部系统的中国金桥信息网(CHINAGBN)也开通。到 1996 年底,中国的 Internet 网形成了以 CSTNET、CERNET、CHINANET 和 CHINAGBN 为主的四大主流网络体系。

　　1) 中国科技网

　　中国科技网(CSTNET)是在中关村地区教育与科研示范网和中国科学院计算机网络的基础上建设和发展起来的覆盖全国范围的大型计算机网络。中国科技网为非盈利、公益性的网络,也是国家知识创新工程的基础设施。主要为科技界、科技管理部门、政府部门和高新技术企业服务。中国科学院计算机网络信息中心是中国科技网的网络管理运行中心。中国科学院计算机网络信息中心经国家主管部门授权,管理和运行中国互联网络信息中心,向全国提供网络域名注册服务。

　　2) 中国教育和科研计算机网

　　中国教育和科研计算机网(CERNET)隶属于教育部,主要面向教育和科研单位,是全国最大的公益性互联网络。CERNET 分四级管理:全国网络中心、地区网络中心和地区主节点、省教育科研网、校园网。

　　CERNET 全国网络中心设在清华大学,负责全国主干网的运行管理。地区网络中心和地区主节点分别设在清华大学、北京大学、北京邮电大学、上海交通大学、西安交通大学、华中科技大学、华南理工大学、电子科技大学、东南大学、东北大学等 10 所高校,负责地区网的运行管理和规划建设。CERNET 省级节点设在 36 个城市的 38 所大学,分布于全国除台湾省外的所有省、市、自治区。

3) 中国公用计算机互联网

中国公用计算机互联网(CHINANET)是邮电部门经营管理的基于 Internet 网络技术的中国公用计算机互联网,是国际计算机互联网(Internet)的一部分,是中国的 Internet 骨干网。中国公用计算机互联网(CHINANET)属于商业性 Internet 网,以经营手段接纳用户入网,提供 Internet 接入服务,并向社会提供电子商务、数据中心、远程医疗、远程教育等高层次的业务。

为了进一步推进互联网在中国的应用与发展,中国电信策划发起了"政府上网工程"、"企业上网工程"、"家庭上网工程"三大跨世纪工程,加快了我国政府行政管理、社会公共服务、企业生产经营数字化、网络化、信息化步伐,有力推动了国家信息化发展的进程。

4) 中国金桥网

中国金桥网(CHINAGBN)隶属于信息产业部,属于商业性 Internet 网,以经营手段接纳用户入网,提供 Internet 网服务。1995 年 8 月,为了配合国家的三金工程(金桥、金关、金卡),为国家宏观经济调控和决策服务的中国金桥信息网(CHINAGBN)利用卫星网络在 24 省市开通联网,并与国际网络实现互联,在全国范围内提供 Internet 商业服务。

随着中国 Internet 的发展,中国电信、中国联通和中国移动也参与到互联网的建设中来。2000 年 5 月 17 日,中国移动互联网(CMNET)投入运行。2001 年 12 月 22 日,中国联通 CDMA 移动通信网一期工程如期建成,并于 2001 年 12 月 31 日在全国 31 个省、自治区、直辖市开通运营。2002 年 5 月 17 日,中国电信在广州启动"互联星空"计划,标志着 ISP(互联网服务提供商)和 ICP(互联网内容提供商)开始联合打造宽带互联网产业链。

随着中国电信、中国联通和中国移动的加入,中国 Internet 的格局也出现了不小的变化。目前,中国 Internet 的主要骨干网络主要有:中国电信、中国联通、中国移动、中国教育和科研计算机网和中国科技网等。

截至 2015 年 12 月,中国国家顶级域名".CN"总数为 1636 万,占中国域名总数的 52.8%,中国网站总数 423 万个,网页数量突破 2000 亿。我国网民规模达 6.68 亿,互联网普及率为 50.3%。网民通过 Wi-Fi 无线网络接入互联网的比例高达 91.8%,手机网上支付用户规模达到 3.58 亿。

6.4.2　Internet 的常见接入方式

如今,Internet 已经融入人们的日常生活当中,那么该如何接入到 Internet 中呢? 一般来说,用户都是通过与接入网相连接入 Internet。接入网是指骨干网络到用户终端之间的所有设备。其长度一般为几百米到几公里,因而被形象地称为"最后一公里"。

通过接入网连接 Internet,需要使用 ISP(Internet Service Provider,因特网接入服务提供商)提供的接入服务。ISP 通常是提供互联网接入业务、信息业务和增值业务的电信运营商。ISP 提供的接入方式很多,主要有 PSTN,ISDN,DDN,ADSL,VDSL,LAN,Cable-Modem,PON 和 LMDS 等 9 种。目前,个人上网最主要的接入方式是 ADSL,LAN(局域网接入)和无线上网(3G、4G)等三种方式。

1. ADSL

ADSL(asymmetrical digital subscriber line,非对称数字用户环路)是一种能够通过普通电话线提供宽带数据业务的技术,也是目前极具发展前景的一种接入技术。由于普通用户上网主要是从外界的网站获取信息,而向外发送的信息量并不大,如果上行(用户向外发送数据)和下行(用户从外接收数据)的带宽相等,则可能造成上行带宽的浪费和下行带宽不足。ADSL 的非对称,指从 ISP 到用户用高带宽支持,而用户到 ISP 的带宽较小,正好适应了大部分用户的需求。

ADSL 需要向 ISP 申请开户,接入时需要一个 ADSL MODEM 和一个滤波分离器(也叫信号分离器)。用户将电话线与滤波器连接,滤波器与 ADSL Modem 和一条两芯电话线相连,ADSL Modem 利用 USB 接口与计算机相连。ADSL 的接入方式如图 6.12 所示。

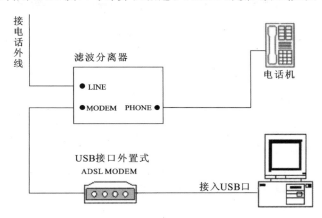

图 6.12　ADSL 的接入

ADSL 方案的最大特点是不需要改造信号传输线路,完全可以利用普通铜质电话线作为传输介质,配上专用的 Modem 即可实现数据高速传输。ADSL 支持上行速率 640 kbps～1 Mbps,下行速率 1 Mbps～8 Mbps,其有效的传输距离在 3～5 千米范围以内。每个用户都有单独的一条线路与 ADSL 局端相连,数据传输带宽是由每一个用户独享的。

2. LAN

LAN 方式接入是利用以太网技术,一般采用"光缆＋双绞线"的方式对社区进行综合布线。从社区机房敷设光缆至住户单元楼,楼内布线采用双绞线敷设至用户家里,用户再通过双绞线将电脑与接入接口相连,就可以上网了。LAN 方式接入如图 6.13 所示。

采用 LAN 方式接入可以充分利用小区局域网的资源优势,为居民提供 10 M 以上的共享带宽,这比一般的拨号上网速度快得多,并可根据用户的需求升级到 100 M 以上。

以太网技术成熟、成本低、结构简单、稳定性、可扩充性好;便于网络升级,同时可实现实时监控、智能化物业管理、小区/大楼/家庭保安、家庭自动化(如远程遥控家电、可视门铃等)、远程抄表等,可提供智能化、信息化的办公与家居环境,满足不同层次的人们对信息化的需求。LAN 接入方式也比其他的入网方式要经济许多。

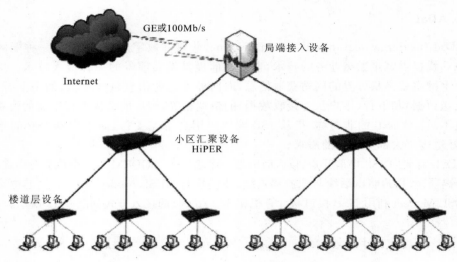

图 6.13　LAN 接入

3. 无线上网（3G、4G）

随着 Internet 以及无线通信技术的迅速普及，使用手机、移动电脑等随时随地上网已成为移动用户迫切的需求，随之而来的是各种使用无线通信线路上网技术的出现。3G 上网是继 GSM 、GPRS、EDGE 后的新的移动通信技术。

3G 在传输声音和数据的速度上进行提升，能够在全球范围内更好地实现无线漫游，并可处理图像、音乐、视频流等多种媒体形式，提供包括网页浏览、电话会议、电子商务等多种信息服务。为了能在各种情况下提供服务，该技术规定：移动终端以车速移动时，其传转数据速率为 144 kbps，室外静止或步行时速率为 384 kbps，而室内为 2 Mbps。3G 标准主要有三个：WCDMA（欧洲版）、CDMA2000（美国版）和 TD-SCDMA（中国版）。

目前，已有 538 个 WCDMA 运营商在 246 个国家和地区开通了 WCDMA 网络，3G 商用市场份额超过 80％，而 WCDMA 向下兼容的 GSM 网络已覆盖 184 个国家，遍布全球，WCDMA 用户数已超过 6 亿，3G 技术的前景十分广阔。

除了 3G 无线上网外，现在还有一种 Wi-Fi 无线上网方式，两者是截然不同的。

Wi-Fi 是基于 IEEE 802.11 标准的无线局域网技术。通过配置无线路由器把有线网络信号转换成无线信号，方便手机、平板电脑等设备的上网。在这个无线路由器的电波覆盖的有效范围都可以采用 Wi-Fi 连接方式进行联网。Wi-Fi 是无线局域网技术，与上网方式无关，ADSL 和 LAN 方式都可以使用。一般来说，Wi-Fi 的带宽、信号强度比 3G 要高，但覆盖范围要小得多。

第四代移动通信技术（即 4G），集 3G 与 WLAN 于一体，能够以 100 Mbps 以上的速度下载，能够满足几乎所有用户对于无线服务的要求。随着 4G 网络建设的完成，以及 4G 资费的降低，4G 将逐渐取代 3G，成为无线上网的主要方式。截至 2015 年 12 月底，中国 4G 用户总数为 3.86 亿，在移动电话用户中的渗透率为 29.6％。

6.4.3　IP 地址和域名系统

1. IP 地址

1) 什么是 IP 地址

就像我们打电话时需要对方的电话号码才能与之通信一样,在网络中为了区别不同的计算机,也需要给计算机指定一个号码,这个号码就是"IP 地址"。在 Internet 上,每一个节点都依靠唯一的 IP 地址互相区分和相互联系。IP 地址是一个 32 位二进制数的地址,由 4 个 8 位字段组成,用于标识 TCP/IP 宿主机。例如,湖北大学的某台主机 IP 地址表示如下

$$11001010 \quad 01110010 \quad 10011100 \quad 11111000$$

很明显,这些数字对于人来说不太好记忆。人们为了方便记忆,就将组成计算机的 IP 地址的四段二进制数中间用小数点隔开,然后将每八位二进制转换成十进制数,这样上述计算机的 IP 地址就变成了:202.114.156.248。IP 地址的这种表示法称为"点分十进制表示法",这显然比 1 和 0 容易记忆多了。

如同电话号码由区号和本地号码两部分组成一样,一个 IP 地址也由网络号和主机号两部分组成。同一个物理网络上的所有主机都有相同网络号,网络中的每一个主机都有一个主机号与之对应。由于不同类型网络中包含的计算机数量差别较大,于是人们按照网络规模的大小,把 32 位地址信息分成 A,B,C,D,E 等几类。其中,A,B,C 是基本类,D,E 类作为多播和保留使用,各类地址的结构如图 6.14 所示。

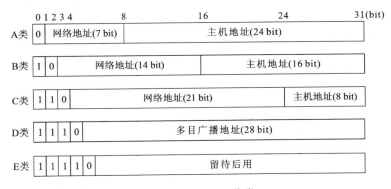

图 6.14　IP 地址分类

A 类地址:分配给规模特别大的网络使用。一个 A 类 IP 地址由 1 字节的网络地址和 3 字节主机地址组成,网络地址的最高位必须是"0",地址范围 1.0.0.1～126.255.255.254(二进制表示为:**00000001** 00000000 00000000 00000001 - **01111110** 11111111 11111111 11111110)。由于 127.0.0.1 是回送地址,指本地机,一般用来测试使用,故 A 类地址网络号范围从 1 到 126,而没有 127。A 类网络 IP 地址的后 3 字节表示主机号,即每个 A 类网络能容纳 $2^{24}-2$(约 1600 多万)个主机。

B 类地址:分配给中等规模的网络。一个 B 类 IP 地址由 2 个字节的网络地址和 2 个字节的主机地址组成,网络地址的最高位必须是"10",地址范围 128.0.0.1～191.255.255.254(二进制表示为:**10000000 00000000** 00000000 00000001 － **10111111 11111111** 11111111

11111110)。每个 B 类网络能容纳 $2^{16}-2$(约 6 万多)个主机。

C 类地址:分配给小型规模的网络。一个 C 类 IP 地址由 3 字节的网络地址和 1 字节的主机地址组成,网络地址的最高位必须是"110"。范围 192.0.0.1~223.255.255.254(二进制表示为:**11000000 00000000 00000000** 00000001 — **11011111 11111111 11111111** 11111110)。每个 C 类网络能容纳 $2^8-2=254$ 个主机。

D 类地址:用于多点广播(multicast)。D 类 IP 地址第一个字节以"1110"开始,地址范围 224.0.0.1~239.255.255.254。D 类地址是一个专门保留的地址,它并不指向特定的网络,目前这一类地址被用在多点广播中。多点广播地址用来一次寻址一组计算机,它标识共享同一协议的一组计算机。

E 类地址:以"11110"开始,E 类地址保留,仅供实验和开发用。

在一个局域网中,有两个比较特殊的 IP 地址:网络号和广播地址。网络号代表了整个网络本身,广播地址代表了网络全部的主机。网络号是网段中的第一个地址,广播地址是网段中的最后一个地址,这两个地址是不能配置在计算机主机上的。

例如,某 C 类网络,IP 地址范围为 192.168.0.0~192.168.0.255。其中网络号是 192.168.0.0,广播地址是 192.168.0.255。所以,能配置在计算机中的地址比网段内的地址要少两个(除去网络号、广播地址),这些地址称之为主机地址。在上面的例子中,主机地址就只有 192.168.0.1 至 192.168.0.254 可以配置在计算机上了。

所有的 IP 地址都由国际组织 NIC(network information center)负责统一分配。目前全世界共有三个这样的网络信息中心:InterNIC(负责美国及其他地区)、ENIC(负责欧洲地区)和 APNIC(负责亚太地区)。

2) 子网掩码

从前面的介绍我们知道,A 类地址和 B 类地址都允许一个网络中包含大量的主机,但实际上不可能有这么多主机连接到一个网络中,这不但降低了 IP 地址的利用率,也给网络寻址和管理带来了很大的困难。解决该问题的办法是在一个网络内部继续划分子网,而主机地址就被划分为子网地址和主机地址。这样 IP 地址的结构就变成了:

未做子网划分的 IP 地址:网络号+主机号

做子网划分后的 IP 地址:网络号+子网号+子网主机号

这时,判断两台主机是否同一子网中,就需要用到子网掩码。子网掩码和 IP 地址一样,仍为 32 位的二进制,可以用点分十进制表示。在子网掩码中,1 的部分代表网络号,0 的部分代表主机号。A 类地址的默认子网掩码为 255.0.0.0;B 类地址的默认子网掩码为 255.255.0.0;C 类地址的默认子网掩码为:255.255.255.0。例如,湖北大学的一台主机的地址为 202.114.144.33,是一个 C 类地址,翻译成二进制为

11001010　01110010　10010000　00100001

由于 C 类地址网络号为前 24 位,因此默认的子网掩码为

11111111　11111111　11111111　00000000

子网掩码需结合 IP 地址一起使用。判断两个 IP 地址是否在同一个子网中,只要将这两个 IP 地址与子网掩码做按位逻辑"与"运算,若结果相同,则说明在同一个子网中,否则不在同一个子网中。例如,两个主机地址 202.114.157.3 和 202.114.157.129,是否处

于同一子网？经判断是 C 类地址，我们使用 C 类默认的子网掩码 255.255.255.0，与两个 IP 地址进行逻辑与运算，得到的结果（黑体下划线表示）都是 202.114.157.0，这表示这两台计算机处于同一子网内。

子网掩码：　　**11111111　11111111　11111111**　00000000
（255.255.255.0）
主机 1 的 IP：　**11001010　01110010　10011101**　00000011
（202.114.157.0）
主机 2 的 IP：　**11001010　01110010　10011101**　10000001
（202.114.157.0）

而如果子网掩码改为 255.255.255.128，情况就完全不同了。再次进行逻辑与运算，结果分别是 202.114.157.0 和 202.11.157.128，这次我们判断出这两台计算机处于不同子网。

子网掩码：　　**11111111　11111111　11111111　1**0000000
（255.255.255.128）
主机 1 的 IP：　**11001010　01110010　10011101　0**0000011
（202.114.157.0）
主机 2 的 IP：　**11001010　01110010　10011101　1**0000001
（202.114.157.128）

通过观察子网掩码 255.255.255.128 的二进制形式，我们看到第 4 字节的第 1 位是表示子网号的，这样可以划分出两个子网，每个子网的主机可以使用剩下的 7 位编址。一个子网的 IP 为 202.114.157.0-202.114.157.127，另一个子网 IP 为 202.114.157.128～202.114.157.255，这样就把一个 C 类网络划分为了两个子网。

再比如，现在拥有一个 C 类地址，地址范围如下：202.114.156.0～202.114.156.255，现在有 4 个实验室，每个实验室有 60 台计算机，现要将每个试验室组成一个网络，该如何进行分配？

通过观察可以发现，C 类地址最多可以容纳 250 多台计算机，而 4 个实验室总共需要 240 个 IP 地址，我们把这个 C 类地址的主机号部分划分出两位，作为这个 C 类地址的子网络号。这样每个子网络只有剩下的 6 位主机号可以分配，每个子网可以分配 $2^6 = 64$ 个 IP 地址，这样就可以满足需要了。

子网 1 范围从：**11001010　01110010　10011100　00**000000（202.114.156.0）
　　　　到：**11001010　01110010　10011100　00**111111（202.114.156.63）
子网 2 范围从：**11001010　01110010　10011100　01**000000（202.114.156.64）
　　　　到：**11001010　01110010　10011100　01**111111（202.114.156.127）
子网 3 范围从：**11001010　01110010　10011100　10**000000（202.114.156.128）
　　　　到：**11001010　01110010　10011100　10**111111（202.114.156.191）
子网 4 范围从：**11001010　01110010　10011100　11**000000（202.114.156.192）
　　　　到：**11001010　01110010　10011100　11**111111（202.114.156.255）
子网掩码为　　**11111111　11111111　11111111　11**000000（255.255.255.192）

需要注意的是,划分后的子网内,主机号全 0 和全 1 的部分也不允许分配,这样每一个子网最多容纳 $2^6-2=62$ 台主机。

3）地址解析

计算机通过网卡上网,网卡的物理地址通常是由网卡生产厂家烧入网卡的 EPROM,它存储的是传输数据时真正赖以标识网络中主机的地址。在网络底层的物理传输过程中,是通过物理地址来识别主机的,它一般也是全球唯一的。

IP 地址统一了不同的物理地址,但是这种统一仅表现在自 IP 层开始的以上各层使用统一格式的 IP 地址,将物理地址隐藏起来,实际上对各种物理地址并没有做任何改动。在物理网络的内部仍然使用各自的物理地址。在 Internet 中就存在着 IP 地址和物理地址两种地址形式,为此必须建立二者之间的映射关系。IP 地址与网络的物理地址之间的映射称为地址解析(resolution),包括两方面的内容:从 IP 地址到物理地址和从物理地址到 IP 地址的映射。Internet 专门提供了两个协议:地址解析协议 ARP,用于从 IP 地址到物理地址的转换;逆向地址解析协议 RARP,用于将物理地址转换成 IP 地址。

4）IPv4 与 IPv6

目前 IP 协议的版本号是 4（简称 IPv4,internet protocol version 4）,其核心技术属于美国,它所面临的最大问题就是网络地址资源有限。从理论上讲,IPv4 可以编址 1600 万个网络、约 40 亿台主机。但采用 A,B,C 三类编址方式后,可用的网络地址和主机地址的数目大打折扣（网络中的主机数并不总是满的）。同时,IP 地址的分配也不均衡（例如北美占有 3/4 的 IP 地址）。

另一方面,随着电子技术及网络技术的发展,计算机网络将进入人们的日常生活,种类繁多的电子产品（如手机、MP3 等）可能都需要连入因特网。IP 地址的不足严重地制约了互联网的应用和发展。在这样的环境下,IPv6 应运而生。IPv6 是下一版本的互联网协议,IPv6 采用 128 位地址长度,几乎可以不受限制地提供地址。按保守方法估算 IPv6 实际可分配的地址,整个地球每平方米面积上可分配 1000 多个地址。这不但解决了网络地址资源数量的问题,同时也为除电脑外的设备连入互联网在数量限制上扫清了障碍。

在 IPv6 的设计过程中除了一劳永逸地解决地址短缺问题以外,还考虑了在 IPv4 中解决不好的其他问题。IPv6 的主要优势体现在以下几方面:扩大地址空间、提高网络的整体吞吐量、改善服务质量(QoS)、安全性有更好的保证、支持即插即用和移动性、更好实现多播功能。随着互联网的飞速发展和互联网用户对服务水平要求的不断提高,IPv6 在全球将会越来越受到重视。

5）查看本机 IP 地址

查看计算机的本机 IP 地址通常有两种方法。

(1) 查看网络连接属性。操作方法为

　　　　　　　　网上邻居→属性→本地连接→属性→TCP/IP

如图 6.15 所示。该方法除了可以查看 IP 地址外,也可以进行网络 IP 的设置。

(2) 在命令提示符下输入 ipconfig 指令,该指令可以查询本机的 ip 地址,以及子网掩码、网关、物理地址(Mac 地址)、DNS 等详细情况。有时机器的 IP 地址是自动获取的,第一种方法就不管用了,这时可以使用 ipconfig 指令。具体操作方法为:

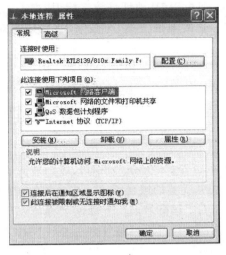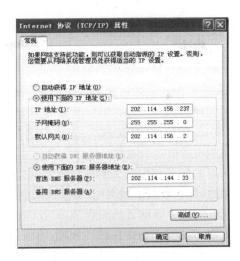

图 6.15　在连接属性对话框中查看 IP 地址

"开始"→运行→cmd→ipconfig all

回车后显示结果如下：

Windows IP Configuration 【Windows IP 配置】

Host Name . . . . : PCNAME 【域中计算机名、主机名】

Primary Dns Suffix. . . . . : 【主 DNS 后缀】

Node Type. . . . . : Unknown 【节点类型】

IP Routing Enabled. . . . . : No 【IP 路由服务是否启用】

WINS Proxy Enabled. . . . . . . : No 【WINS 代理服务是否启用 】

Ethernet adapter： 【本地连接】

Connection-specific DNS Suffix ： 【连接特定的 DNS 后缀】

Description. . . . . : Realtek RTL8168/8111 PCI-E Gigabi 【网卡型号描述】

Physical Address. . . . . . . : 00-1D-7D-71-A8-D6 【网卡 MAC 地址】

DHCP Enabled. . . . . : No 【动态主机设置协议是否启用】

IP Address. . . . . : 192. 168. 90. 114 【IP 地址】

Subnet Mask. . . . . : 255. 255. 255. 0 【子网掩码】

Default Gateway. . . . . . . : 192. 168. 90. 254 【默认网关】

DHCP Server. . . . . : 192. 168. 90. 88 【DHCP 服务器地址】

DNS Servers. . . . . : 221. 5. 88. 88 【DNS 服务器地址】

Lease Obtained. . . . . : 2013 年 4 月 1 号 8:13:54 【IP 地址租用开始时间】

Lease Expires. . . . . : 2013 年 4 月 10 号 8:13:54 【IP 地址租用结束时间】

2. 域名系统

1）域名地址

基于 TCP/IP 协议进行通信和连接的每一台主机都必须有一个唯一的标识（如 IP 地

址),以区别在网络上成千上万个用户和计算机。但由于 IP 地址是数字标识,难于记忆和书写,因此在 IP 地址的基础上又发展出一种符号化的地址方案,与数字 IP 地址相对应,就被称为域名地址。

　　主机的域名地址要求全网唯一,并且要便于管理,方便与 IP 地址映射。因此,连接在 Internet 上的主机或路由器的域名都是一个层次结构的名字。这里的"域"是名字空间中一个可被管理的划分。域还可以被划分为子域,如二级域、三级域等。域名的结构形式如下:

　　　　…三级域名. 二级域名. 顶级域名

例如,www. hubu. edu. cn。

　　每级的域名都由英文字母和数字组成(不超过 63 个,不区分大小写),级别最低的域名在最左边,级别最高的域名(又称顶级域名)在最右边,完整的域名不超过 255 个字符。域名系统没有规定下级域名的个数,但一般都在 3 个左右。国际域名由互联网名称与数字地址分配机构(ICANN)负责注册和管理;而国内域名则由中国互联网络管理中心(CNNIC)负责注册和管理。这样,域名的分配及管理形成了一种树形结构,如图 6.16 所示。

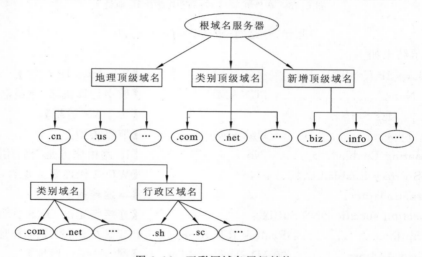

图 6.16　互联网域各层级结构

　　各级域名由其上一级的域名管理机构管理。例如,湖北大学校园网的域名分配层次结构如表 6.4 所示。如果教务处要申请校园网内的域名,就要向湖北大学校园网管理中心申请,申请得到的域名就是 jwc. hubu. edu. cn。

表 6.4　湖北大学校园网的域名分配层次结构

域名层次	对应的分配机构
顶级域名(CN)	ICANN
二级域名(EDU)	中国互联网络信息中心 CNNIC
三级域名(HUBU)	CERNET 的网络中心
四级域名(www、JSZX、JWC)	湖北大学计算机网络中心

　　顶级域名通常有两类。一类是国家顶级域名(national top-level domain names,简称

nTLDs)，目前 200 多个国家都按照 ISO3166 国家代码分配了顶级域名，例如中国是 cn，美国是 us，英国是 uk。另一类是国际顶级域名(international top-level domain names，简称 iTDs)，原有 7 个，分别是：

com	用于公司企业
net	用于网络服务机构
org	用于非营利性组织
int	用于国际化机构
edu	用于教育机构(美国大学或学院)
gov	用于政府部门(美国专用，国内机构不能注册)
mil	用于军事部门(美国专用，国内机构不能注册)

后来，由于 Internet 用户的急剧增加，又新增了 7 个国际顶级域名：

biz	可以替代 com 的通用顶级域名，适用于商业公司
name	用于个人的通用顶级域名
pro	用于医生、律师、会计师等专业人员的通用顶级域名
coop	用于商业合作社的专用顶级域名
aero	用于航空运输业的专用顶级域名
museum	用于博物馆的专用顶级域名
info	用于提供信息服务的企业

此外，还有些常见的通用顶级域名如：

ac	用于科研机构
arpa	由 ARPANET 沿用的名称，被用于互联网内部功能
mobi	用于手机网络的域名
asia	用于亚洲地区的域名
tel	用于电话方面的域名

顶级域名中还有些比较特殊的，其原本的含义是代表国家的域名代码，但由于其缩写与某些热门行业同名，所以被开放为全球的国际顶级域名。例如，

cc	原是国名"Cocos (Keeling) Islands"的国家顶级域名，但也可把它看成"Commercial Company"(商业公司)的缩写，所以现已开放为全球性国际顶级域名，主要应用在商业领域内。cc 现已成为继 com 和 net 之后全球第三大顶级域名。
tv	原是国名图瓦卢(Tuvalu)的国家顶级域名，但因为它也是"television"(电视)的缩写，所以现已开放为全球性国际顶级域名，主要应用在视听、电影、电视等全球无线电与广播电台领域内。

我国在国际互联网络信息中心正式注册并运行的顶级域名是 CN，这也是我国的一级域名。在顶级域名之下，我国的二级域名又分为类别域名和行政区域名两类。类别域名共 6 个，包括 ac(科研机构)、com(工商金融企业)、edu(教育机构)、gov(政府部门)、net(互联网络信息中心和运行中心)、org(非营利组织)。而行政区域名有 34 个，分别对应于

我国各省、自治区和直辖市。

　2）域名解析

　　Internet 上的计算机是通过 IP 地址来定位的，给出一个 IP 地址，就可以找到 Internet 上的对应主机。因为 IP 地址难于记忆，所以发明了域名来代替 IP 地址。但通过域名并不能直接找到要访问的主机，中间有一个由域名查找与之对应的 IP 地址的过程，这个过程就是域名解析。域名解析就是将域名转换成 IP 地址的过程，是由 Internet 系统中的 DNS（域名解析服务器）完成的。注册域名后，注册商一般会为域名提供免费的解析服务。

　　一个域名只能对应一个 IP 地址，而多个域名可以同时被解析到一个 IP 地址。域名解析需要由专门的域名解析服务器（DNS）来完成。当需要将一个主机域名映射为 IP 地址时，就将转换域名的 DNS 请求发给本地域名服务器。本地的域名服务器查到域名后，将对应的 IP 地址返回。

　　域名服务器具有连向其他服务器的能力，以支持不能解析时的转发。若域名服务器不能回答请求，则此域名服务器向根域名服务器发出请求解析，根域名服务器找到下面的所有二级域名的域名服务器，这样以此类推，一直向下解析，直到查询到所请求的域名，如图 6.17 所示。

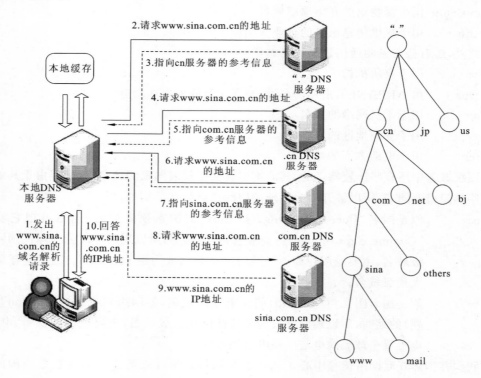

图 6.17　域名解析

3）中文域名

2008 年召开的 ICANN 巴黎年会上，ICANN 理事会一致通过一项重要决议，允许使用其他语言包括中文等作为互联网顶级域字符。至此，中文国家域名".中国"将正式启用。自 2009 年始，全球华人上网时，在浏览器地址栏直接输入中国域名后缀".中国"，就可以在互联网上访问到相应的网站，不用安装任何插件。

中文域名是含有中文的新一代域名，同英文域名一样，作为 Internet 上计算机的字符标识。中文域名是符合国际标准的域名体系，使用和英文域名近似，作为域名的一种，可以通过 DNS 解析，支持虚拟主机，电子邮件等服务。注册的中文域名至少需要含有一个中文文字。可以选择中文、字母、数字或符号"-"命名中文域名，但最多不超过 20 个字符。目前有".com"，".cn"，".中国"，".公司"，".网络"等 5 种以上类型的中文顶级域名供注册，例如

中文.com	中文.net	中文.org	中文.cc
中文.cn	中文.中国	中文.公司	中文.网络

使用中文域名有如下好处：

（1）使用方便，便于记忆。

（2）中文域名的域名资源丰富，避免了好的域名被抢先注册的现象。

（3）中文域名有显著的标识作用，能体现用户自身的价值和定位。

中文域名的问世，是世界网络业的重大突破，它克服了互联网世界的语言障碍，使全球广大的华人网民也可以通过自己的语言上网，更加真实地体验"网络无国界"。中文域名的应用将为促进华人世界的网络发展和信息交流、提高中文信息服务业的发展水平及其在全球信息服务业中的地位、进一步带动以电子商务为核心的新经济在华人世界加速发展等诸多方面发挥极大的推动作用。

6.5　Internet 基本服务功能

Internet 是一个把分布于世界各地不同结构的计算机网络用各种传输介质互相连接起来的网络。因此，被称为网络的网络，中文名为因特网、国际互联网等。Internet 提供的主要服务有万维网（WWW）、文件传输（FTP）、电子邮件（E-mail）、远程登录（Telnet）等。

6.5.1　万维网

1. 万维网的产生和发展

20 世纪 40 年代以来，人们就梦想能拥有一个世界性的信息库。在这个信息库中，信息不仅能被全球的人们存取，而且能轻松地链接到其他地方的信息，使用户可以方便快捷地获得重要的信息。1989 年，在欧洲粒子物理研究所（CERN）工作的蒂姆·伯纳斯·李

（图 6.18）出于高能物理研究的需要发明了万维网。

图 6.18　蒂姆·伯纳斯·李

万维网（World Wide Web，WWW），也叫 Web，3W，通过它可以存取世界各地的超媒体文件，包括文字、图形、声音、动画、资料库及各式各样的内容。万维网的诞生给全球信息的交流和传播带来了革命性的变化，一举打开了人们获取信息的方便之门。

万维网最早的网络构想可以追溯到 1980 年蒂姆·伯纳斯·李构建的 ENQUIRE 项目，这是一个类似维基百科的超文本在线编辑数据库。万维网中至关重要的概念——超文本，起源于 20 世纪 60 年代的几个项目，譬如泰德·尼尔森的仙那都项目和道格拉斯·英格巴特的 NLS。这两个项目的灵感都是来源于万尼瓦尔·布什在其 1945 年的论文《和我们想得一样》中为微缩胶片设计的"记忆延伸"系统。

蒂姆·伯纳斯·李的突破在于将超文本嫁接到因特网上，在他的书《编织网络》中，他解释说他曾一再向这两种技术的用户们建议它们的结合是可行的，但是却没有任何人响应他的建议，最后他只好自己解决了这个计划。后来，他发明了一个全球网络资源唯一认证的系统：统一资源标识符。

1989 年，蒂姆将自己的发明公布于众之后不久，网络公司便风起云涌。一夜之间，一批富翁呱呱坠地，宣告诞生。然而，蒂姆本人却依然坚持着自己清贫的科研工作。到 1994 年，WWW 已成为访问 Internet 资源最流行的手段，逐渐成为 Internet 中应用最广泛的服务。2004 年 6 有 15 日，首届"千年技术奖"被授予了有"互联网之父"之称的英国科学家蒂姆·伯纳斯·李教授。

今天，万维网使得全世界的人们以史无前例的巨大规模相互交流。情感经历、政治观点、文化习惯、表达方式、商业建议、艺术、摄影、文学等都能在万维网进行共享，而成本之低在人类历史上则从未有过。可以说，万维网是人类历史上最深远、最广泛的传播媒介，其连接的人数远远超过以往其他各种媒介的总和。

2. 因特网、互联网、万维网三者的区别

通常当人们将到网络，就会提起因特网、互联网和万维网这些名词，并把它们看成同一个事物，但实际上三者是有区别的。简单地说，三者的关系是：互联网包含因特网，因特网包含万维网。

凡是能彼此通信的设备组成的网络就叫互联网。所以，即使仅有两台机器，不论用何种技术使其彼此通信，也叫互联网。因特网是互联网的一种，它特指由覆盖全球的上千万台设备组成的超大型互联网络。通常，用英文单词 Internet 表示"因特网"，作为专有名词，开头字母必须大写。而开头字母小写的 internet，则泛指由多个计算机网络相互连接而成一个大型网络，即互联网。

万维网是无数个网络站点和网页的集合，它们在一起构成了因特网最主要的部分（因

特网还包括如电子邮件、新闻组等内容)。万维网实际上是多媒体的集合,由超级链接连接而成。通常通过网络浏览器上网观看的,就是万维网的内容。万维网常被当成因特网的同义词,但万维网与因特网有着本质的差别。因特网(Internet)指的是一个硬件的网络,全球的所有电脑通过网络连接后便形成了因特网。而万维网更倾向于一种浏览网页的功能。

3. WWW 基本概念及工作原理

WWW 是一个基于超文本方式的信息检索服务工具。信息的组织既不是采用自上而下的树状结构,也不是图书资料的编目结构,而是采用指针链接的超网状结构。超文本结构通过指针连接方式,可以使不同地方的信息产生直接或间接的联系,这种联系可以是单向的或双向的。所以超文本结构检索数据非常灵活,通过指针从一处信息资源迅即跳到本地或异地的另一信息资源。此外,信息的重新组织(增加、删除、归并)也很方便。

万维网的核心部分是由三个标准构成的:超文本传送协议(HTTP)、超文本标记语言(HTML)和统一资源定位符(URL)。WWW 是以超文本标注语言 HTML 与超文本传输协议 HTTP 为基础,提供面向 Internet 服务的信息浏览系统。浏览的信息以网页的形式放置在不同地理位置的主机上,网页的链接由统一资源定位器(URL)标识,WWW 客户端软件(即浏览器)负责信息的显示以及向服务器发送请求。

1) 超文本传送协议

超文本传送协议(hypertext transfer protocol,HTTP)是负责规定浏览器和服务器之间的应用层通信协议。WWW 是建立在客户机/服务器模型之上的。HTTP 协议的会话过程包括 4 个步骤:

(1) 建立连接:客户端的浏览器向服务端发出建立连接的请求,服务端给出响应就可以建立连接了。

(2) 发送请求:客户端按照协议的要求通过连接向服务端发送自己的请求。

(3) 给出应答:服务端按照客户端的要求给出应答,把结果(HTML 文件)返回给客户端。

(4) 关闭连接:客户端接到应答后关闭连接。

HTTP 协议是基于 TCP/IP 之上的协议,它不仅保证正确传输超文本文档,还确定传输文档中的哪一部分,以及哪部分内容首先显示(如文本先于图形)等。由于 HTTP 以明文的形式传送用户数据(包括用户名和密码),具有安全隐患,故对于敏感数据的传送,可以使用具有保密功能的 HTTPS(secure hypertext transfer protocol)协议。

2) 超文本标记语言

超文本标记语言(hypertext markup language,HTML)用来定义超文本文档的结构和格式。超文本是把信息根据需要连接起来的信息管理技术,人们可以通过一个文本的超链接打开另一个相关的文本。超链接内嵌在文本或图像中,通过已定义好的关键字和图形,只要单击某个图标或某段文字,就可以自动连上相应的其他文件。

超文本使用 HTML 编写,生成的网页文件其扩展名为. htm 或. html。网站由众多不同内容的网页构成,网页的内容体现一个网站的功能。通常把进入网站首先看到的网页称为首页或主页(homepage)。

HTML 是一种格式化语言,由于访问网页的计算机种类不同,为保证显示的正确,由浏览器负责文档显示时的格式化。HTML 文档本身是文本格式,使用任何一种文本编辑器都可以进行编辑。例如,下面就是一个简单网页文件的 HTML 源代码,利用浏览器看到的效果如图 6.19 所示。

```
<html>
<head>
<meta http-equiv="Content-Language" content="zh-cn">
<meta http-equiv="Content-Type" content="text/html;charset=
gb2312">
<title> 我们的世界</title>
</head>
<body>
<p align="center"><b><font face="华文楷体" size="6">计算机基础
课程目录
</font></b></p>
<p align="left"><font face="仿宋_GB2312" size="4">1 计算机文化基
础< /font></p>
<p align="left"><font face="仿宋_GB2312" size="4">2 VFP 程序设计
</font></p>
<p align="left"><font face="仿宋_GB2312" size="4">3 C 语言程序设
计</font> </p>
</body>
</html>
```

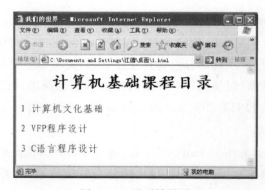

图 6.19　网页效果图

3）统一资源定位符

统一资源定位符（uniform resource locator，URL）是用来负责给万维网的资源（网页）定位的系统。URL 的一般格式如下：

<协议>://<主机名>/<路径>

协议：指定使用的传输协议，最常用的是 HTTP 协议。

主机名：是指存放资源文件的服务器域名或 IP 地址。

路径：资源文件在服务器上的相对路径。举例来说，某网页文件的 URL 为"http://www. hubu. edu. cn/Html/hdgg246. html"，各部分含义如图 6.20 所示。

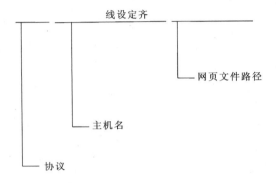

线设定齐

网页文件路径

主机名

协议

图 6.20　URL 地址组成

URL 不仅可以表示 WWW 文档地址，也可以描述 Internet 的其他服务（如 FTP、Telnet 等）。这时 URL 中的协议就可以是除 HTTP 之外的其他形式，URL 中常用的协议有：

HTTP　　通过 HTTP 访问资源。

FTP　　　通过 FTP 文件传输协议访问资源。

mailto　　电子邮件地址，通过 SMTP 访问。

news　　　新闻组，通过 NNTP 访问资源。

telnet　　远程登录

file　　　本地计算机上文件

4．网页的保存

用户在网上浏览信息时，如果需要保存自己感兴趣的内容，可以使用如下方法。

（1）保存网页：单击浏览器"文件"菜单上中的"另存为"，在弹出"保存 Web 页"对话框，选择保存的路径和文件名即可。

（2）保存图片：将鼠标移到所要保存的图片上，单击右键，在弹出的菜单中选择"图片另存为"选项，选择保存路径和文件名即可。

（3）音乐、视频、软件等：这类资源如果可以下载，一般提供下载链接。将鼠标移到下载链接上，单击右键，在弹出的菜单中选择"目标另存为"选项，在对话框中选择保存路径和文件名即可。现在也有很多的下载软件（如迅雷、QQ 旋风等），安装后直接关联右键菜单,这时在下载链接上单击鼠标右键,选择下载软件提供的下载选项即可。

6.5.2　文件传输协议 FTP

1. 工作原理

文件传输协议 FTP(file transfer protocol)是 Internet 上最广泛的文件传送协议,FTP 提供交互式的访问,允许文件具有存取权限(即用户只有经过授权并输入有效口令)。Internet 将这个协议的名字 FTP 作为其服务的名字,也就是 FTP 服务。在 1995 年以前,FTP 传送文件的通信量是 Internet 各项服务中通信量最大。只是在 1995 年以后 WWW 开始超过 FTP。

与大多数 Internet 服务一样,FTP 也是一个客户机/服务器系统,如图 6.21 所示。用户通过客户机程序向服务器程序发出命令,服务器程序执行用户所发出的命令,并将执行的结果返回到客户机。比如说,用户发出一条命令,要求服务器向用户传送某一个文件的一份拷贝,服务器会响应这条命令,将指定文件送至用户的机器上。客户机程序代表用户接收到这个文件,将其存放在用户目录中。提供 FTP 的计算机称为 FTP 服务器,用户从 FTP 服务器上将文件复制到本地计算机的过程叫下载(download),用户将本地计算机上的文件传送到远程 FTP 服务器的过程称为上传(upload)。

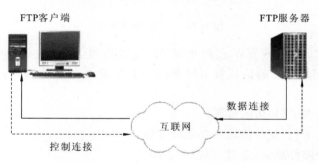

图 6.21　FTP 客户机/服务器示意图

在 FTP 协议中规定用户访问 FTP 服务器时需要首先利用远程服务器授权的用户名和密码登录,登录时验证用户的用户名和密码,只有正确才能访问相关的资源。但很多提供 FTP 服务的网站为了使 Internet 上的用户都能不受限制的访问自己的资源,就提供一种匿名 FTP 服务。匿名 FTP 服务一般使用一个通用的用户名(anonymous)和密码(anonymous)。匿名用户权限有限,一般只能下载部分公用的文件,而不能修改和删除和上传文件。

FTP 客户端程序主要有三种类型:FTP 命令行、浏览器和专用 FTP 程序。随着 Internet 客户端程序的丰富,命令行方式已经很少使用了,浏览器和专用客户程序已经成为 ftp 客户端两种最常用的软件。大多数的浏览器都能和 FTP 服务器建立连接,这使得在 FTP 上通过一个接口就可以操控远程文件,如同操控本地文件一样。连接的建立通过给定一个 FTP 协议的 URL 实现,形如 ftp://<服务器地址>。例如,在浏览器的地址栏中输入 ftp://ftp.hubu.edu.cn,意为连接湖北大学 FTP 服务器。

2. FTP 下载与其他下载方式的比较

1） HTTP 下载

浏览器浏览网页就是按照 HTTP 协议读取 Web 服务器上资源的过程,这些资源都通过 URL 标识访问。例如,http://www.aaa.com/default.html 表示一个网页,http://www.aaa.com/default.html/a.jpg 则表示该页面上的某个图片,这些都是可显示的,浏览器读取后就把它们显示出来。但有些资源是无法显示的,如 http://www.aaa.com/default.html/a.rar,这时浏览器就会弹出一个对话框询问用户是否要将文件保存到本地,这就是 HTTP 下载。

HTTP 下载与 FTP 下载相似,也是基于客户机/服务器模式的。但 HTTP 看成"发放"文件的协议,故不需要账户名和密码等权限的设置。因此,只要指定文件,任何人都可以进行下载。由于是客户机/服务器模式,在网络带宽相同的条件下,请求下载的用户越多,下载速度越慢,故当专门提供文件下载服务时,需配置一定数量的服务器分担下载任务。

2） BT 下载

BT(BitTorrent)是目前互联网最热门的应用之一。BT 的原理是:首先在上传端把一个文件分成了 Z 个部分,甲在服务器随机下载了第 N 各部分,乙在服务器随机下载了第 M 个部分,这样甲的 BT 就会根据情况到乙的电脑上去下载乙已经下载好的 M 部分,乙的 BT 就会根据情况到甲的电脑上去下载甲已经下载好的 N 部分,这样不但减轻了服务器端的负荷,也加快了用户方(甲乙)的下载速度,效率也提高了。

BT 基于一种"我为人人,人人为我"的思想,你在下载的同时,也在上传。所以它克服了传统下载方式的局限性,具有下载的人越多,文件下载速度就越快的特点。

根据 BT 协议,文件发布者发布的文件生成提供一个.torrent 文件,即种子文件,简称为"种子"。BT 客户端首先解析.torrent 文件得到 Tracker 地址,然后连接 Tracker 服务器。Tracker 服务器回应下载者的请求,提供下载者其他下载者(包括发布者)的 IP。下载者再连接其他下载者,根据.torrent 文件,两者分别告知对方自己已经有的块,然后交换对方没有的数据。此时不需要其他服务器参与,分散了单个线路上的数据流量,因此减轻了服务器负担。

BT 的缺点是存在热度问题,如果发布者停止发布,而上传者变少,则下载速度会大幅下载甚至无法下载,直至种子失效。所以为了 BT 资源长时间有效,仍然需要服务器的配合。

6.5.3　电子邮件 E-mail

1. 工作原理

电子邮件(E-mail)是 Internet 最早提供的服务之一,也是目前 Internet 上使用最频繁的服务之一,基本上所有类型的信息,包括文本、图形、声音文件等,都能够通过 E-Mail 的形式传输。电子邮件价格低廉(只需负担电费和网费即可),速度快(几秒内可以送达世界的任何角落),功能齐全(群发、抄送、附件等功能非常实用),已经成为每一个互联网用户都不可缺少的应用。

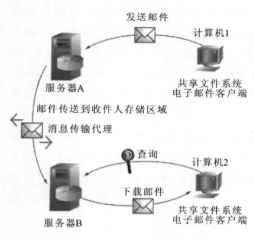

图 6.22　邮件服务器工作原理

Internet 电子邮件服务也遵循客户机/服务器的工作模式,分为邮件服务器端和邮件客户端。邮件服务器端分为发送邮件服务器和接收邮件服务器,其结构如图 6.22 所示。

电子邮件是如何工作的呢? 与现实中邮寄包裹是很相似的,当我们要寄一个包裹时,我们首先要找到一个有这项业务的邮局,在填写完收件人姓名、地址等等之后包裹就寄出并送到了收件人所在地的邮局,收件人必须去这个邮局才能取出包裹。

电子邮件的工作过程是:当用户发送一封电子邮件,电子邮件首先存储到了发送邮件服务器上,然后发送服务器根据用户填写的收件人电子邮件地址向对应的接收邮件服务器发送。这里,发送邮件服务器遵循的是简单邮件传输协议(simple mail transfer protocol,SMTP),因此又称为 SMTP 服务器。接收邮件服务器收到的邮件后将其保存在邮件服务器上,直到收件人从 Internet 的一台计算机上连接到这台接收邮件服务器时,利用邮局协议(post office protocol-version 3,POP3)或者交互式电子邮件访问协议(interactive mail access protocol,IMAP)从接收邮件服务器上读取自己电子邮箱中的信件。

2. 电子邮件地址

电子邮件和普通的邮件一样,必须拥有一个能够识别的地址,如何在电子邮件中有效地标识邮件地址,1971 年就职于美国国防部发展 ARPANET 的 BBN 电脑公司的汤林森找出一种电子信箱地址的表现格式。他选了一个在人名中绝不会出现的符号"@",其发音类似于英文 at,常被当成英语"在"的代名词来使用。如"明天早晨在学校等"的英文便条就成了"wait you @ schoolmorning"。

电子邮件的地址格式采用了"用户名@邮件服务器域名"的格式,利用"@"将用户名和邮件服务器域名隔开。如某个用户的 E-mail 地址是 zhangsan@sohu.com,表示用户名为"zhangsan",邮件服务器域名为"sohu.com"。在电子邮件的地址格式中,用户名部分一般应该区分大小写,而邮件服务器域名不用区分大小写。

3. 电子邮件使用常见问题

(1) 附件的使用。附件是电子邮件使用很频繁的一项功能,通过附件可以将工作文档及其他文件一起发给收件方。但要注意附件大小不是无限制的,一般邮箱多为几十兆,随着邮箱等级的提高还有可能增大。也有的邮箱提供超大附件的使用,但一般都是中转性质,过期自动删除。同时,发送附件还要考虑对方邮箱对邮件大小的限制问题,否则可能会导致邮件发送失败。

（2）病毒邮件。电子邮件本身不会产生病毒。所谓的病毒邮件一般通过附件传播病毒,收件方打开附件就会感染病毒,有的病毒邮件甚至没有附件（如病毒隐藏在信纸模板中）,打开就会感染。所以,对于来历不明的邮件一定要警惕,用纯文本方式打开邮件（禁用信纸模板）,对于其中的附件,不要下载打开。有时,如果好友邮箱被盗无法区分是否病毒邮件,也应该将附件查毒后再使用。

（3）垃圾邮件。垃圾邮件是指未经用户许可就强行发送到用户的邮箱中的电子邮件,多为广告性质,也有的为病毒传播邮件。垃圾邮件会浪费用户的精力,占据邮箱空间,却防不胜防。当碰到垃圾邮件时,光删除效果不大,因为垃圾邮件多为自动发送,过一段时间又会出现。所以,可以选择防垃圾邮件能力强的服务商申请邮箱,对于漏网之鱼可使用邮件过滤功能拉入黑名单自动屏蔽。

（4）邮箱满了怎么办。邮箱所使用的存储空间是邮件服务器分配的,也是有限的。随着使用时间的推移,邮箱就有可能会占满存储空间,从而导致新的邮件无法接收。这时可以:①定期清理邮箱,删除不必要的邮件;②使用邮件管理软件（如 Outlook、FOXmail 等）将邮件备份到本地计算机中;③现在很多邮箱都有一箱多邮的功能,找个空间大使用频繁的邮箱（如 QQ 邮箱）,代为管理其他邮箱地址。

6.5.4　远程登录和 BBS

1. 工作原理

远程登录（telecommunication network protocol,TELNET）是 Internet 上最早的服务之一,其原理是让用户通过 Internet 与远程的一台计算机相连,像远程计算机的一台终端一样分享远程主机的资源和服务。远程登录使用 Telnet 命令,使自己的计算机暂时成为远程主机的一个仿真终端,它只负责把用户输入的每个字符传递给主机,再将主机输出的每个信息回显在屏幕上,如图 6.23 所示。远程登录使用 Telnet 协议,它为用户提供了在本地计算机上完成远程主机工作的能力。

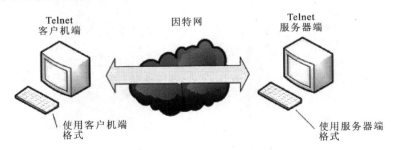

图 6.23　TELNET 远程登录示意图

电子公告板（bulletin board service，BBS）是远程登录最典型的应用，也是 Internet 最早的信息服务功能之一。BBS 最早是用来公布股市价格等一些信息的，它提供一块公共电子白板，按不同的主题分成很多个布告栏，每个用户都可以根据自己的兴趣在上面发布信息或提出看法。大部分 BBS 由教育机构、研究机构或商业机构管理，用户可以阅读他人的看法，也可以将自己的想法贴到公告栏中。根据需要还可以进行私下的二人交流或将自己观点直接发到某人的电子信箱中。如果想进行多人聊天，可以启动聊天程序加入其中。BBS 站由于都是免费开放且参与者众多，因此各方面的话题都不乏热心者，可以找到几乎任何问题的答案。这种使用形式跟现在的网络论坛是很相似的。

BBS 最早是利用 Telnet 方式访问的，用纯文本方式传输信息，到后来也可以提供 WWW 方式的访问。国内很多大学都建有自己的 BBS 网站（如清华大学的水木清华站 bbs. tsinghua. edu. cn，其界面如图 6.24 和图 6.25 所示），随着 Internet 技术的发展，原有的 Telnet 访问方式大都改为了 WWW 访问方式。

图 6.24　BBS 的登录界面

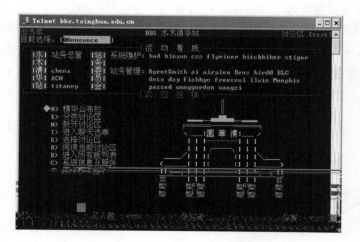

图 6.25　BBS 主界面

作为远程登录最早的应用 BBS 现在已不多见,但远程登录在某些场合还会经常使用,例如,一些大型的科研项目需要使用超级计算机进行计算,这时可以通过远程登录方式登录到一台远程的超级计算机,然后直接向远程的超级计算机发出计算指令,等待超级计算机运算结束后返回结果,如同直接在远程计算机上操作一样。

2. 远程桌面

远程桌面连接组件是从 Windows 2000 Server 开始由微软公司提供的。当某台计算机开启了远程桌面连接功能后,就可以在网络的另一端控制这台计算机了,通过远程桌面功能实时的操作这台计算机(在上面安装软件,运行程序,所有的一切都好像是直接在该计算机上操作一样)。

远程桌面是微软公司为了方便网络管理员管理维护服务器而推出的一项服务。因为服务器一般都放置在机房中,不允许一般人进入。而通过远程桌面,服务器的管理员可以在任何场所(甚至家中)安全的控制单位的服务器。所以,该组件一经推出就受到了很多用户的拥护和喜好。

实际上,远程桌面采用的也是一种类似 Telnet 的技术,是从 Telnet 协议发展而来的,可以简单理解为图形化的 Telnet。

6.6　Internet 的发展趋势

6.6.1　Web 2.0

1. 什么是 Web 2.0

Web 2.0 是相对于 Web 1.0 的新的一类互联网应用的统称。Web 1.0 的主要特点在于用户通过浏览器获取信息,Web 2.0 则更注重用户的交互作用。在 Web 2.0 中,用户既是网站内容的浏览者,也是网站内容的制造者,网络应用的模式已经由单纯的"读"向"写"甚至"共同建设"发展,由被动地接收互联网信息向主动创造互联网信息发展,从而更加人性化。

Web 2.0 概念的出现起源于 2001 年的美国网络泡沫破裂和股市大衰退。网络泡沫和相继而来的股市大衰退标志着新的技术已经开始占领中央舞台,而仿冒者被淘汰。这次的互联网泡沫的破裂是互联网发展的一个转折点,那些存活下来的网络公司似乎拥有某种共同点,最后导致了诸如"Web 2.0"这种运动。随后诞生并流行开来的新程序和新网站之间有着惊人的规律性,人们发现互联网不仅没有"崩溃",甚至比以往更加重要。

Web 2.0 是信息技术发展引发的网络革命所带来的面向未来、以人为本的创新。Web 2.0 模式下的互联网应用具有以下一些特点:

(1) 用户参与网站内容制造。

Web 1.0 网站的信息发布通常是的单向服务器端发布,而 Web 2.0 网站的内容通常是用户发布的。这使得用户既是网站内容的浏览者也是网站内容的制造者,这也意味着

Web 2.0 网站为用户提供了更多参与的机会。

（2）Web 2.0 更加注重交互性。

Web 2.0 网站的交互性不仅体现在用户与服务器之间信息的交互，而且同一网站的不同用户之间甚至不同网站之间都可以进行信息的交互。

（3）符合 Web 标准的网站设计。

通常所说的 Web 标准一般是指网站建设采用基于 XHTML 语言的网站设计语言。实际上，Web 标准并不是某一标准，而是一系列标准的集合。Web 标准中典型的应用模式是"CSS＋DIV"，摒弃了 HTML4.0 中的表格定位方式。其优点是网站设计代码规范，代码得到精简，从而减少了网络带宽资源浪费，加快了网站访问速度。更重要的是，符合 Web 标准的网站对于用户和搜索引擎更加友好。

（4）Web 2.0 网站与 Web 1.0 没有绝对的界限。

Web 2.0 技术可以成为 Web 1.0 网站的工具，一些在 Web 2.0 概念之前诞生的网站本身也具有 Web 2.0 特性。例如，B2B 电子商务网站的免费信息发布和网络社区类网站的内容很多也都是来源于用户的。

（5）Web 2.0 的核心不是技术而在于指导思想。

Web 2.0 技术本身不是 Web 2.0 网站的核心，重要的是 Web 2.0 技术体现了具有 Web 2.0 特征的应用模式。与其说 Web 2.0 是互联网技术的创新，不如说是互联网应用指导思想的革命。

2. Web 2.0 的典型例子

Web 2.0 技术主要包括：博客（BLOG）、RSS、百科全书（Wiki）、网摘、社会网络（SNS）、P2P、即时信息（IM）等。

1）Blog——博客

Blog（Web log）是一个易于使用的网站，用户可以在其中迅速发布想法、与他人交流以及从事其他活动，所有这一切都是免费的。

Blog 能让个人在 Web 上表达自己的心声，收集和共享任何感兴趣的事物，其内容可以是政治评论、个人日记或是您想记住的网站的链接。Blog 不仅是在 Web 上发布自己的想法，而且还包括志同道合者的反馈并与其交流。Blog 可以让来自世界各地的读者就 blog 上的内容提供反馈意见，而博主可以选择是否允许发表评论并删除不喜欢的任何评论。对于小型团队、家庭或其他团体来说，群组 blog 可以让一个团体在 Web 上拥有专属的空间并共享新闻、链接和想法。

Blog 可以被人关注、收听，从而在全球成千上万的浏览者中赢得影响力。2001 年 9 月 11 日，世贸大楼遭遇恐怖袭击，博客成为重要信息和灾难亲身体验的重要来源。从此，博客正式步入主流社会的视野。目前，很多新闻记者都喜欢使用 Blog 发布特发新闻，越来越多的社会热点事件和政治事件都通过 Blog 得到关注。

Blog 是继 Email、BBS、ICQ 之后出现的第四种网络交流方式，代表着新的生活方式和新的工作方式，更代表着新的学习方式。通过博客，让自己学到很多，让别人学到更多。

2）RSS——站点摘要

RSS 是站点用来和其他站点之间共享内容的一种简易方式（也叫聚合内容）的技术。最初源自浏览器"新闻频道"的技术，现在通常被用于新闻和其他按顺序排列的网站，例如 Blog。

互联网上铺天盖地的海量信息和见缝插针的广告常常让浏览者深感无所适从，如何获取更多的知识并节省浏览的时间是很多人考虑的问题，而 RSS 给我们展现了解决的办法。

RSS 对网民而言：

· 没有广告或者图片来影响标题或者文章概要的阅读。

· RSS 阅读器自动更新定制的网站内容，保持新闻的及时性。

· 用户可以加入多个定制的 RSS 提要，从多个来源搜集新闻并进行整合。

RSS 对网站而言：

· 扩大了网站内容的传播面，也增加了网站访问量，因为访问者调阅的 RSS 文件和浏览的网页，都是从网站服务器上下载的。

· RSS 文件的网址是固定不变的，网站可以随时改变其中的内容。RSS 内容一旦更新，浏览者看到的内容也随即更新了。

据不完全统计，美国提供 RSS 内容的网站数目从 2001 年 9 月的一千余家激增至 2004 年 9 月的 19.5 千余家，短短的三年中增长了近 150 倍，市场的飞速发展令人瞩目。对于中国广大中国网民来说，RSS 还相对比较陌生，但它已逐渐成为中国互联网最热门的关键词之一。2004 年开始，随着 RSS 在美国开始呈现爆炸式增长，计世网也紧跟潮流推出了 RSS 服务，成为国内最主要的 RSS IT 新闻源。

3）Wiki——百科全书

Wiki 是一种超文本系统，这种超文本系统支持面向社群的协作式写作，同时也包括一组支持这种写作的辅助工具。一个 Wiki 站点可以有多人维护，每个人（甚至访问者）都可以发表自己的意见，或者对共同的主题进行扩展或者探讨。用户在 Web 基础上对 Wiki 文本进行浏览、创建、更改，而且创建、更改、发布的代价远比 HTML 文本小。与其他超文本系统相比，Wiki 有使用方便及开放的特点，它可以帮助我们在一个社群内共享某领域的知识。

Wiki 一词来源于夏威夷语的"wee kee wee kee"，原本是"快点快点"（quick）的意思。Wiki 最适合做百科全书、知识库、整理某一个领域的知识等知识型站点，也可以让分布在不同地区的人们利用 Wiki 协同工作共同写一本书等等。Wiki 技术已经被较好的用在百科全书、手册/FAQ 编写、专题知识库方面。

维基百科是目前世界上最大的 Wiki 系统，致力于创建内容开放的全球性多语言百科全书。该系统于 2001 年 1 月投入运行，至 2005 年 3 月，英文条目已超过 500,000 条。中文维基百科是于 2002 年成立，截至 2010 年 3 月 26 日，中文维基百科已经有了 30 万个条目。目前，维基百科包括全球所有 271 种语言的独立运作版本已超过 1500 万条条目。

百度百科是国内有名的中文百科全书系统，它是百度于 2006 年创立的中文百科全书，截止到 2010 年 2 月，已有条目 200 万条。此外，还有 IT 类的 Wiki 如 ITWiki、

CSDN&DoNews Wiki 等、旅游类 Wiki 如背包攻略、在杭为客等。

4) 网摘

网摘提供的是一种收藏、分类、排序、分享互联网信息资源的方式。网摘存储网址和相关信息列表,并使用标签(Tag)对网址进行索引,从而使网址资源得到有序分类和索引。

通俗地说,网摘就是一个放在网络上的海量收藏夹。网摘将网络上零散的信息资源有目的的进行汇聚整理然后再展现出来。网摘可以提供很多本地收藏夹所不具有的功能,它的核心价值已经从保存浏览的网页,发展成为新的信息共享中心,能够真正做到"共享中收藏,收藏中分享"。

第一个网摘站点是一家叫 Del.icio.us 的美国网站,它自 2003 年开始提供的一项称为"社会化书签"(Social Bookmarks)的网络服务,网友们称为"美味书签"。国内最早的专业网摘站点是 2004 年 10 月开始上线运行的 365 key,它通过与内容提供商进行合作的模式向国内提供网摘服务。其他比较有名的网摘网站还有新浪 ViVi 收藏夹、百度搜藏、和讯部落等。

5) SNS——社会网络

SNS(social networking services,社会性网络服务)专指旨在帮助人们建立社会性网络的互联网应用服务。SNS 的另一个常用解释是:Social Network Site,社交网站,它依据六度理论,以认识朋友的朋友为基础,扩展自己的人脉。

1967 年,哈佛大学的心理学教授 Stanley Milgram 创立了六度分割理论。简单地说:"你和任何一个陌生人之间所间隔的人不会超过 6 个,也就是说,最多通过 6 个人你就能够认识任何一个陌生人。"按照六度分割理论,每个个体的社交圈都不断放大,最后成为一个大型网络,这是社会性网络的早期理解。

后来人们根据这种理论,创立了面向社会性网络的互联网服务,通过"熟人的熟人"来进行网络社交拓展,比如 ArtComb,Friendster,Wallop,AdoreMe 等。而现在一般所谓的 SNS,其含义则远不止"熟人的熟人"这个层面。比如根据相同话题进行凝聚(如贴吧)、根据爱好进行凝聚(如 Fexion 网)、根据学习经历进行凝聚(如 Facebook)、根据周末出游的相同地点进行凝聚等,都被纳入 SNS 的范畴。

6) P2P——对等联网

P2P(peer-to-peer)称为对等联网,它是一种新的通信模式,每个参与者具有同等的能力。peer 在英语里有"(地位、能力等)同等者"、"同事"和"伙伴"等意义。P2P 也就可以理解为"伙伴对伙伴"、"点对点"的意思。

传统互联网基于服务器-客户机模式,处于网络中心地位的服务器为处于终端边缘的客户机提供管理和服务。当初,美国军方为防止"中枢神经系统"遭到毁灭性打击而设计出了具有分布式特性的阿帕网,其目的是要让系统"终端"末梢承担起中心的作用。但是技术发展的结果却事与愿违,其后发展出来的传统互联网,其服务(例如电子邮件、WWW网站、FTP下载、即时通信、网络游戏等)都有一个中心服务器,一旦服务器瘫痪,整个系统都将瘫痪。

P2P 的风暴源起于美国的一场著名官司,被告名叫 Napster。Napster 提供一种免费软件,用户安装联网后,PC 就变成了一台 MP3 服务器,可以实现本地 MP3 资源的全球共享,无数台这样的个人电脑手拉手,交织成一个庞大的 MP3 资源网络。Napster 最终官司缠身,被迫申请破产保护,但其后成百上千的 P2P 新秀不断涌现,宣告了 P2P 时代的到来。

P2P 的后起之秀电驴(eDonkey)及其改良品种电骡(eMule)改进了第一代 P2P 系统,其革命性突破是:它不是只在一个用户那里下载文件,而是同时从许多个用户那里下载文件。如果另一个用户仅仅只有你要的文件的一个小小片断,它也会自动地把这个片断分享个大家。反过来也一样。电驴代表了第二代 P2P 无中心、纯分布式系统的特点,它不再是简单的点到点通信,而是更高效、更复杂的网络通信。电驴开始引入强制共享机制,一定程度上避免了第一代 P2P 纯个人服务器管理带来的随意性和低效率。

继电驴之后,BT(BitTorrent,中文译为"比特湍流")开创了新一代 P2P 潮流。BT 批判地继承了前辈产品的优点,将中心目录服务器的稳定性同优化的分布式文件管理结合起来,从而在效率上远远超出了电驴这类产品。BT 鼓励和强制人们在下载资源的同时,自动开启相应的上传服务以回馈其他用户。下载速度取决于上传速度,上传速度越快,给他人贡献就越大,就能获得越高的下载速度。BT 里的资源提供者称为"种子","种子"数量越多,表明资源越受欢迎,下载速度越快,从而形成一种良性循环。

P2P 将人们在互联网上的共享行为提升到一个更高的层次,使人们以更主动、更深入的多向互动方式参与到网络中去,正如第二代互联网之父 Doug. VanHouweling 指出的那样:"下一代互联网的网民们将真正参与到网络中来,每个人都能为网络的资源和功能扩展做出自己的贡献。"

目前国内有名的 P2P 软件有迅雷(Thunder)、Kuro(酷乐)等。迅雷结合了多媒体引擎技术和 P2P 等特点,可以提供给用户良好的下载体验。酷乐是第一款全中文界面的 MP3 分享软件,已经赢得众多的音乐爱好者的肯定。

7) IM——即时通讯

即时通讯(instant messaging,简称 IM)是一个终端服务,允许两人或多人使用网路即时的传递文字讯息、档案、语音及视频等信息。

聊天一直是网民们上网的主要活动之一,网上聊天的主要工具已经从初期的聊天室、论坛变为以 MSN、QQ 为代表的即时通讯软件。作为使用频率最高的网络软件,即时聊天已经突破了作为技术工具的极限,被认为是现代交流方式的象征,并构建起一种新的社会关系。它是迄今为止对人类社会生活改变最为深刻的一种网络新形态,没有极限的沟通将带来没有极限的生活。

IM 最早是三个以色列青年于 1996 年开发出来的名叫 ICQ(英文 I seek you 的谐音)的软件。1998 年,当 ICQ 注册用户数达到 1200 万时,被 AOL 看中并以 2.87 亿美元的天价买走。目前 ICQ 有 1 亿多用户,主要市场在美洲和欧洲,已成为世界上最大的即时通信系统。而中国国内最有名的 IM 软件当数 QQ 了。此外,MSN、YY 语音、百度 hi、阿里旺旺、新浪 UC 等也是使用频率较高的即时通讯软件。

目前,即时通讯正向着更新的方向发展,主要体现在以下几个方面:

(1) 由 PC 即时通信向手机客服端转移,例如,飞信。

（2）网页即时通讯——把 IM 技术集成到社区、论坛以及普通网页当中，实现用户浏览网站时即时交流，从而提高网站访客的活跃度、黏度以及游客的转化率。

（3）完全基于网页的即时通讯。其好处是：无须下载、安装客户端软件；聊天记录随时随地查看；可以和社区网站无缝结合，进一步提高用户之间的交流互动。

3. Web 3.0 展望

Web 2.0 继续往后发展就是 Web 3.0 了。对于 Web 3.0 到底应该是怎样的，目前充满了争议和分歧。在 Web 2.0 日益健全完善的今天，Web 3.0 何时出现，以怎样的形式出现，只有时间才能给出答案！但是毫无疑问的是，谁能够引领 Web 3.0，并且向前发展走向 Web 4.0 的时代，谁就是网络的下一任主角！目前，讲到的 Web 3.0 通常用来概括互联网发展过程中某一阶段可能出现的各种不同的方向和特征，包括将互联网本身转化为一个泛型数据库；跨浏览器、超浏览器的内容投递和请求机制；人工智能技术的运用；语义网；地理映射网；运用 3D 技术搭建的网站甚至虚拟世界或网络公国等。

6.6.2　物联网

1. 什么是物联网

物联网是一个基于互联网、传统电信网等信息承载体，让所有能够被独立寻址的普通物理对象实现互联互通的网络。物联网具有智能、先进、互联的特征，其目的是实现物与物、物与人，所有的物品与网络的连接，方便识别、管理和控制。物联网通过智能感知、识别技术与普适计算、泛在网络的融合应用，被称为继计算机、互联网之后世界信息产业发展的第三次浪潮。

物联网英文名为 The Internet of things，即物物相连的互联网。这有两个意思：第一，物联网的核心和基础仍然是互联网，是在互联网基础上的延伸和扩展的网络；第二，其用户端延伸和扩展到了任何物品与物品之间，进行信息交换和通信。

物联网架构可分为三层：感知层、网络层和应用层。

（1）感知层。由各种传感器构成，包括温湿度传感器、二维码标签、RFID 标签和读写器、摄像头、GPS 等感知终端。感知层是物联网识别物体、采集信息的来源。

（2）网络层。由各种网络，包括互联网、广电网、网络管理系统和云计算平台等组成，是整个物联网的中枢，负责传递和处理感知层获取的信息。

（3）应用层。是物联网和用户的接口，它与行业需求结合，实现物联网的智能应用。

物联网是互联网的应用拓展，与其说物联网是网络，不如说物联网是业务和应用。应用创新是物联网发展的核心，以用户体验为核心的创新 2.0 是物联网发展的灵魂。

2. 物联网的应用

国际电信联盟于 2005 年的报告曾描绘"物联网"时代的图景：当司机出现操作失误时汽车会自动报警；公文包会提醒主人忘带了什么东西；衣服会"告诉"洗衣机对颜色和水温的要求等等。如果一家物流公司应用了物联网系统后，当装载超重时，汽车会自动告诉你超载了,并且超载多少,但空间还有剩余,告诉你轻重货怎样搭配;当搬运人员卸货时,一只货物包装可能会大叫"你扔疼我了",或者说"亲爱的,请你不要太野蛮,可以吗?";当司机在和别人扯闲话,货车会装作老板的声音怒吼"笨蛋,该发车了!"。

物联网用途广泛,遍及智能交通、环境保护、政府工作、公共安全、平安家居、智能消防、工业监测、环境监测、老人护理、个人健康、花卉栽培、水系监测、食品溯源、敌情侦查和情报搜集等多个领域,如图 6.26 所示。根据物联网的实质用途一般可以归结为三种基本应用模式:

图 6.26　物联网应用领域

(1) 智能标签。智能标签通过二维码,RFID 等技术标识特定的对象,用于区分对象个体。例如,在生活中我们使用的各种智能卡,条码标签等。此外通过智能标签还可以用于获得对象物品所包含的扩展信息,例如,智能卡上的金额余额,二维码中所包含的网址和名称等。

(2) 环境监控和对象跟踪。利用多种类型的传感器和分布广泛的传感器网络,可以实现对某个对象的实时状态的获取和特定对象行为的监控。例如,使用分布在市区的各个噪音探头监测噪声污染,通过二氧化碳传感器监控大气中二氧化碳的浓度,通过 GPS标签跟踪车辆位置,通过交通路口的摄像头捕捉实时交通流程等。

(3) 对象的智能控制。物联网基于云计算平台和智能网络,可以依据传感器网络用获取的数据进行决策,改变对象的行为进行控制和反馈。例如,根据光线的强弱调整路灯的亮度,根据车辆的流量自动调整红绿灯间隔等。

3. 中国的物联网发展

物联网将是下一个推动世界高速发展的"重要生产力",是继通信网之后的另一个万亿级市场。物联网普及以后,用于动物、植物、机器、物品的传感器与电子标签及配套的接口装置的数量将大大超过手机的数量。按照对物联网的需求,需要按亿计的传感器和电子标签,这将大大推进信息技术元件的生产,同时增加大量的就业机会。

物联网产业是当今世界经济和科技发展的战略制高点之一。美国、欧盟等都在投入巨资深入研究探索物联网。我国也正在高度关注、重视物联网的研究,物联网已被列为七大战略新兴产业之一,是引领中国经济华丽转身的主要力量。数据表明,2010 年,我国物联网在安防、交通、电力和物流领域的市场规模分别为 600 亿元、300 亿元、280 亿元和 150 亿元。2011 年中国物联网产业市场规模达到 2600 多亿元。

目前,物联网已广泛应用于我国的各行各业,以下是几个典型的事例:

· 上海浦东国际机场防入侵系统。整个系统铺设了 3 万多个传感节点,覆盖了地面、栅栏和低空探测,可以防止人员的翻越、偷渡、恐怖袭击等攻击性入侵。类似的,还有上海世博会花费 1500 万元购买防入侵微纳传感网。

· 济南园博园的 ZigBee 路灯控制系统。园区所有的功能性照明都采用了 ZigBee 无线技术达成的无线路灯控制,称为此次园博园中的一大亮点。

· 首家手机物联网落户广州。通过将智能手机和电子商务相结合实现手机物联网购物,也叫闪购。广州闪购通过手机扫描条形码、二维码等方式,可以进行购物、比价、鉴别产品等功能。手机物联网应用正伴随着电子商务大规模兴起。

6.6.3　云计算

1. 云计算

云是网络、互联网的一种比喻说法,通常在网络模型图中用云来表示电信网,后来也用来表示互联网和底层基础设施的抽象。云计算是一种通过 Internet 以服务的方式提供动态可伸缩的虚拟化的资源的计算模式。云计算由一系列可以动态升级和被虚拟化的资源组成,这些资源被所有云计算的用户共享并且可以方便地通过网络访问,用户无须掌握云计算的技术,只需要按照个人或者团体的需要租赁云计算的资源。

云计算的出现并非偶然,早在 20 世纪 60 年代,麦卡锡就提出了把计算能力作为一种像水和电一样的公用事业提供给用户的理念,这成为云计算思想的起源。在 20 世纪 80 年代网格计算、20 世纪 90 年代公用计算,21 世纪初虚拟化技术、SOA、SaaS 应用的支撑下,云计算作为一种新兴的资源使用和交付模式逐渐为学界和产业界所认知。云计算的演变如图 6.27 所示。

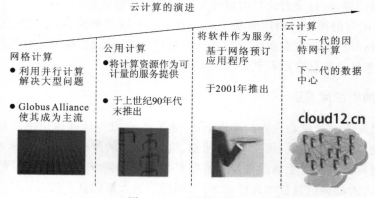

图 6.27　云计算的演变

　　云计算透过网络将庞大的计算处理程序自动分拆成无数个较小的子程序,再交由多台服务器所组成的庞大系统经计算分析之后将处理结果回传给用户。通过云计算技术,网络服务提供者可以在数秒之内,处理数以千万计甚至亿计的信息,达到和"超级计算机"同样强大的网络服务。中国云发展创新产业联盟评价云计算为"信息时代商业模式上的创新"。

　　如何理解云计算的模式呢?试将传统模式与云计算模式作个对比。

　　传统模式下,企业建立一套 IT 系统不仅仅需要购买硬件等基础设施,还有买软件的许可证,需要专门的人员维护。当企业的规模扩大时还要继续升级各种软硬件设施以满足需要,这一切开销不菲。而对个人用户来说,个人电脑需要安装许多软件,如果都是正版,没多少人用得起。而且实际上,这些软件的使用频率可能并不高,大部分都是偶尔使用一下。如果用户只需在使用时支付少量的"租金"来"租用"这些软件服务,显然会更加划算。

　　在云计算模式下,用户计算机的配置不用太好,因为计算机除了通过浏览器给"云"发送指令和接收数据外基本上什么都不用做,用户通过使用云服务提供商的计算资源、存储空间和各种应用软件来完成各种应用。云运算的一个典型例子:2007 年 10 月,Google 与 IBM 开始在美国大学校园,包括卡内基梅隆大学、麻省理工学院、斯坦福大学、加州大学柏克莱分校及马里兰大学等,推广云计算的计划,这项计划希望能降低分布式计算技术在学术研究方面的成本,并为这些大学提供相关的软硬件设备及技术支持(包括数百台个人电脑及 BladeCenter 与 System x 服务器,这些计算平台将提供 1600 个处理器,支持包括 Linux,Xen,Hadoop 等开放源代码平台)。而学生则可以通过网络开发各项以大规模计算为基础的研究计划。

　　目前,云计算概念被大量运用到生产环境中,国内的"阿里云"与云谷公司的 XenSystem,以及在国外已经非常成熟的 Intel 和 IBM,各种"云计算"的应服务范围正日渐扩大,影响力也无可估量。一般来说,云计算包括以下几个层次的服务:基础设施即服务(IaaS),平台即服务(PaaS)和软件即服务(SaaS)。

　　(1) IaaS(infrastructure-as-a-service):基础设施即服务。消费者通过 Internet 可以从完善的计算机基础设施获得服务。Iaas 通过网络向用户提供计算机(物理机和虚拟机)、存储空间、网络连接、负载均衡和防火墙等基本计算资源;用户在此基础上部署和运行各种软件,包括操作系统和应用程序。

　　(2) PaaS(platform-as-a-service):平台即服务。PaaS 实际上是指将软件研发的平台作为一种服务,以 SaaS 的模式提交给用户。平台通常包括操作系统、编程语言的运行环境、数据库和 Web 服务器,用户在此平台上部署和运行自己的应用。用户不能管理和控制底层的基础设施,只能控制自己部署的应用。

　　(3) SaaS(software-as-a-service):软件即服务。它是一种通过 Internet 提供软件的模式,用户无须购买软件,而是向提供商租用基于 Web 的软件,来管理企业经营活动。云提供商在云端安装和运行应用软件,云用户通过云客户端(通常是 Web 浏览器)使用软件。云用户不能管理应用软件运行的基础设施和平台,只能做有限的应用程序设置。

2. 云计算的应用

1) 云物联

物联网就是物物相连的互联网。物联网的核心和基础仍然是互联网,其用户端延伸和扩展到了任何物品与物品之间,进行信息交换和通信。物联网中的感知识别设备(如传感器、RFID 等)会生成大量的信息,这些信息如何存储、如何检索、如何使用、如何不被滥用? 这些关键问题都可以通过云计算架构来解决。随着物联网业务量的增加,云计算已成为物联网的重要技术支撑。

2) 云安全

云安全融合了并行处理、网格计算、未知病毒行为判断等新兴技术和概念,通过网状的大量客户端对网络中软件行为的异常监测,获取互联网中木马、恶意程序的最新信息,传送到服务器端进行自动分析和处理,再把病毒和木马的解决方案分发到每一个客户端。

云安全是云计算技术的重要分支,已经在反病毒领域当中获得了广泛应用。例如,趋势科技云安全在全球建立了 5 大数据中心,几万部在线服务器,可以支持平均每天 55 亿条点击查询,每天收集分析 2.5 亿个样本,每天阻断的病毒感染最高达 1000 万次。

3) 云存储

云存储是指通过集群应用、网格技术或分布式文件系统等功能,将网络中大量各种不同类型的存储设备通过应用软件集合起来协同工作,共同对外提供数据存储和业务访问功能的一个系统。云存储是一个以数据存储和管理为核心的云计算系统。云计算因其出众的能力备受青睐,它可以最快的效率为网络中的任何一方提供相关服务。例如,谷歌麾下单单一个为 YouTube 服务的"云团"就可以存储管理几个 PB(1 PB=1024 TB)的数据。

4) 云呼叫

云呼叫中心是基于云计算技术而搭建的呼叫中心系统。使用云呼叫中心企业无须购买任何软、硬件系统,只需具备人员、场地等基本条件,就可以快速拥有属于自己的呼叫中心。云呼叫中心的软硬件平台、通信资源、日常维护与服务都由服务器商提供。无论是电话营销中心、客户服务中心,企业只需按需租用服务,便可建立一套功能全面、稳定、可靠、座席可分布全国各地,全国呼叫接入的呼叫中心系统。

5) 云游戏

云游戏是以云计算为基础的游戏方式,在云游戏的运行模式下,所有游戏都在服务器端运行,并将渲染完毕后的游戏画面压缩后通过网络传送给用户。在客户端,用户的游戏设备不需要任何高端处理器和显卡,只需要基本的视频解压能力就可以了。

如果这种构想能够成为现实,那么主机厂商将变成网络运营商,他们不需要不断投入巨额的新主机研发费用,而只需要拿这笔钱中的很小一部分去升级自己的服务器就行了,但是达到的效果却是相差无几的。对于用户来说,他们可以省下购买主机的开支,但是得到的却是顶尖的游戏画面。

6) 云教育

云教育是基于云计算商业模式应用的教育平台服务。云教育打破了传统的教育信息化边界,推出了全新的教育信息化概念,集教学、管理、学习、娱乐、分享、互动交流于一体。让教育部门、学校、教师、学生、家长及其他教育工作者,这些不同身份的人群,可以在同一个平台上,根据权限去完成不同的工作。

7)云会议

云会议是基于云计算技术的一种高效、便捷、低成本的会议形式。使用者只需要通过互联网界面,进行简单易用的操作,便可快速高效地与全球各地团队及客户同步分享语音、数据文件及视频,而会议中数据的传输、处理等复杂技术由云会议服务商帮助使用者进行操作。

云会议可以让客户不必再因为一次商务交流而付出硬件设备、IT 支付、专业通信设备、差旅费用等成本。同时,也打破了时间地域的限制,只要能够联网都能快速进行会议交流。云会议可以帮助企业有效降低系统维护与员工差旅成本,加快企业决策效率和协同效应。

8)云社交

云社交是一种物联网、云计算和移动互联网交互应用的虚拟社交应用模式,以建立"资源分享关系图谱"为目的,进而开展网络社交。云社交的主要特征,就是把大量的社会资源统一整合和评测,构成一个资源有效池向用户按需提供服务。参与分享的用户越多,能够创造的利用价值就越大。例如,一个家电集团可以利用云电视物联网和移动手机网来开展社交宣传活动。

思考题

1. 什么是计算机网络?
2. 计算机网络的主要功能有哪些?
3. 简述计算机网络中的"存储转发"的工作方式。
4. 试比较 OSI 参考模型与 TCP/IP 协议模型。
5. 计算机网络的拓扑结构有哪些?
6. 试说明调制解调器 Modem 的作用。
7. 简述各种传输媒体的优缺点。
8. 如何组建一个星型局域网?
9. IP 地址有哪几类,如何区分?
10. 试说明域名地址与 IP 地址的关系。
11. 我国 Internet 网络的四大主流网络体系是哪些?
12. 简述你用到 Internet 上的哪些服务功能?
13. Internet 的基本服务有哪些,各采用什么协议?
14. 如何防范病毒邮件。
15. 谈谈你对社交网站的感受。
16. 谈谈你对 Internet 今后发展趋势的看法。

第 7 章　数据库应用入门

早期的计算机主要应用于科学计算,随着社会的发展和进步,数据处理成为计算机应用的主要内容。数据库技术产生于 20 世纪 60 年代末,现在已经形成了相当规模的理论体系和实用技术,是计算机应用的重要分支,是信息系统的核心和基础。目前,绝大多数计算机应用系统都是以数据库为基础的,数据库技术已经有了完整的理论体系,并在实践中发挥巨大作用,在数据库的学习中可以体会抽象、自动化、关注点分离、保护、容错、恢复和权衡折中等典型的计算思维方法。本章主要介绍数据库的基础知识并结合 Access 2010 介绍结构化查询语言 SQL。

7.1　数据库系统基础

7.1.1　数据库的基本知识

1. 信息、数据和数据处理

1) 数据

数据(data)是存储在某种媒体上能被识别的符号。这些符号包括数字、文字、声音、图像以及一些特殊符号,这些数据通过数字化后可以被计算机存储和处理。比如一个超市的各种商品的原始销售情况就可以用数字表示为一组数据。

2) 信息

信息(information)是现实世界各种事物的特征、形态和不同事物中之间的联系在人类头脑中的抽象反映。由于散乱的数据往往无法直接使用,需要通过对数据进行分析和整理,然后得出其中有意义的信息。信息是一种加工为特定形式的数据。比如对超市各种商品的原始销售情况进行分类和整理,得到不同季节不同商品的销售情况分析,这组通过加工的数据就是信息。

3) 数据处理

人们将原始数据进行采集、存储、加工,提炼出有价值的信息的过程通常被称为数据处理(data Processing)和信息处理。

现在数据处理数据量大、数据之间逻辑关系复杂。因此,如何有效地对数据进行组织和管理成为数据处理的主要问题。而数据库技术正是针对这一目标发展而完善起来的计算机软件技术。

2. 数据管理技术的发展

数据管理包括对数据的采集、分类、组织、编码、存储、检索、统计和维护等,计算机数据管理技术的发展大体经历了人工管理、文件管理和数据库系统三个阶段。

　1) 人工管理阶段

　20 世纪 50 年代中期以前,计算机的硬件仅有卡片、纸带等,也没有进行数据处理的软件,计算机主要应用于科学计算。这一阶段主要是用户直接管理数据,进行数据处理。

　由于数据没有相应的软件进行系统地管理,程序员将数据和程序编写在一起,程序和程序间即使使用同一组数据也必须重新输入,数据与程序不具有独立性,数据不能共享,也无法长期保存。

　2) 文件管理阶段

　20 世纪 50 年代后期至 60 年代中期,由于磁带、磁盘等大容量的存储设备出现,以及操作系统的问世,数据可以以文件的形式存储在外存上,程序和数据可以分开存储。程序与数据有了一定的独立性,有了程序文件和数据文件的区别。数据文件可以长期保存在外存储器上被多次存取,但在文件管理阶段,数据文件之间没有任何的关系,使得数据的共享性、一致性、冗余度受到一定的限制。

　3) 数据库系统阶段

　20 世纪 60 年代后期,随着计算机技术的迅速发展,大容量磁盘开始出现,存储容量大大增加且价格大幅下降,计算机被广泛地应用于各个领域,社会对数据处理的要求越来越高,数据库技术应运而生。数据库系统的特点是将各种数据集成在一起,统一管理、控制,不同的用户按对整体数据库的不同逻辑视图来共享数据库,数据冗余度小,程序与数据间具有独立性。这一阶段的数据管理技术数据的共享性高、冗余度小、易于扩充,数据独立性高,能够对数据进行统一管理和控制。

3. 数据库、数据库管理系统和数据库系统

　1) 数据库

　数据库(database,DB)是按一定结构组织、并可以长期存储在计算机内、具有某些内在含义、在逻辑上保持一致的、可共享的大量数据集合。其特点是:

　(1) 数据库中的数据按一定的数据模型描述和存储,具有较小的冗余度。

　(2) 较高的数据独立性。

　(3) 应用程序对数据资源共享。

　(4) 对数据的定义、操纵和控制由数据库管理系统统一管理和控制。

　2) 数据库管理系统

　数据库管理系统(database management system,DBMS)是数据库系统中对数据库进行管理的软件,是介于操作系统和用户之间的系统软件,是数据库系统的核心。数据库的一切操作如建立、插入、查询、更新、删除等都是通过数据库管理系统来实现。数据库管理系统使用户能方便地定义数据和操纵数据,并能够保证数据的安全性、完整性、多用户对数据的并发使用及发生故障后的系统恢复等。数据库管理系统也是用户和数据库的接口。

　数据库管理系统除了数据管理功能外,还具有开发数据库应用系统的功能,如利用数据库管理系统可以开发满足用户要求的应用系统如超市销售管理系统、高校教务管理系

统等。

　　常见的数据库管理系统有：Microsoft Access ，Microsoft Visual FoxPro，Mircosoft SQL Server，DB2，Sybase，Informix，Oracle 等。

　　3）数据库应用系统

　　数据库应用系统（database application system，DBAS）是利用数据库资源开发出来的、面向某一类实际应用软件系统。一个数据库应用系统通常由数据库和应用程序两部分组成。它们是在数据库管理系统支持下设计和开发出来的。常见的教务管理系统、高考网上录取系统都属于数据库应用系统。

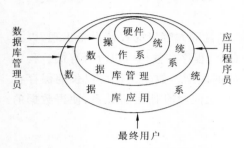

图 7.1　数据库系统层次示意图

　　4）数据库系统

　　数据库系统（database system，DBS）是引进数据库技术后的计算机系统。一个数据库系统通常由数据库集合、相关应用软件、数据库管理系统、数据库管理员（database administrator，DBA）和用户组成。数据库系统层次示意图如图 7.1 所示。

7.1.2　数据模型

1. 数据模型的基本概念

　　在数据库系统中不仅要存储和管理数据本身，还要保存和处理数据之间的联系。如何表示和处理这种联系是数据库系统的核心问题，用以表示各个数据对象以及它们之间相互关系的模型称为数据模型。数据模型是数据库中数据的存储方式，是数据库系统的核心和基础，数据模型的设计方法决定着数据库的设计方法。常见的数据模型有如下三种。

　　1）层次模型

　　层次模型采用树形结构来表示实体及实体间联系。树的节点是实体、存储数据。树上有且仅有一个节点无父节点，称为根节点。其他节点均有且只有一个父节点。上下层实体是一对多的关系。例如，Windows 文件系统中的树形目录结构是一种典型的层次结构。层次模型的典型代表是 1968 年美国 IBM 公司研制的 IMS（information management system）数据库管理系统。图 7.2 所示的就是一个层次模型的示例。

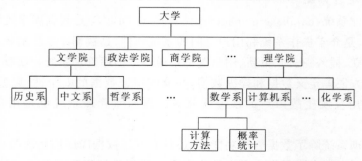

图 7.2　层次模型示例

2）网状模型

网状模型用图的形式表示实体及实体间的联系。描述了一种多对多的联系,它和层次模型的不同在于允许一个节点有多个父节点,同时可以有一个以上的节点没有父节点。网状数据库的代表是 DBTG 系统（20 世纪 60 年代末至 70 年代初,美国数据库系统语言协会 CODASYL 下属的数据库任务组 DBTG 提出了若干报告,被称为 DBTG 报告。根据 DBTG 报告实现的系统一般称为 DBTG 系统）。图 7.3 所示的就是一个网状模型的示例。

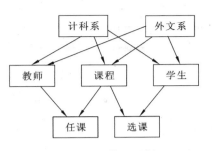

图 7.3　网状模型示例

3）关系模型

关系模型用二维表结构表示实体及实体间关系。关系数据库采用关系模型作为数据的组织方式。在关系模型中,操作的对象和结果都是二维表,这种二维表称为关系。

例如,学校需要一次教学比赛,由多名专家评委组成评委团对参赛者进行评分,根据评分规则决定选手的名次。选手的基本情况如表 7.1 所示;评委的基本情况如表 7.2 所示;评分的情况如表 7.3 所示。目前各软件厂商提供的数据库管理系统几乎都是支持关系模型的。

表 7.1　选手表

选手编号	姓名	性别	出生日期	婚否	出生地	照片
0101	刘小平	男	1988/12/26	F	北京	
0102	王芳	女	1986/10/01	F	湖北	
0201	赵平华	男	1982/06/22	F	湖南	
0202	钱贵花	女	1980/09/20	T	广东	
0301	刘其	男	1984/11/11	F	北京	
0302	尚杰	男	1987/01/12	F	上海	

表 7.2　评委表

评委编号	姓名	性别
001	祝福贵	男
002	朱贵仙	女
003	张国宾	男
004	毛一平	男

表 7.3　评分表

选手编号	成绩	评委编号
0101	9.6	001
0101	9.7	002

选手编号	成绩	评委编号
0101	9.0	003
0101	8.9	004
0102	8.9	001
0102	8.6	002
0102	8.5	003
0102	9.0	004
0201	9.1	001
0201	9.2	002
0201	9.3	003
0201	9.8	004
0202	9.5	001
0202	9.4	002
0202	9.4	003
0202	9.3	004

2. 关系模型中的组成及特点

(1) 关系:一个关系对应一个二维表,二维表名就是关系名,表 7.1 所示是一个关系"选手",表 7.2 所示是一个关系"评委",表 7.3 所示是一个关系"评分"。

(2) 关系模式:关系模式是对关系的描述,其一般形式为:

关系名(属性 1,属性 2,……,属性 n)

例如,评委的关系模式为:

评委(评委编号,姓名,性别)

关系模式描述的是关系的信息结构和语义限制,是型的概念;而关系是关系模式对应的一个实例,是值的概念。

(3) 属性:二维表的列,称为属性,也叫字段。例如,关系"评委"中的评委编号、姓名、性别都是属性。每个属性有一个名字,称为属性名。

(4) 记录:也称为元组,是由若干属性值(字段值)组成的。记录对应于二维表的一行。例如,"评委"表中有 4 条记录,其中的一行(004,毛一平,男)是其中的一条记录。

(5) 值域:每个属性都有一个取值范围,称作该属性的域。例如,"选手"关系中属性"性别"的域是男和女这两个值的集合;"评分"关系中属性"成绩"的值域是 0 到 10 分之间。

(6) 关键字:如果一个关系中的一个属性或属性组的值能够唯一标识一条记录,这个属性或属性组就是这个关系的关键字。在一个关系中任意两条记录的关键字值不能相同。例如,"选手"关系中的选手编号是该关系的关键字,"评分"关系中属性组(选手编号、评委编号)是该关系的关键字。

(7) 主键:一个关系中可能存在多个关键字,例如在选手关系中如果增加一个属性

"身份证号",则"身份证号"也可和"选手编号"一样唯一标识一条记录,但在实际应用中只能选择一个,被选用的关键字称为"主键"。

(8) 关系数据库:基于关系模型建立的数据库称为关系数据库。关系数据库通常是由若干个有着一定联系的关系组成,其中每个关系都用一张二维表表示。

(9) 视图:一般由关系数据库一个或几个关系导出的关系,主要是为了数据查询和数据处理的方便及数据安全要求而设计的,是一个逻辑上存在而物理上并不存在的虚表。数据库中只存在视图的定义,而并不存储视图的数据。

关系模型具有以下特点:

(1) 关系中每一列不可再分。例如下面的表 7.4 和表 7.5 中,表 7.5 就不符合关系模型的要求。

表 7.4　评委情况表

评委编号	姓名	性别
001	祝福贵	男
002	朱贵仙	女
003	张国宾	男
004	毛一平	男

表 7.5　评委情况表

评委编号	基本情况	
	姓名	性别
002	朱贵仙	女
003	张国宾	男
004	毛一平	男

(2) 每一列具有相同的属性,各列都有唯一的属性名,属性名不能相同,各列顺序任意。

(3) 每一行数据是一个实体各属性值的集合,称为元组,也称记录。一个关系中不允许有完全相同的记录出现。

(4) 关系中任意交换两行或两列位置不影响其实际含义。

在计算思维中,抽象化和自动化方法是其核心内容,在数据库设计的过程中,首先就是将问题抽象成信息空间,然后转换到机器空间,最后利用设计相应的数据库应用系统对其进行自动化管理。

7.1.3　关系数据库设计方法

在建立数据库之前,需要根据用户需求进行分析,设计数据库中的具体内容。合理的设计是新建一个能够有效、准确、及时完成所需功能的数据库的基础。

设计数据库的基本步骤如下:

(1) 分析数据库建立的目的。

(2) 确定数据库中的表。

(3) 确定表中的字段。

(4) 确定主关键字。

(5) 确定表之间的关系。

例如,学校需要一次教学比赛,由多名专家评委组成评委团对参赛者进行评分,根据评分规则决定选手的名次。

1) 分析数据库建立的目的

在设计数据库之前,必须首先和数据库的最终用户进行沟通和交流,明确需要应用数据库管理哪些信息,需要解决那些需求,这需要数据库设计者和数据库用户进行充分交流确定。

在"评分管理"数据库中,要求应用数据库管理选手信息、评委信息和评分信息等。

2)确定数据库中的表

一个数据库中要处理的数据很多,不可能将所有的数据放到一个表中,所以,在对表进行规划时要考虑周到,让每个表只包含一个主题的信息,每个主题的信息可以独立维护;表中不应该包含重复信息,并且信息不应该在表之间复制。

根据以上原则,在"评分管理"数据库中,设计了"选手"、"评委","评分"等3个表。

3)确定表中的字段

每个表中都只包含关于某一主题的信息,并且表中的每个字段应包含关于该主题的各个方面。在确定字段时,应注意:

(1)一个表中的每个字段围绕一个主题。例如选手表中选手编号、姓名、性别、出生日期都是围绕选手信息的。

(2)设计最原始最基本的数据字段,不包含推导或计算的数据。比如设计出生日期而不是设计年龄,具体的计算使用查询的方法计算得到。

(3)字段命名时应该符合所使用的数据库管理系统对字段名的命名规则,如字段名的长度、包含的字符等。

评分管理数据库各字段的设计如表7.1、表7.2、表7.3所示。

4)确定主关键字

如果一个关系中的一个属性或属性组的值能够唯一标识一条记录,这个属性或属性组就是这个关系的关键字。在一个关系中任意两条记录的关键字值不能相同。例如,"选手"表中的选手编号是该表的主关键字;"评委"表中的评委编号是该表的主关键字;"评分"表中字段组合(选手编号,评委编号)是该表的主关键字。

5)确定表之间的关系

表的关系是关系数据库的灵魂所在,将众多的表通过一定的方法建立关系,那么一个表中的变动就会影响所有相关表的数据,可以大大节省用户的时间,当然表之间的关系要通过具体问题确定,不是任意两个表之间需要建立关系。

例如,选手表和评分表之间存在一对多的关系,对于选手表中的一个选手编号,在评分表中有多条记录与之有关系,而评分表中的一个选手编号在选手表中有唯一一条记录与之对应。

评委表和评分表之间也存在一对多的关系,对于评委表中的一个评委编号,在评分表中有多条记录与之有关系,而评分表中的一个评委编号在评委表中有唯一一条记录与之对应。

7.1.4　常见的数据库管理系统

关系型数据库管理系统有多种,比较典型的有以下几种:

(1)Microsoft Access:美国Microsoft公司开发的数据库管理系统,Mircosoft Office软件包中的重要组件。具有强大的数据库处理功能,多用于开发中小型数据库应用系统。主要应用于Windows环境,具有易学、易用、功能强大等优点,面向对象的可视化设计,可利用Web检索和发布数据,实现与Internet的连接,可利用简单的宏指令和VBA编程语句对数据库进行程序设计,满足对复杂问题的处理。

(2) Visual FoxPro:美国 Microsoft 公司从 dBase,FoxBase,FoxPro for DOS 演化而来的一个数据库管理系统。自带编程工具,多用于中小型数据库应用系统中。

(3) SQL Server:美国 Microsoft 公司开发的,面向各种类型的企业客户和独立软件供应商构建商业应用程序的中大型数据库管理系统。是一种基于客户机/服务器的关系型数据库系统,可在多种操作系统上运行,与 Microsoft Windows,BackOffice 和 Internet 高度集成,发挥其强大的数据库管理功能。

(4) Oracle 数据库:美国 Oracle 公司开发的,可胜任几乎所有数据管理和企业应用任务的大型数据库管理系统,代表着当前数据库发展的最高水平。Oracle 数据库以其先进的客户机/服务器结构、分布式处理、Internet 计算、面向对象技术等领先技术,成为在因特网上实现大型数据库系统的首选方案。

7.1.5 Access 简介

目前使用比较广泛的数据库管理系统软件如 Microsoft Access,Visual FoxPro,SQL Server,Oracle,DB2,Sybase 等都是基于关系模型的,都属于关系型数据库管理系统。Microsoft Access 是 Microsoft 公司为 Windows 系统用户开发的桌面关系型数据库管理系统。

Access 数据库是一个表、查询、窗体、报表、页、宏和模块等对象的集合,保存在一个标准的 Access 数据库文件中。Access 中各对象之间的关系如图 7.4 所示。其中表是数据库的基础和核心,存放数据库中全部的数据信息,查询、窗体、报表等都是从数据表中获取数据信息以满足用户的需要。

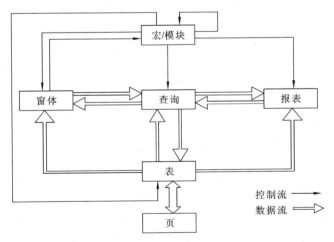

图 7.4　Access 数据库中各对象间的关系

1. 表

表是数据库中实际存储数据的地方,查询、窗体、报表、页、宏和模块等数据库对象使用的数据都来自表。表中的每一行对应一条记录,每一列对应一个字段。一个数据库可以有多个表,有关系的表之间可以通过具有相同内容的字段建立关联。

2. 查询

查询就是预定义的 SQL 语句,如 SELECT,UPDATE 或 DELETE 语句。查询可以从表、查询中提取满足特定条件数据形成一个全局性的集合供用户查看,使用查询可以修改、添加或删除数据库记录。查询作为数据库的一个对象保存后,查询就可以作为窗体、报表甚至另一个查询的数据源。

3. 窗体

窗体是用户与数据库交互的界面,是数据库维护的一种最灵活的方式。Access 的窗体有多种用途,可用于向表输入数据、创建对话框或创建切换面板。窗体的数据源可以是表,也可以是查询。在打开窗体时,Access 从一个或多个数据源中检索数据,并按用户设计的窗体版面布局在窗体上显示数据。

4. 报表

报表用于提供数据的打印格式,报表中的数据可以来自表、查询或 SQL 语句。在 Access 中可以创建多种类型的报表,除了将数据组织成报表进行打印或显示之外,还可以在报表中进行汇总,生成丰富格式的清单和数据分组。

5. 页

页是一种特殊的直接连接到数据库中数据的 WEB 页。用于通过 Internet/Intranet 访问 Access 数据库或其他数据源的数据,在页中可以执行记录的添加、删除、保存、撤销更改、排序或筛选等操作,该对象以独立的文件形式保存,文件扩展名为. htm,在 Access 的数据库中仅保存与该 Web 页的链接。

6. 宏

宏是指一个或多个操作的集合,其中每个操作实现特定的功能。宏可以简化一些经常性的操作,类似与 DOS 操作系统中的批处理命令。宏可以单独使用,也可以与窗体和报表配合使用。

7. 模块

模块是 VBA 语言编写的函数过程或子程序。使用 VBA,可以通过编程扩展 Access 应用程序的功能。模块的功能与宏类似,但它定义的操作比宏更精细和复杂,一般情况下,用户不需要创建模块,除非需要编写应用程序完成宏所无法实现的复杂功能。模块可以是窗体模块、报表模块或标准模块。窗体和报表模块指特定窗体或报表的后台代码。标准模块则是与窗体和报表无关的独立模块。

7.2　结构化查询语言 SQL

　　数据库除了可以实现数据的输入和存储外,也可以对数据进行查询和统计。查询是数据库的核心操作。SQL 是结构化查询语言(structured query language)的缩写,是关系数据库的通用的标准语言,是一种数据库查询和程序设计语言,用于存取数据以及查询、更新和管理关系数据库系统,SQL 语言结构简洁,功能强大,简单易学,现在多数关系数据库管理系统都支持 SQL 语言作为查询语言。其主要特点有:

　　(1)一体化语言,集数据查询、数据操纵、数据定义、数据控制为一体。

　　(2)SQL 是高度非过程化编程语言,是沟通数据库服务器和客户端的重要工具,用户只用告诉系统"做什么",而不用告诉"怎么做"。

　　(3)SQL 语句具有极大的灵活性和强大的功能,在多数情况下,在其他语言中需要一大段程序实现的功能只需要一个 SQL 语句就可以达到目的,这也意味着用 SQL 语言可以写出非常复杂的语句。

　　SQL 常用的 SQL 语句包括数据更新语句 INSERT、UPDATE、DELETE 等,但 SQL 语句中最为核心的还是数据查询语句 SELECT。

7.2.1　SELECT 语句

　　SQL 中最常用的命令就是数据查询命令 SELECT。本节以 Access 为例说明 SELECT 命令的具体应用。

　　对于绝大多数的查询,Access 都会在后台构造等效的 SELECT 语句,执行查询实质就是运行了相应的 SELECT 语句。Access 2010 中的查询并不是所有都可以在 Access 设计视图中创建,部分查询只能通过 SQL 语句实现。常见的 SELECT 命令语法格式为:

　　　　SELECT＜字段名序列＞FROM＜表名＞

　　　　[WHERE＜条件＞]

　　　　[GROUP BY＜字段名＞[HAVING＜分组筛选条件＞]]

　　　　[ORDER BY＜字段名 1＞[asc|desc][,＜字段名 2＞[asc|desc]…]]

其中第一行的是最基本的语句,也是整个查询中不可缺少的部分,而其他部分可以根据实际的应用进行合理搭配。

1. 简单的查询与应用

简单查询命令格式:

　　　　SELECT＜字段名序列＞FROM＜表名＞

说明:

SELECT:命令动词,每条命令必须以命令动词开头。

FROM 表名:命令短语,表示该命令查询来自指定表名中的数据。

＜字段名序列＞:命令输出项。表示该命令查询输出哪些字段,可以是一个或多个字段或表达式;字段名之间必须是用逗号分隔。

注意：在输出字段时，如果＜字段名序列＞为"＊"，表示输出表中所有字段，如果在后面使用 AS 子句表示以新的名称输出列。DISTINCT 表示查询结果中不能出现重复记录，如果出现重复记录只保留一条记录。

例 7.1　查询"评委"表中的信息，并输出所有字段。

（1）打开数据库界面，在"设计"选项卡在中的"结果"组上选择"视图"按钮下的"SQL视图"，如图 7.5 所示，可以切换到 SQL 视图。

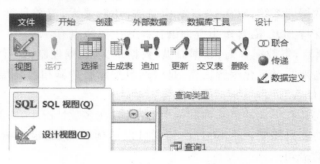

图 7.5

（2）在 SQL 视图中输入命令：

　　SELECT 评委编号,姓名,性别 FROM 评委

（3）选择"运行"命令项，即可运行该查询。

使用下列命令与上述命令等价：

　　SELECT ＊ FROM 评委

执行 SQL 语句都可以使用例 7.1 中方法，在后续例题中将不再详细列出执行方法，只简单给出 SQL 命令即可。

例 7.2　查询"选手"表中的信息，并输出选手编号和姓名两个字段，并将"选手编号"字段名改为"选手号"。

　　SELECT 选手编号 AS 选手号,姓名　FROM 选手

例 7.3　查询"评分"表中参加了比赛的选手的选手编号。

　　SELECT DISTINCT 选手编号 FROM 评分

注意：如果不使用 DISTINCT 短语，则选手编号有可能出现重复值。

2. 带条件的查询应用

条件查询的命令格式：

　　SELECT＜字段名序列＞FROM＜表名＞WHERE＜条件＞

在简单查询命令的基础上，添加 WHERE ＜条件＞短语，构成带条件的查询。这里的"条件"类似数学的关系式和逻辑表达式。带条件的查询是在指定的表中筛选满足条件的记录，如果使用两个以上的条件则多个条件之间通过 AND、OR 等逻辑运算符进行连接组成的逻辑表达式。

例 7.4　从"选手"表中查询女选手的基本情况，并输出所有的字段。

　　SELECT ＊ FROM 选手 WHERE 性别＝"女"

例 7.5 从"学生"表中查询未婚的男选手基本情况,并输出所有字段。

SELECT * FROM 选手 WHERE 婚否=false AND 性别="男"

3. 分组查询与应用

分组短语格式:

GROUP BY<分组字段名>[HAVING <分组条件>]

功能说明:

<分组字段名>:分组的依据。

HAVING:对分组后的结果进行筛选。

分组查询将按分组字段将分组字段值相同的记录分在一组,每组在结果中产生一条记录。

例 7.6 统计"选手"表中男、女人数。

分析 分组的依据是"性别"字段,性别字段的值只有男女两个值,输出的字段为性别与 COUNT()函数。对应的命令为

SELECT 性别,COUNT(*) FROM 选手

GROUP BY 性别

其执行过程模拟示意图如图 7.6 所示。

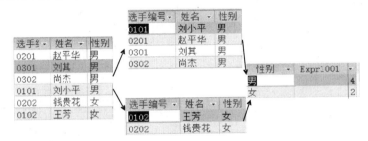

图 7.6 分组查询执行过程模拟示意图

SELECT 语句含有 GROUP BY 子句时,HAVING 子句用来对分组后的结果进行过滤,选择由 GROUP BY 子句分组后的并且满足 HAVING 子句条件的所有分组,不是对分组之前的表或视图进行过滤。

例 7.7 根据评委打分求平均分,需要查询所有评委打分都在 9 分以上(含 9 分)的选手的选手编号和平均成绩。

分析 显然要求得到平均成绩需要依靠"评分"表,可以先将"评分"表中记录按选手编号分组,然后每个组分别求平均成绩,但需要将有评委打分在 9 分以下的组去掉,可以利用 HAVING <分组条件>淘汰不符合条件的小组。注意 HAVING 后的条件要求使用 COUNT,AVG,MAX,MIN,SUM 等合计函数。此题对应的命令是

SELECT 选手编号,AVG(成绩) AS 平均成绩

FROM 评分

GROUP BY 选手编号

HAVING MIN(成绩)>=9

4. 排序及应用

排序短语格式：

　　ORDER BY＜字段名 1＞[ASC|DESC][,＜字段名 2＞[ASC|DESC]…]

功能说明：

ASC:按升序排序；

DESC:按降序排序,两者缺省默认为升序。

ORDER BY 是对最终查询结果排序。

排序依据一般为字段名,也可以是数字。字段名必须是外层 FROM 子句指定的表中的字段,数字是 SELECT 指定的输出列的位置序号。

例 7.8　查询"选手"表所有信息,输出时要求先按性别升序,性别相同按出生日期的降序排列。

　　SELECT ＊ FROM 选手

　　ORDER BY 性别 ASC,出生日期 DESC

查询结果如图 7.7 所示。

选手编号	姓名	性别	出生日期	婚否	出生地
0101	刘小平	男	1988/12/26	☐	北京
0302	尚杰	男	1987/1/12	☐	上海
0301	刘其	男	1984/11/11	☐	北京
0201	赵平华	男	1982/6/22	☐	湖南
0102	王芳	女	1986/10/1	☐	湖北
0202	钱贵花	女	1980/9/20	☑	广东

图 7.7　排序查询结果

例 7.9　查询"评分"表中每个选手的选手编号和平均成绩,结果按平均成绩的降序排列。

　　SELECT 选手编号,AVG(成绩) AS 平均成绩 FROM 评分

　　GROUP BY 选手编号

　　ORDER BY 2 DESC

这里的 2 表示按 SELECT 后的第 2 个字段排序,即按平均成绩排序。

5. 连接查询

当查询涉及两个或两个以上的表时,可以将表通过公共字段两两连接,连接后的表可以像一个表一样查询,称为连接查询。

连接查询短语格式：

　　JOIN＜表名 2＞ON　＜连接条件＞

功能说明：

JOIN:用来连接左右两个＜表名＞指定的表。其中常见的自然连接使用 INNER JOIN。

ON:用来指定连接条件。

例 7.10　列出每个选手的成绩,要求显示选手编号、姓名、评委编号、成绩。

分析　姓名来自"选手"表;评委编号、成绩来自"评分"表;选手编号两个表均有。连接条件是:选手.选手编号=评分.选手编号。对应的查询命令是

SELECT 选手.选手编号,姓名,评委编号,成绩

FROM 选手 INNER JOIN 评分

ON 选手.选手编号=评分.选手编号

查询结果如图 7.8 所示。

选手编号	姓名	评委编号	成绩
0101	刘小平	001	9.6
0101	刘小平	002	9.7
0101	刘小平	003	9
0101	刘小平	004	8.9
0102	王芳	001	8.9
0102	王芳	002	8.6
0102	王芳	003	8.5
0102	王芳	004	9
0201	赵平华	001	9.1
0201	赵平华	002	9
0201	赵平华	003	9.3
0201	赵平华	004	9.8
0202	钱贵花	001	9.5
0202	钱贵花	002	9.4
0202	钱贵花	003	9.4
0202	钱贵花	004	9.3

图 7.8　连接查询

注意:如结果来自两个表,则两个表共有的字段名必须加前缀表名且用圆点分隔。

这里介绍的只是 SELECT 语句的一般形式,实现的是比较简单的查询和连接查询,SQL 还具有嵌套查询等功能,我们这里不再详细介绍了。

思考题

1. 数据库系统由哪些部分组成?
2. 关系模型的基本特点有哪些?
3. Access 由哪些对象组成?
4. 对于本章中的选手表、评分表,写出完成下列操作的 SQL 命令
(1) 查询每个选手的总成绩
(2) 查询每个评委打出的最高分、最低分